普通高等教育智能建筑系列教材

基于BIM的建筑机电建模教程

主　编　李　丽　张先勇
参　编　王冠培　王　丽　汤　琼　胡宪华

机械工业出版社

本书以项目案例的方式详细介绍了如何创建建筑信息模型。本书共分为8章：绪论、建筑工程识图基础、Revit基础、给水排水模型创建、暖通空调模型创建、电气模型创建、族的创建、机电模型优化。本书以Revit 2016为操作平台，由浅入深、循序渐进地讲解了软件基础、基础建模及建筑信息模型（BIM）的应用基础，突出典型性、应用性、示范性，旨在让读者快速了解和掌握与专业相关的BIM应用方法。

本书不仅可作为普通高等院校土木类相关专业的教材，也可供建筑信息模型（BIM）工程师学习和参考。本书配有免费电子课件，欢迎选用本书做教材的教师登录 www.cmpedu.com 注册下载，或发邮件至 jinacmp@163.com 索取。

图书在版编目（CIP）数据

基于BIM的建筑机电建模教程/李丽，张先勇主编. —北京：机械工业出版社，2021.5（2025.2重印）

普通高等教育智能建筑系列教材

ISBN 978-7-111-67887-8

Ⅰ.①基… Ⅱ.①李… ②张… Ⅲ.①建筑工程-机电设备-计算机辅助设计-应用软件-高等学校-教材 Ⅳ.①TU85-39

中国版本图书馆CIP数据核字（2021）第058487号

机械工业出版社（北京市百万庄大街22号 邮政编码100037）
策划编辑：吉 玲 责任编辑：吉 玲
责任校对：李 杉 封面设计：张 静
责任印制：张 博
北京建宏印刷有限公司印刷
2025年2月第1版第5次印刷
184mm×260mm · 12印张 · 301千字
标准书号：ISBN 978-7-111-67887-8
定价：38.00元

电话服务
客服电话：010-88361066
010-88379833
010-68326294

网络服务
机 工 官 网：www.cmpbook.com
机 工 官 博：weibo.com/cmp1952
金 书 网：www.golden-book.com
机工教育服务网：www.cmpedu.com

前 言

近年来，智能建筑领域正在经历从二维计算机辅助设计（CAD）到基于建筑信息模型（BIM）的三维数字模型技术的变革，BIM 技术将成为我国支撑建筑业发展的重要基础，其前景十分广阔。市场需求促进了人才需求，也促进了教育培训的发展。无论是对于建筑领域的从业者还是相关专业的学生而言，BIM 不仅是一项必须掌握的技能，还能提高职业规划和发展中的竞争优势。编写本书的目的正是希望能够进一步提升读者对 BIM 的认知和应用能力，为培养行业领域所需的 BIM 技能人才起到积极的推动作用。

本书以项目案例的方式详细介绍了如何创建建筑机电 BIM 模型，共分为 8 章，第 1 章介绍了 BIM 的基本概念和发展现状，让读者对 BIM 技术有一个整体了解；鉴于目前国内不少设计院仍旧采用先绘制 CAD 图纸，再转换成三维模型的设计流程，因此，第 2 章介绍了建筑工程识图基础，让读者在熟悉图纸的过程中掌握整个工程项目的概况；第 3 章至第 6 章通过一个实际工程项目案例，详述了基于 Revit 2016 的建模方法及建筑、结构、水暖电各专业 BIM 模型的创建流程；第 7 章着重以机电模型中的族为例，介绍了族的创建方法和流程；第 8 章针对机电模型中管线之间及管线与建筑结构之间可能存在的碰撞问题，讲述了如何进行优化并完善机电模型。

本书由广东技术师范大学李丽和张先勇担任主编，负责全书的构思、编写组织。参加编写的作者有：深圳市辰普森信息科技有限公司汤琼（第 1 章），广东技术师范大学张先勇（第 2、6 章），广东技术师范大学李丽（第 3、7 章），广东技术师范大学王丽（第 4 章），广东技术师范大学王冠培（第 5 章），广东沅朋网络科技有限公司胡宪华（第 8 章）。感谢广东技术师范大学肖蕾教授对书稿进行了认真的审阅，感谢机械工业出版社在本书的编写中给予了全面的指导。

根据行业需求组织 BIM 相关教学内容是一种新的探索，书中难免会存在不当之处，衷心期望各位专家与同行给予指正。

编 者

目　录

前言

第1章　绪论 …… 1

1.1　BIM的基本概念 …… 1

1.2　BIM的发展和应用 …… 2

1.2.1　国外BIM技术的发展和应用 …… 2

1.2.2　国内BIM技术的发展和应用 …… 3

1.3　BIM工具平台 …… 4

1.3.1　BIM核心建模软件 …… 4

1.3.2　Revit软件概述 …… 5

习题 …… 6

第2章　建筑工程识图基础 …… 7

2.1　建筑施工图 …… 7

2.1.1　概述 …… 7

2.1.2　首页图和建筑总平面图 …… 10

2.1.3　建筑平面图 …… 13

2.1.4　建筑立面图 …… 15

2.1.5　建筑剖面图 …… 16

2.1.6　建筑详图 …… 19

2.2　结构施工图 …… 19

2.2.1　概述 …… 19

2.2.2　钢筋混凝土结构图 …… 20

2.2.3　基础平面图 …… 21

2.2.4　结构平面图 …… 21

2.2.5　构件详图 …… 22

2.3　给水排水施工图 …… 22

2.3.1　概述 …… 22

2.3.2　给水排水平面图 …… 23

2.3.3　给水排水系统图 …… 24

2.3.4　给水排水详图 …… 26

2.4　暖通空调施工图 …… 27

2.4.1　概述 …… 27

2.4.2　通风空调平面图 …… 27

2.4.3　空调系统和空调机房剖面图 …… 30

2.4.4　通风空调原理图 …… 31

2.4.5　通风空调详图 …… 32

2.5　建筑电气施工图 …… 33

2.5.1　概述 …… 33

2.5.2　室内电气照明平面图 …… 34

2.5.3　配电系统图 …… 36

2.5.4　电气安装详图 …… 38

习题 …… 38

第3章　Revit基础 …… 40

3.1　基本术语 …… 40

3.2　基本操作 …… 43

3.3　基础模型创建 …… 54

3.3.1　建筑模型创建 …… 55

3.3.2　结构模型创建 …… 63

习题 …… 70

第4章　给水排水模型创建 …… 71

4.1　管道功能介绍 …… 71

4.1.1　管道参数设置 …… 71

4.1.2　管道绘制方法 …… 74

4.1.3　管道显示设置 …… 81

4.1.4　管道标注 …… 85

4.2　给水排水工程案例 …… 91

4.2.1　项目准备 …… 91

4.2.2　创建水系统模型 …… 96

4.2.3　布置水系统设备 …… 101

4.2.4　连接喷头 …… 104

习题 …… 106

第5章　暖通空调模型创建 …… 107

5.1　风管功能介绍 …… 107

5.1.1　风管参数设置 …… 107

5.1.2　风管绘制方法 …… 112

5.1.3　风管显示设置 …… 117

5.1.4　风管标注 …… 121

5.2　暖通空调工程案例 …………………… 126
5.2.1　项目准备 …………………… 126
5.2.2　排风系统模型创建 …………………… 126
5.2.3　送风系统模型创建 …………………… 129
习题 …………………… 132
第6章　电气模型创建 …………………… 133
6.1　电缆桥架与线管功能介绍 …………………… 133
6.1.1　电缆桥架与线管参数设置 …………………… 133
6.1.2　电缆桥架与线管绘制方法 …………………… 134
6.1.3　电缆桥架与线管显示设置 …………………… 142
6.1.4　电缆桥架与线管标注 …………………… 144
6.2　电气工程案例 …………………… 144
6.2.1　项目准备 …………………… 144
6.2.2　电缆桥架模型创建 …………………… 145
6.2.3　电气设备模型创建 …………………… 149
6.2.4　照明设备模型创建 …………………… 153
习题 …………………… 154
第7章　族的创建 …………………… 155
7.1　族的概述 …………………… 155
7.1.1　基本概念 …………………… 155
7.1.2　族编辑 …………………… 156
7.2　族创建案例 …………………… 166
习题 …………………… 172
第8章　机电模型优化 …………………… 173
8.1　管综优化原则 …………………… 173
8.2　机电模型优化案例 …………………… 174
8.2.1　碰撞模拟检测 …………………… 175
8.2.2　优化分析与改进 …………………… 180
8.2.3　三维动画创建 …………………… 182
习题 …………………… 184
参考文献 …………………… 185

第 1 章

绪 论

1.1 BIM 的基本概念

1975 年，被誉为“BIM 之父”的 Chuck Eastman 教授在其研究的课题“Building Description System（建筑物描述系统）”中提出了“A Computer-Based Description of a Building（基于计算机的建筑物描述）”的概念，利用可交互的图形语言展现了建筑的各个细节，实现了复杂造型的图形输入、图形编辑功能，并且可以进行数据的分类统计、建筑工程的可视化和量化分析。1986 年，美国学者 Robert Aish 提出了“建筑模型”的概念，并指出模型由包含各项几何、物理信息的实体单元组成，可用于建筑和机械设计。进入 21 世纪，随着全球建筑软件开发商的介入，尤其是 2002 年 Autodesk 公司正式提出了“建筑信息模型（Building Information Modeling，BIM）”这一专业术语，关于 BIM 的研究和应用进入了白热化阶段。

我国住房和城乡建设部发布的《建筑信息模型应用统一标准》（GB/T 51212—2016）对 BIM 的定义为：在建设工程及设施全生命期内，对其物理和功能特性进行数字化表达，并依此设计、施工、运营的过程和结果的总称。

BIM =“建筑”+“信息”+“模型”，可真实地虚拟建筑全生命周期，使得工程的规划、设计、施工、管理各个阶段的相关人员都能从中获取各自所需的数据。BIM 可以理解为是一种技术、一种方法、一种过程，它既涵盖了工程生命周期中不同阶段的数据模型，同时还包括建筑工程管理行为的模型，且实现管理信息集成和协同处理，可从以下四个角度来诠释 BIM。

1. 一种多维数据信息模型

用于表达工程信息的 BIM 模型有多种不同的形式，包括：整个工程和某个单元形状的 3D 几何模型；由时间和几何维度组合而成的 4D 模型；表达工程价值（在某一时间点或全生命期）的 5D 成本模型；成本模型与其他维度所形成的 6D、7D，直至 nD 模型。

2. 一种协同工作过程

设计阶段的数据模型可以随时随地快速地传递到施工阶段，施工阶段的数据模型又可以无缝传递到运营维护阶段，从而进行智能动态维护和物业管理。通过整体协同工作，可以提高工作效率和产品的质量，最终节约成本和资源，提升工程建设的精细化管理水平。

3. 一种信息模型集成工具

工程建设行业很难实现精细化管理，其根本原因在于海量的工程数据以及不同阶段不同专业数据信息的脱节和孤立，而 BIM 集成技术可以让相关专业快速准确地获取所需的数据信息，大大减少由于信息交流不畅所带来的效率低下、重复工作的问题。

4. 一种可视化设计和分析技术

BIM 具有强大的可视化展示及分析功能，可以清晰地分析设计和施工过程中可能产生的问题，如规范协调检查、碰撞分析、施工过程预监测等。

总之，BIM 是一种应用于设计、建造、管理的数字化方法，以建筑工程项目中各种相关信息的数据模型为基础，通过参数模型整合工程项目的相关信息，在项目策划、运行和维护的全生命周期过程中进行共享和传递，以实现甲方、设计单位、施工单位和供应商之间的无障碍交流。

1.2 BIM 的发展和应用

计算机辅助设计（Computer Aided Design，CAD）技术将建筑工程师从手工绘图升级为计算机辅助制图，使平面图样的修改、复制等变得十分方便，实现了工程设计领域的第一次信息革命。但是从整个产业体系来看，CAD 技术对产业链的支撑作用和信息化综合应用明显不足。而 BIM 技术是在原有 CAD 技术基础上发展起来的一种多维模型信息集成技术，可解决分布式、异构工程数据之间的一致性和全局共享问题，支持建设项目生命期中动态的工程信息创建、管理和共享。BIM 技术正在推动着建筑工程设计、建造、运维管理等多方面的变革，将可能引发整个 A/E/C［Architecture（建筑学）/Engineering（工程）/Construction（施工）］领域的第二次革命，如图 1.1 所示。

图 1.1 工程设计领域的“两次”革命

1.2.1 国外 BIM 技术的发展和应用

美国是首批应用 BIM 技术的国家之一，经过不断发展，以及全球化的深入，BIM 技术已扩散到亚洲、欧洲等国家。时至今日，对于 BIM 的应用与研究，美国已达到一流水准。如今，在美国很多建设工程项目中，都能够看到 BIM 的身影；此外，美国还成立了大量 BIM 协会，制定了一系列的 BIM 标准。根据麦格劳-希尔集团公司的商业调研，美国工程建设行业应用 BIM 技术的比例在 2007 年仅有 18%，到 2009 年增长至 59%，而在 2012 年，运用 BIM 技术的工程比例高达 76%。在美国，已有很多成功的 BIM 案例，如美国夏威夷大学项目，其建筑面积 24 万 ft^2（$1ft^2 = 0.0929030m^2$），造价超过 1 亿美元，通过使用 BIM 技术，节省成本约 5%，即 500 万美元，且提前 4 个月完工，实现零安装冲突，零共层变更，缩短至少 800m 的各类综合管线，并优化现场各种材料运输，增加了 $600ft^2$ 的实验室面积。而在 B&W 公司潘泰克斯工厂项目中，运用传统 CAD 技术已完成 95%之后才引入 BIM，结果发现至少有 500 处管线、桥架、风道等存在明显碰撞，通过 BIM 三维可视技术的深化设计，节省了约 10%的劳动及材料成本。

在日本，有“2009 年是日本的 BIM 元年”之说，大量的日本设计公司、施工企业正在应用 BIM 技术。2010 年 3 月，日本国土交通省宣布选择一项政府建设项目作为试点，正式探索 BIM 在设计可视化、信息整合方面的价值及实施流程。2010 年秋天，日经 BP 社调研了 517 位设计院、施工企业及相关建筑行业从业人员，了解他们对于 BIM 的认知度与应用情况。结果显示，BIM 的认知度从 2007 年的 30.2%提升至 2010 年的 76.4%。此外，日本建筑学会于 2012 年 7 月发布了《BIM 指南》，从 BIM 团队建设、BIM 数据处理、BIM 设计流程、应用 BIM 进行预算和模拟等方面为日本的设计院和施工企业提供了指导。

韩国在运用 BIM 技术方面也处于领先水平。据 Building SMART Korea 与延世大学 2010 年的一份问卷调研报告，在 33 家建筑工程与施工行业领域的企业中，其中 26 家企业已在实施的项目中采用了 BIM 技术，3 家企业正准备采用 BIM 技术，还有 4 家企业反映尽管在某些项目中已尝试 BIM 技术，但还未准备在整个企业范围内采用 BIM 技术。此外，韩国多个政府部门致力于制定 BIM 的标准，并要求 2016 年开始所有公共工程须应用 BIM 技术。

1.2.2 国内 BIM 技术的发展和应用

2002 年，BIM 技术进入中国。近年来，BIM 技术在建筑工程领域正快速普及推广，尤其是国家、地方政府相关政策的出台，更为 BIM 技术的广泛和深度应用创造了良好的发展环境。我国住房和城乡建设部 2011 年发布了《2011—2015 年建筑业信息化发展纲要》，2012 年又发布了《2012 年工程建设标准规范制订修订计划》，立项了五项有关 BIM 的国家标准，正式宣告中国 BIM 标准制定工作的启动。我国住房和城乡建设部发布的《2016—2020 年建筑业信息化发展纲要》明确指出：建筑业信息化是建筑业发展战略的重要组成部分，也是建筑业转变发展方式、提质增效、节能减排的必然要求。香港房屋署自 2006 年起率先使用 BIM 技术，并于 2009 年 11 月发布了 BIM 应用标准，还组建了资料库，有效地进行 BIM 的规划和管理，为用户之间的沟通创造了良好的环境。2014 年，广东省住房和城乡建设厅以粤建科函［2014］1652 号的形式，发布了关于开展建筑信息模型 BIM 技术推广应用工作的通知，要求到 2020 年底，全省建筑面积 20000m^2 及以上的建筑工程项目普遍应用 BIM 技术。2017 年，全国各地相继发布有关 BIM 的政策，例如，湖南省发布的《湖南省城乡建设领域 BIM 技术应用“十三五”发展规划》提出到 2020 年底，工程项目全面应用 BIM 技术，规划、勘察设计、监理、施工、工程总承包、房地产开发等企业全面普及 BIM 技术，力争应用和管理水平进入全国先进行列；此外，浙江、福建、河南及吉林等省都出台了相关推广 BIM 的政策。

在国家“十一五”规划中，将 BIM 作为国家科技支撑计划的重点项目，“十二五”规划中进一步将 BIM 作为信息化的重点研究课题。对于高等院校而言，如何促进 BIM 在教育教学领域中的规模化应用，怎样培养我国当前建筑行业所需要的 BIM 专业应用型人才，是值得深入研究与探讨的。清华大学、同济大学、华南理工大学等高校纷纷成立了 BIM 研究所，大规模开展相关课题研究。在 2005 年，华南理工大学建筑学院创办了专业性的 BIM 实验室，并将 BIM 作为当年最主要的课题以及研究方向。2010 年，清华大学借鉴美国 BIM 标准的经验，以前期调查研究成果为着眼点，提出了以我国实际情况为核心的建筑信息模型标准框架（CBIMS），同时将 CBIMS 标准框架根据面向对象的不同做出了划分，标志着 BIM 技术在我国建筑领域中的应用正在逐步发展，日趋成熟。同济大学的何清华教授等分析了国内外主流 BIM 软件的功能信息交互性，针对北京奥运会水立方、上海世博会德国国家馆等典型工程，归纳总结了 BIM 发展阶段、参与方、应用效果及存在的问题，提出了促进 BIM 在国内实施的建议。

此外，国内部分建筑设计单位和施工企业也组建了 BIM 团队，在项目设计和施工过程中应用 BIM 技术。BIM 最初仅应用于一些标志性的项目，如奥运会水立方、上海中心、中国尊等。但短短几年时间，BIM 技术在全国的应用范围得到了大大的拓展，很多中小型项目也开始应用 BIM 技术。例如，福建省建筑设计院，全院 70%~80%的项目都是使用 BIM 完成的。现阶段，我国仍有不少建设工程项目都正在或即将应用 BIM 技术，其中位于深圳市的某科技楼工程项目就是运用 BIM 的典型案例，本书将在后续的内容中以此案例为基础，着重介绍基于 BIM 的建筑机电建模过程。

1.3 BIM 工具平台

随着 BIM 概念的逐步普及和计算机软硬件水平的迅速发展，全球几大建筑软件开发商，如 Autodesk、Bentley 及 Graphisoft 都推出了相应的 BIM 软件产品，用以支持建筑工程全生命周期的集成管理，并在全球多个项目上试运行且取得了不错的效果。BIM 软件产品的种类见表 1.1。

表 1.1 BIM 软件产品的种类

软件类别	主要功能	软件名称
核心建模	构建信息化模型	Autodesk Revit、Bentley、ArchiCAD、CATIA、Digital Project 等
方案设计	方案比选	Onuma Planning System、Affinity 等
几何造型	复杂建筑造型的计算和绘制	Sketchup、Rhino、FormZ 等
可持续分析	日照分析、声、光、风环境模拟	Ecotect、IES、Fluent、Green Building Studio 等
结构分析	结构设计、受力分析	Etabs、STAAD、Robot、PKPM、Structural、Analysis 等
机电分析	水、暖、电系统分析	IES Virtual Environment、Design master、Trane Trace、鸿业、博超等
可视化	三维设计、效果展示	3dsMax、AccuRender、Artlantis、Lightscape 等
模型检查	验证设计效果	Solibri Model Checker
深化设计	模型深化	Tekla Structure（Xsteel）、探索者等
模型综合碰撞检测	模型整合、碰撞检测、动态模拟	Autodesk Navisworks、Bentley Projectwise Navigator、Solibri Model Checker 等
造价管理软件	工程量统计、造价分析	Innovaya、Solibri、鲁班等
运营管理	运维管理	ArchiBUS、FacilityONE 等
发布和审核	成果发布、审核	Autodesk Design Review、Adobe 3D PDF 等

1.3.1 BIM 核心建模软件

BIM 所涉及的软件种类繁多，从规划、设计、施工、运维直到建筑物生命结束，每个阶段都有对应的专业软件。但不论是建模类、管理类、可视化类、深化设计类等，它们都有共同的特点——对工程信息数据的集成。其中，BIM 技术应用的基础和核心是建模类的 BIM 软件。此类软件的主要功能是实现二维图纸向三维模型转换（翻模）或建立三维模型并利用模型输出二维施工图（正向设计）。

BIM 核心建模软件主要分为四个门派：

1）Autodesk 公司的 Revit 建筑、结构和机电系列，在民用建筑市场借助 AutoCAD 的天然优势，市场占有率相当不错。

2）Bentley 建筑、结构和设备系列，在工厂设计（石油、化工、电力、医药等）和基础设施（道路、桥梁、市政、水利等）领域有着无可争辩的优势。

3）ArchiCAD 系列，自 2007 年 Nemetschek 收购 Graphisoft 以后，ArchiCAD/AllPLAN/VectorWorks 三种产品就被归属到同一系列里，其中国内同行最熟悉的是 ArchiCAD。ArchiCAD 系列是一个具有全球市场影响力的 BIM 核心建模软件，但由于其专业配套的功能仅限于建筑专业，与多专业一体的中国建筑设计体制不匹配，故很难实现业务突破。

4）Dassault 公司的 CATIA 是全球高端的机械设计制造软件，在航空、航天、汽车等领域具有垄断地位。针对复杂形体和超大规模建筑，其建模能力、表现能力和信息管理能力都具有明显的优势，但其不足之处是与工程建设项目的对接存在一些问题。Digital Project 是 Gery Technology 公司在 CATIA 基础上开发的一个面向工程建设领域的应用软件，即 CATIA 的二次开发软件。

BIM 的应用离不开软件的选择，在项目不同的阶段或针对不同的项目目标需要选择不同的 BIM 软件。

1.3.2　Revit 软件概述

BIM 业界有“无 Revit，不 BIM”的说法。Revit 系列软件是由全球领先的数字化设计软件供应商 Autodesk 公司，针对建筑设计行业开发的数字化、参数化软件平台。自 2004 年进入中国以来，Revit 已成为 BIM 技术中最具有代表性并且是目前为止应用最广泛的三维模型创建软件之一，越来越多的设计企业、工程公司均使用 Revit 系列软件完成三维模型创建工作。

Revit 可清晰真实地表达实际建筑类、结构类和机电类工程项目的完整面貌，创建建筑、结构、给水排水、暖通空调及电气等参数化的三维 BIM 模型，从而实现一个信息化交流平台。其涵盖了 Revit Architecture、Revit Structure 和 Revit MEP（Mechanical，Electrical and Plumbing，即水暖电）三大模块，各模块的工作体系和基本框架大致相同。

Revit 具有以下特有优势：

1）平面、立体、剖面图纸与模型同步创建；

2）构件之间的关联性；

3）自动统计门窗表、建筑面积、容积率等经济指标；

4）与 AutoCAD 无缝链接，二维向三维完美过渡；

5）体量功能可轻松创建异形墙体、幕墙等；

6）集成渲染漫游功能，全方位展示设计成果；

7）通过类型参数、实例参数、共享参数等可对构件的尺寸、材质、可见性及项目信息等属性进行控制。

通过 Revit 创建模型的最大优点是可以“参数化”表示每一个构件，并提供参数化的修改模式。所谓“参数化”是指 Revit 中各模型图元之间的相对关系，如相对距离、共线等几何特征。Revit 可自动记录构件之间的特征和相对关系，从而实现模型间自动协调和变更管理，例如，当指定插座底部边缘距离标高为300后，若修改标高位置，插座的位置会随之自动修改，以确保变更后插座底部边缘与标高之间的距离仍为300。此外，Revit支持建筑项目所需的模型、设计图纸和明细表，并可在模型中记录材料的数量、施工阶段、造价等工程信息，所有的图纸、二维视图和三维视图以及明细表都是同一个基本建筑模型数据库的信息表现形式。Revit的参数化修改引擎可自动协调至模型视图、图纸、明细表、剖面和平面中所进行的修改。

目前，国内一些设计院在进行给排水、暖通空调、电气设计时，仍使用Autodesk AutoCAD或者基于其二次开发的工具软件，如天正暖通、天正电气等，依然停留在传统的设计思维模式和理念。而Autodesk Revit软件设计思路完全不同于Autodesk AutoCAD，从CAD软件到BIM软件，不仅是软件工具的变化，同时也是设计师工作流程的变化。从原先的绘图工作流程，转变为建模工作流程；同时，从单个设计师独立绘图转变为设计团队协同建模。Autodesk Revit软件相对于CAD来说，通过创建出建筑物内部所有真实构件，并将模型可视化展示出来，更能直接反映出整体三维布置，同时将土建模型与机电模型相互关联起来，深入了解机电对象之间以及机电对象与建筑主体之间的空间位置关系，为设计师提供更有价值的参考和性能分析，设计师可提前发现隐藏的问题，减免施工阶段由于设计深度不足或者设计错误所导致的工期延误及成本浪费，优化建筑设备、管线系统的综合布局，最大限度减少各专业间的设计变更，促进建筑项目可持续性设计。

习　题

1. 简述BIM的定义。
2. BIM核心建模软件主要包括哪几类？
3. Revit具有哪些特有的优势？

第2章 建筑工程识图基础

目前，国内设计院在进行建筑工程设计时仍采用先绘制二维平面图纸，再转换成三维模型的设计方式。因此，在创建BIM模型之前熟悉平面图是十分必要的。在识读建筑工程CAD图纸的过程中掌握整个工程项目的概况，可对项目整体设计规划有一个详细的了解。

建筑工程图按照专业分工的不同，可分为：

1）建筑施工图。其包括建筑总平面图、各层平面图、各个立面图、必要的剖面图和建筑施工详图以及建筑设计说明书等。

2）结构施工图。其包括基础平面图、基础详图、结构平面图、楼梯结构图和结构构件详图以及结构设计说明书等。

3）设备施工图。其包括给水排水、暖通空调、电气设备等的平面布置图、系统图和施工详图以及设备设计说明书等。

本章以深圳市某科技楼工程项目为例，主要介绍建筑工程图识读的基础理论和方法。该科技楼共22层（高98.90m），建筑面积75084m^2（其中地下27869m^2，地上47215m^2）。其建筑功能为：1F为产业研发大堂、公交场站、配套商业及消防控制室等；2F和3F为配套商业及物业办公等；4F~22F为产业研发用房；地下1F和地下2F主要为商业配套用房、自行车库、设备用房等；地下3F主要为车库、制冷机房、厨房及食堂等；地下4F主要为车库、设备用房、蓄冰池等。

2.1 建筑施工图

2.1.1 概述

建筑施工图包括首页图、总平面图、平面图、立面图、剖面图和构造详图。建筑工程图应遵守《建筑制图标准》（GB/T 50104—2010）的相关规定。

1. 定位轴线

定位轴线是用来确定房屋主要结构或构件的位置及其尺寸的基线。横向定位轴线编号采用阿拉伯数字从左向右依次编写，纵向定位轴线编号采用大写拉丁字母从下至上依次编写，如图2.1所示。大写拉丁字母I、O、Z不得使用，避免同1、0、2混淆。若字母数量不够使用，可增加双字母或单字母加数字注脚，如AA、BA、…、YA或A1、B1、…、Y1等。

次要构件和墙体可采用附加轴线，两根轴线间的附加轴线应以分母表示前一轴线的编号，分子表示附加轴线的编号，编号采用阿拉伯数字顺序编写，如图2.2所示。例如，(1/B)表示 B 轴线后附加的第 1 根轴线；1 号轴线或 A 号轴线之前的附加轴线的分母应以 01 或 0A 表示。

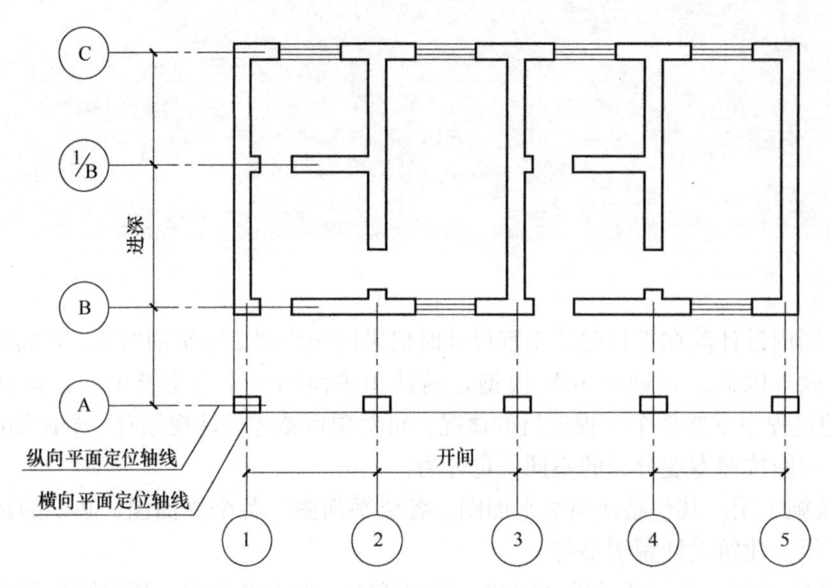

图 2.1 定位轴线的编号顺序

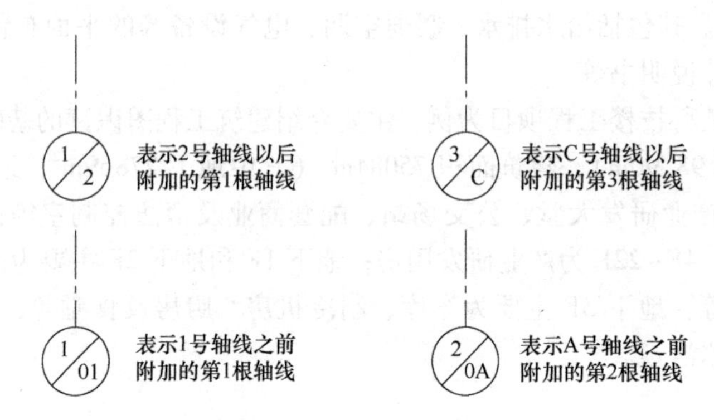

图 2.2 附加轴线的编号

2. 标高标注

标高是标注建筑物各部分高度的一种尺寸形式，标高符号以直角等腰三角形表示，其具体画法和标高数字的注写方法如图 2.3 所示。

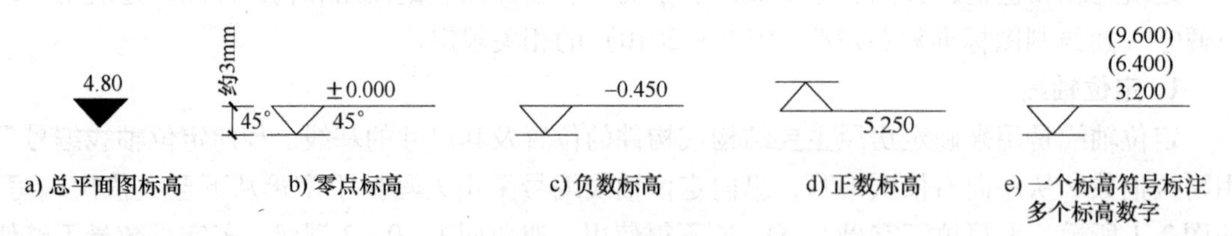

图 2.3 标高符号及其注写方法

3. 索引符号与详图符号

图样中的某一局部或构件，如需另见详图，应以索引符号索引。索引符号应以细实线绘制，它是由直径为 8～10mm 的圆和水平直径组成的。索引符号与详图符号的编写规定见表 2.1。

表 2.1　索引符号与详图符号

名　称	符　号	说　明
详图的索引符号	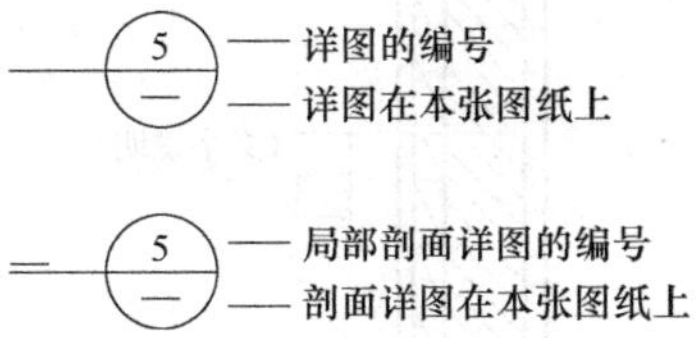 5 / — 详图的编号；详图在本张图纸上 5 / — 局部剖面详图的编号；剖面详图在本张图纸上	详图在本张图纸上，剖开后从上往下投影
	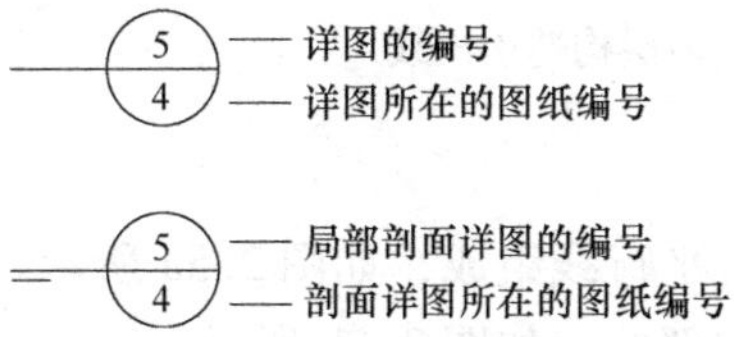 5 / 4 详图的编号；详图所在的图纸编号 5 / 4 局部剖面详图的编号；剖面详图所在的图纸编号	详图不在本张图纸上，剖开后从下往上投影
	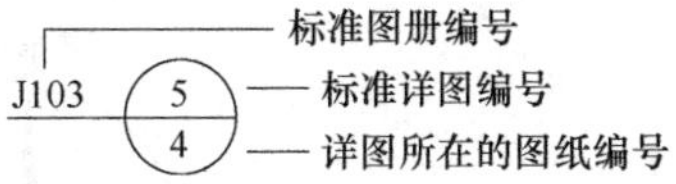 J103 5 / 4 标准图册编号；标准详图编号；详图所在的图纸编号	详图为标准图，在索引符号水平直径的延长线上加注该标准图册的编号
详图的符号	 5 详图的编号	粗实线单圆圈直径应为 14mm 被索引的在本张图纸上
	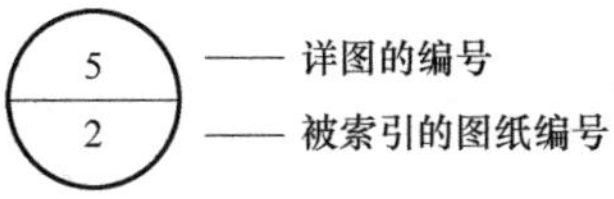 5 / 2 详图的编号；被索引的图纸编号	被索引的不在本张图纸上

4. 多层构造引出线

引出线用细实线绘制，并宜用与水平方向成 30°、45°、60°、90°的直线或经过上述角度再折为水平的折线，如图 2.4a 所示。多层构造或多层管道共用引出线，应通过被引出的各层，并用圆点示意对应各层次，索引详图的引出线应与水平直径线相连接。文字说明注写在水平线的上方，或注写在水平线的端部，说明的顺序应由上而下，并应与被说明的层次相互一致；若层次为横向顺序，则由上而下的说明顺序应与由左至右的层次顺序相互一致，如图 2.4b 所示。

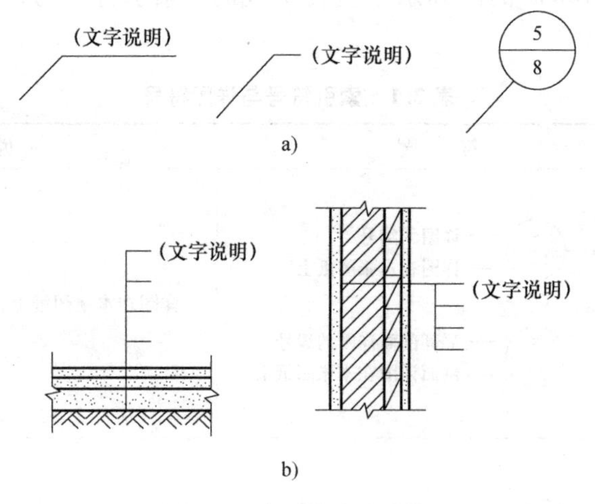

图 2.4 多层构造引出线

5. 其他符号

1）对称符号，由对称线和两端的两对平行线组成，如图 2.5a 所示。

2）连接符号，用折断线表示需连接的部位，如图 2.5b 所示。

3）指北针，如图 2.5c 所示，圆的直经为 24mm，用细实线绘制；指北针的宽度为 3mm，指针头部应注“北”或“N”字。

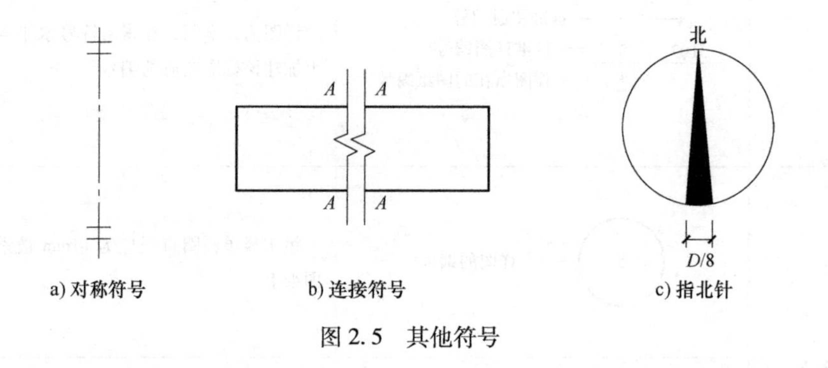

图 2.5 其他符号

2.1.2 首页图和建筑总平面图

1. 首页图

建筑施工首页图是建筑施工图的第一张图样，主要内容包括图纸目录、设计说明、工程做法和门窗表等。

图纸目录说明工程的专业图样组成，各专业图样的名称、张数和图纸顺序，以便查阅，如图 2.6 所示。设计说明是对图样中无法清楚表达的内容用文字加以详细的说明，其主要内容有：建设工程概况、建筑设计依据、所选用的标准图集的代号、建筑装修、构造的要求，以及设计人员对施工单位的要求。工程做法表主要是对建筑各部分构造做法用表格的形式加以详细说明，在表中对各施工部位的名称、做法等详细表达，如采用标准图集中的做法，应注明所采用标准图集的代号、做法编号，如有改变，在备注中说明。门窗表是对建筑物上所有不同类型的门窗统计后列出的表格，以便施工、预算需要，如图 2.7 所示。

序号 SERIAL No.	图纸名称 TITLE OF DRAWINGS	图号 DRAWN No.	版次 EDITION NO.	规格 SPECS	附注 NOTE
01	图纸目录	目录01	V1.0	A1	1:100
02	室内用料表	01	V1.0	A1	1:100
03	室内门窗表	02	V1.0	A1	1:100
04	地下四层平面图	03	V1.0	A0	1:150
05	地下三层平面图	04	V1.0	A0	1:150
06	地下二层平面图	05	V1.0	A0	1:150
07	地下一层平面图	06	V1.0	A0	1:150
08	一层平面图	07	V1.0	A0	1:150
09	二层平面图	08	V1.0	A1	1:150
10	三层平面图	09	V1.0	A1	1:150
11	四层平面图	10	V1.0	A1	1:150
12	五层平面图	11	V1.0	A1	1:150

图 2.6　首页图纸目录

设计编号	洞口尺寸		选用图集	备注	-4层	-3层	-2层	-1层	总数量
	宽度	高度							
防火卷帘	采用双轨无机布特级防火卷帘，其耐火极限不低于3.00h								
特FJ9130	9100	3000	国标03J609				1		
特FJ6830	6800	3000	国标03J609			1			
特FJ6930	6900	3000	国标03J609		2	1			
特FJ8430	8400	3000	国标03J609			1			
特FJ6030	6000	3000	国标03J609		1				
特FJ7330	7300	3000	国标03J609		1	1			
特FJ8130	8100	3000	国标03J609			1			
特FJ9032	9000	3200	国标03J609				1		
特FJ9165	9100	3000	国标03J609				1		
特FJ6530	6500	3000	国标03J609				1		
特FJ9065	9000	6500	国标03J609				1		

图 2.7　门窗统计表

2. 建筑总平面图

建筑总平面图是在画有等高线或加上坐标方格网的地形图上，画上原有房屋和拟建房屋的外轮廓的水平投影，它反映了房屋的平面形状、位置、朝向、相互关系，以及与周围地形、地物、街道的关系。总平面图一般采用 1∶500、1∶1000、1∶2000 的比例绘制，尺寸以米为单位。

总平面图图形主要以图例的形式表示，采用《总图制图标准》（GB/T 50103—2010）规定的图例。

以图 2.8 为例，说明建筑总平面图的识读方法。

1）看图名、比例、图例及有关的文字说明。该施工图为总平面图，比例为 1∶400。

2）了解工程性质、用地范围、地形地貌和周围环境情况。图 2.8 中所显示部分，新建建筑为科技楼（粗蓝实线表示），新建建筑西面为待建地铁站，东面为工程二期预留地，南面为公共开放空间（细黑虚线表示）。

3）了解建筑的朝向。由指北针可知建筑的朝向。

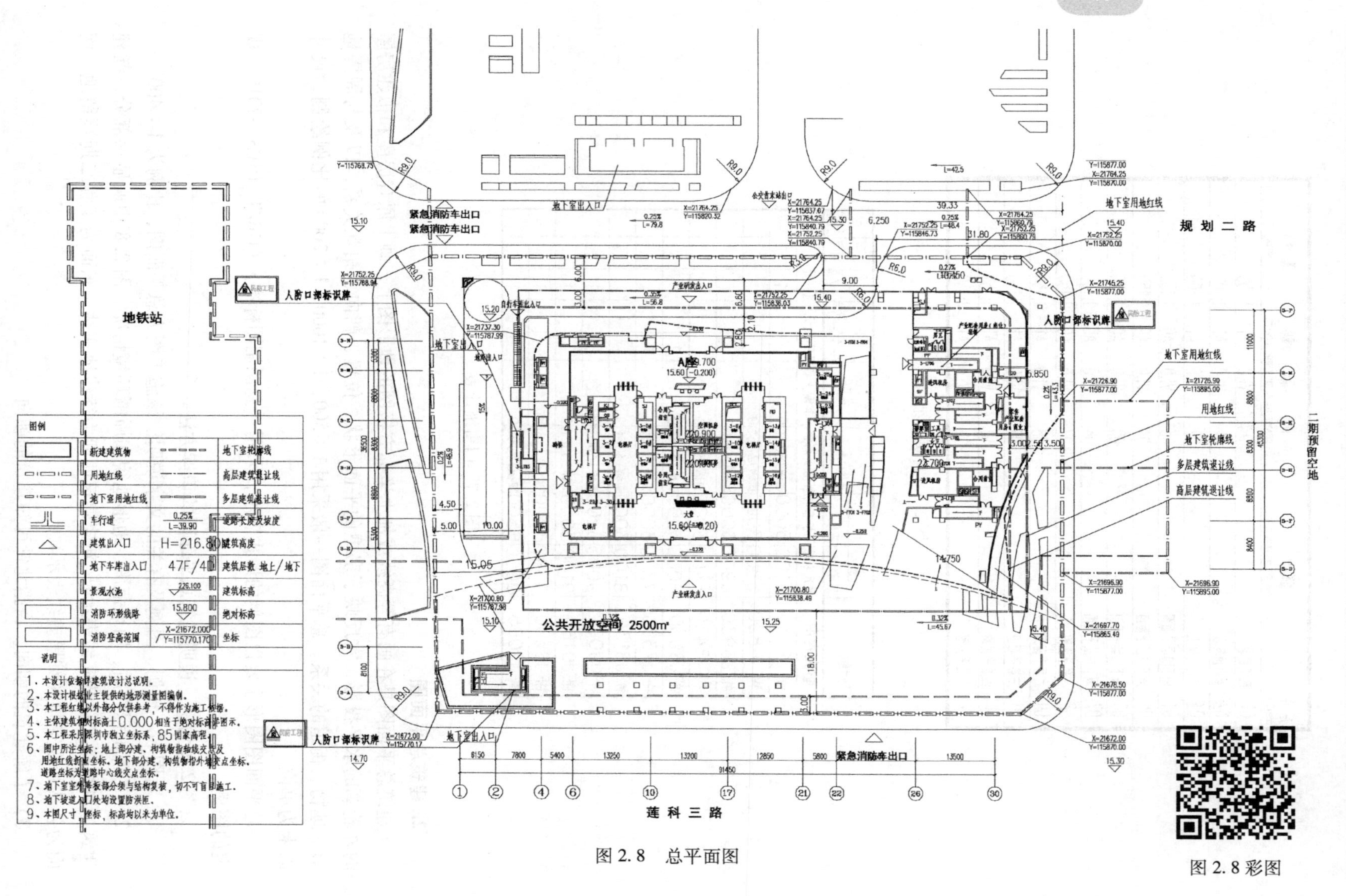

图 2.8　总平面图

图 2.8 彩图

4）了解新建筑的准确位置。图2.8中新建建筑采用建筑坐标定位方法，所有建筑用地的两个角全部用建筑坐标定位，从坐标可知建筑用地的长度和宽度。如高层建筑用地的坐标分别为X=21737.3、Y=115787.99和X=21697.7、Y=115865.49，表示高层建筑用地的长度为77.5m，宽度为39.6m。

2.1.3　建筑平面图

建筑平面图是用一个假想的水平剖切面沿门窗洞口的位置把房屋切开，移去上部之后，对剖切平面以下部分所做出的水平投影图，简称平面图。用作施工使用的房屋建筑平面图一般有底层平面图、标准层平面图、顶层平面图以及屋顶平面图。

建筑平面图是以图例符号表示的，这些图例符号应符合《建筑制图标准》（GB/T 50104—2010）的规定。

以图2.9和图2.10为例，说明建筑平面图的识读方法。

1. 底层平面图的识读

图2.9所示为一层平面图。

其识读方法如下：

1）了解平面图的图名、比例。从图2.9中可知该图为一层平面图，比例为1∶150。

2）了解建筑的朝向。由指北针可知建筑的朝向。

3）了解建筑的平面布置。该科技楼横向定位轴线13根，纵向定位轴线8根，图2.9中显示的是科技楼东南角，有公用电房、消防控制中心、气瓶间、配电房、充电房，4个楼梯、1个货梯、2个观光电梯。

4）了解建筑平面图的尺寸。了解平面图所标注的各种尺寸，并通过这些尺寸了解房屋的占地面积、建筑面积、房间的使用面积，平均面积利用系数为K。建筑占地面积为底层外墙外边线所包围的面积。

建筑施工图上的尺寸可分为总尺寸、定位尺寸和细部尺寸。

总尺寸——建筑外轮廓尺寸，若干定位尺寸之和。

定位尺寸——轴线尺寸；建筑物构配件如墙体、门、窗、洞口、洁具等，相对于轴线或其他构配件确定位置的尺寸。相邻横向定位轴线之间的尺寸称为开间，相邻纵向定位轴线之间的尺寸称为进深。

细部尺寸——建筑物构配件的详细尺寸。说明房间的净空大小和室内的门窗洞、孔洞、墙厚和固定设备的大小，建筑物外墙门窗洞口等各细部大小。

5）了解建筑中各组成部分的标高情况。在建筑平面图中，宜标注室内外地坪、楼地面、地下层地面、阳台、平台、檐口、层脊、女儿墙、雨篷、门、窗、台阶等处的标高，均采用相对标高（小数点后保留3位小数）。

6）了解门窗的位置及编号。为了便于读图，在建筑平面图中门采用代号M表示，窗采用代号C表示，并加以编号以便区分。同一类型的门或窗，编号应相同。在读图时应注意每种类型门窗的位置、形式、大小和编号，并与门窗表对应，了解门窗采用标准图集的代号、门窗类型。

7）了解建筑剖面图的剖切位置、索引标志。在底层平面图中的适当位置画有建筑剖面图的剖切位置和编号，以便明确剖面图的剖切位置、剖切方法和剖视方向。图中标注出的索引符号注明该部位所采用的标准图集的代号、页码和图号，以便施工人员查阅标准图集，方

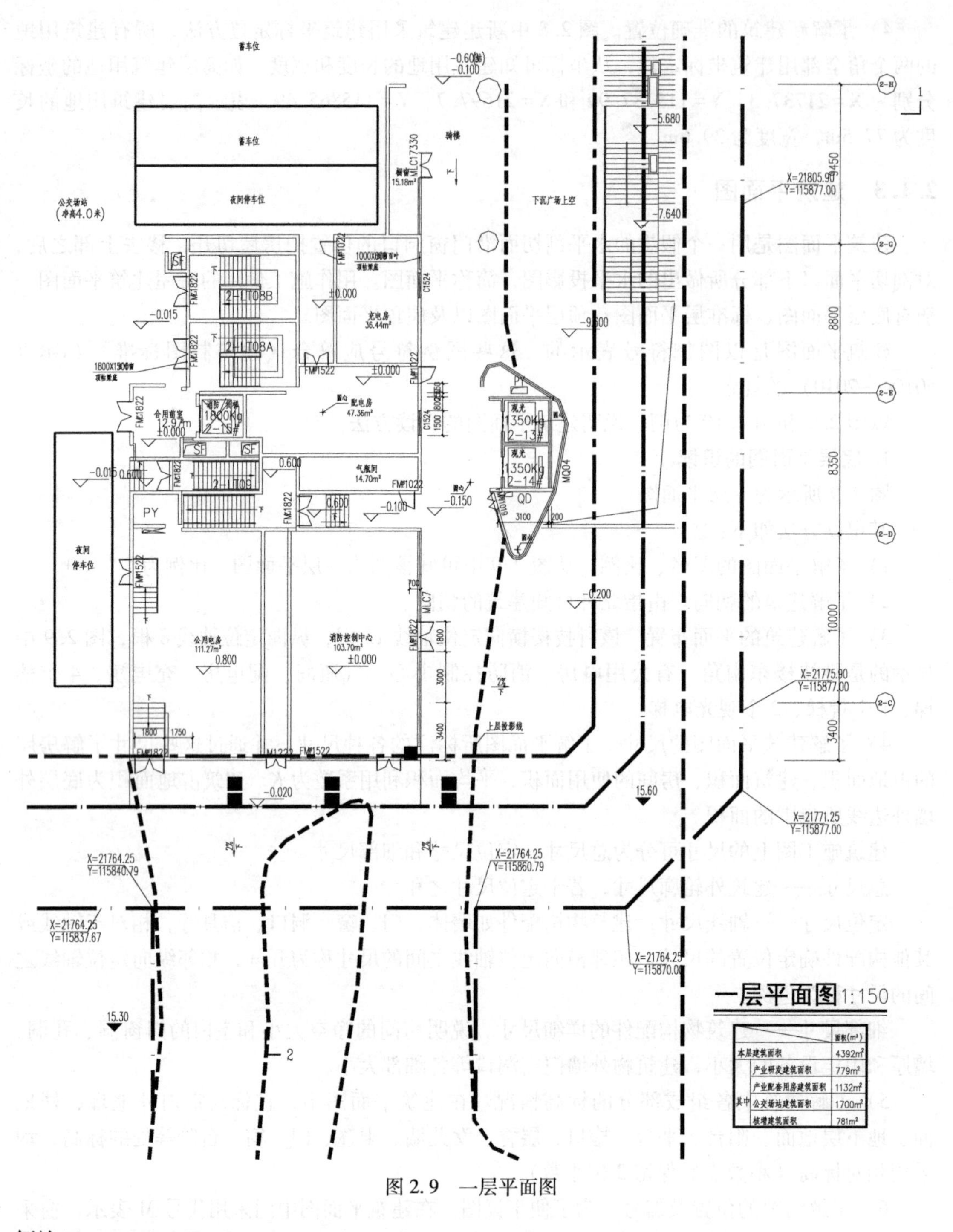

		面积(m²)
本层建筑面积		4392m²
其中	产业研发建筑面积	779m²
	产业配套用房建筑面积	1132m²
	公交场站建筑面积	1700m²
	核增建筑面积	781m²

图 2.9　一层平面图

便施工。

8）了解各专业设备的布置情况。建筑物内的设备如卫生间的便池、盥洗池等，读图时注意其位置、形式及相应尺寸。

2. 标准层平面图和顶层平面图的识读

标准层平面图和顶层平面图的形成与底层平面图相同。为了简化作图，底层平面图上表示过的内容，如散水、明沟、室外台阶等，标准层平面图和顶层平面图上不再表示。识读标准层平面图和顶层平面图重点应与底层平面图对照异同，如平面布置如何变化、墙体厚度有无变化、楼层标高的变化、楼梯图例的变化等。

3. 屋顶平面图的识读

屋顶平面图主要反映屋面上天窗、水箱、铁爬梯、通风道、女儿墙、变形缝等的位置及采用标准图集的代号，以及屋面排水分区、排水方向、坡度、雨水口的位置及尺寸等内容。本案例屋顶平面图如图 2.10 所示。该屋面有不上人屋面、上人屋面，屋面排水坡度为 2%。

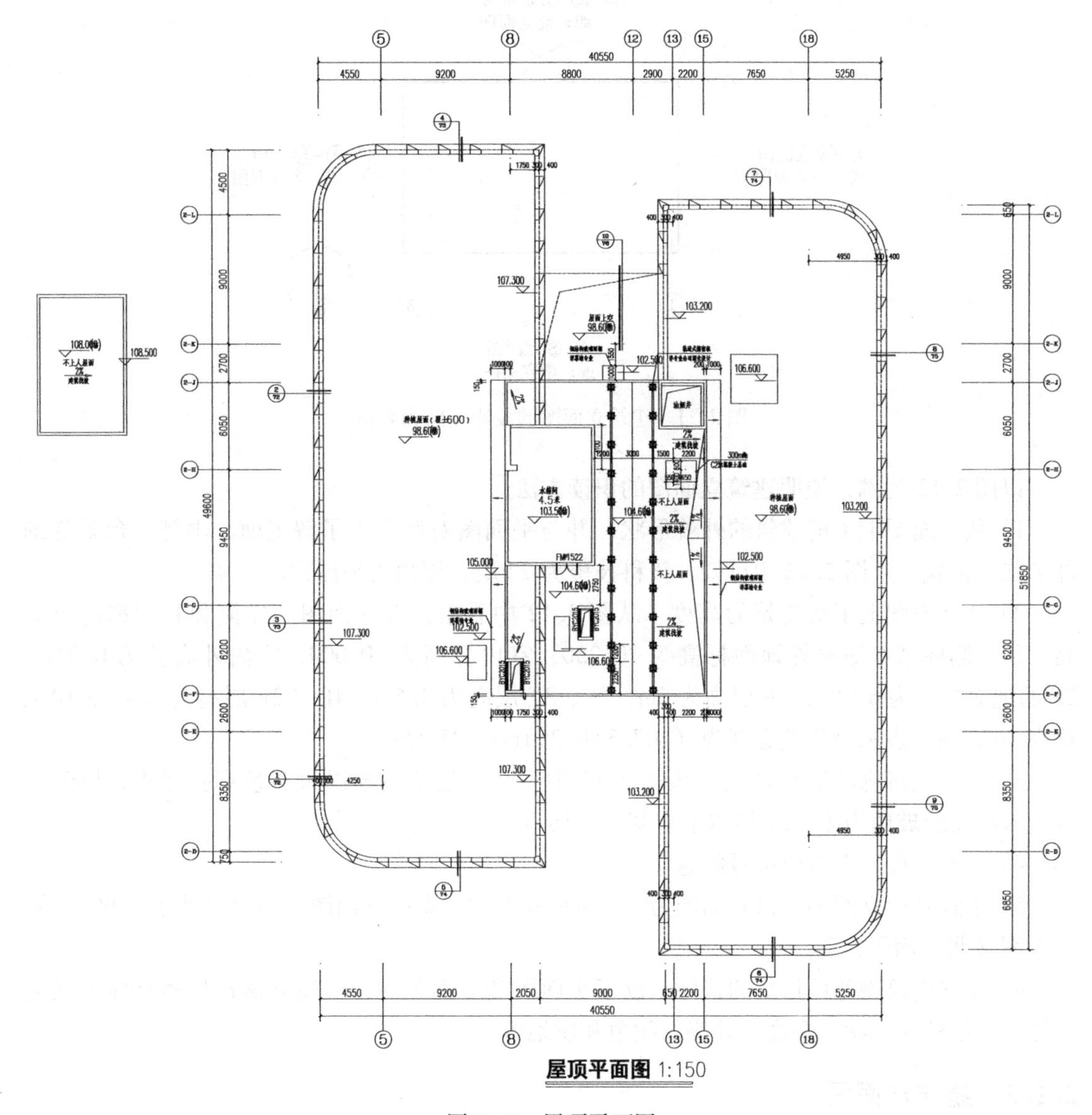

图 2.10 屋顶平面图

2.1.4 建筑立面图

建筑立面图是在与建筑物立面平行的铅垂投影面上所做的投影图，它主要反映建筑物的外形轮廓和各部分构件的形状及相互关系，同时还标注外墙各部分的装饰材料、做法以及建筑各部分的标高。此外，两端应画定位轴线符号及编号。

立面图反映建筑外貌，室内的构造与设施均不画出。由于图的比例较小，不能将门窗和建筑细部详细表示出来，图上只是画出其基本轮廓，或用规定的图例加以表示。

立面图可以根据立面图中首尾轴线编号而命名，如①~⑧立面图，或根据房屋立面的主次命名为正立面图、背立面图、左侧立面图、右侧立面图等，也可根据房屋的朝向命名为南立面图、东立面图等，如图 2. 11 所示。

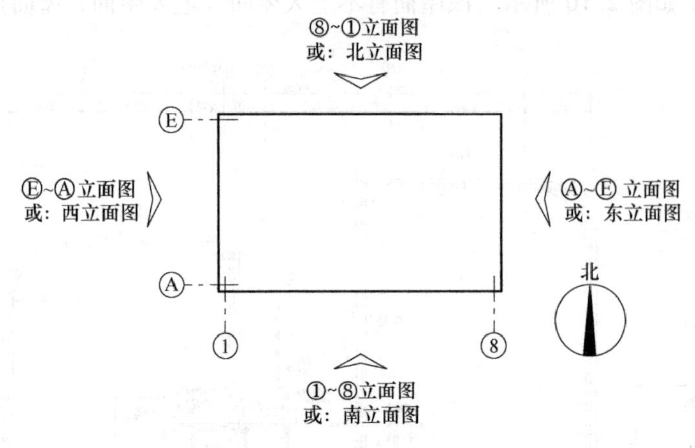

图 2. 11　建筑立面图的投影方向和名称

以图 2. 12 为例，说明建筑立面图的识读方法。

1) 从立面图上了解建筑的外貌形状，并与平面图对照深入了解屋面、雨篷、台阶等细部形状及位置。从图 2. 12 中可知，该科技楼为 22 层，屋顶为平屋顶。

2) 从立面图上了解建筑的高度。从图 2. 12 中看出，在立面图的左侧和右侧都注有标高，从左侧标高可知室外地面标高为-0. 250，室内标高为±0. 000，室内外高差为 0. 25m，2F 的地面标高为 6. 000，1F 层高为 6m，2F、3F 层高为 4. 5m，4F~22F 层高为 4. 4m，屋顶标高 107. 3m，表示该建筑总高为（107. 3+0. 25）m=107. 55m。

3) 了解建筑物的装修做法。从图 2. 12 中可知，建筑主要以银灰色穿孔铝板、LOW-E 灰色双层夹胶玻璃为主，22 层以上有灰色金属百叶。

4) 了解立面图上索引符号的意义。

5) 了解其他立面图。该立面图为⑤~⑱轴立面图，即南立面图，除此之外还有⑱~⑤轴立面图（北立面图）等。

6) 建立建筑物整体形状的认知。读了平面图和立面图后，应建立该科技楼整体形状的认知，包括外貌形状、高度、装修的颜色和质地等。

2. 1. 5　建筑剖面图

假想用一个或多个垂直于外墙轴线的铅垂剖切面将房屋剖开，所得的投影图称为建筑剖面图，简称剖面图。剖面图用以表示房屋内部的结构或构造形式、分层情况，以及各部位的联系、材料及其高度等，是与平、立面图相互配合的不可缺少的重要图样之一。

建筑剖面图主要表示房屋的内部结构、分层情况、各层高度、楼面和地面的构造以及各配件在垂直方向的相互关系等内容。剖面图的剖切位置应选在能反映内部构造的部位，并能通过门窗洞口和楼梯间。剖面图的投影方向及视图名称应与平面图上的标注保持一致。

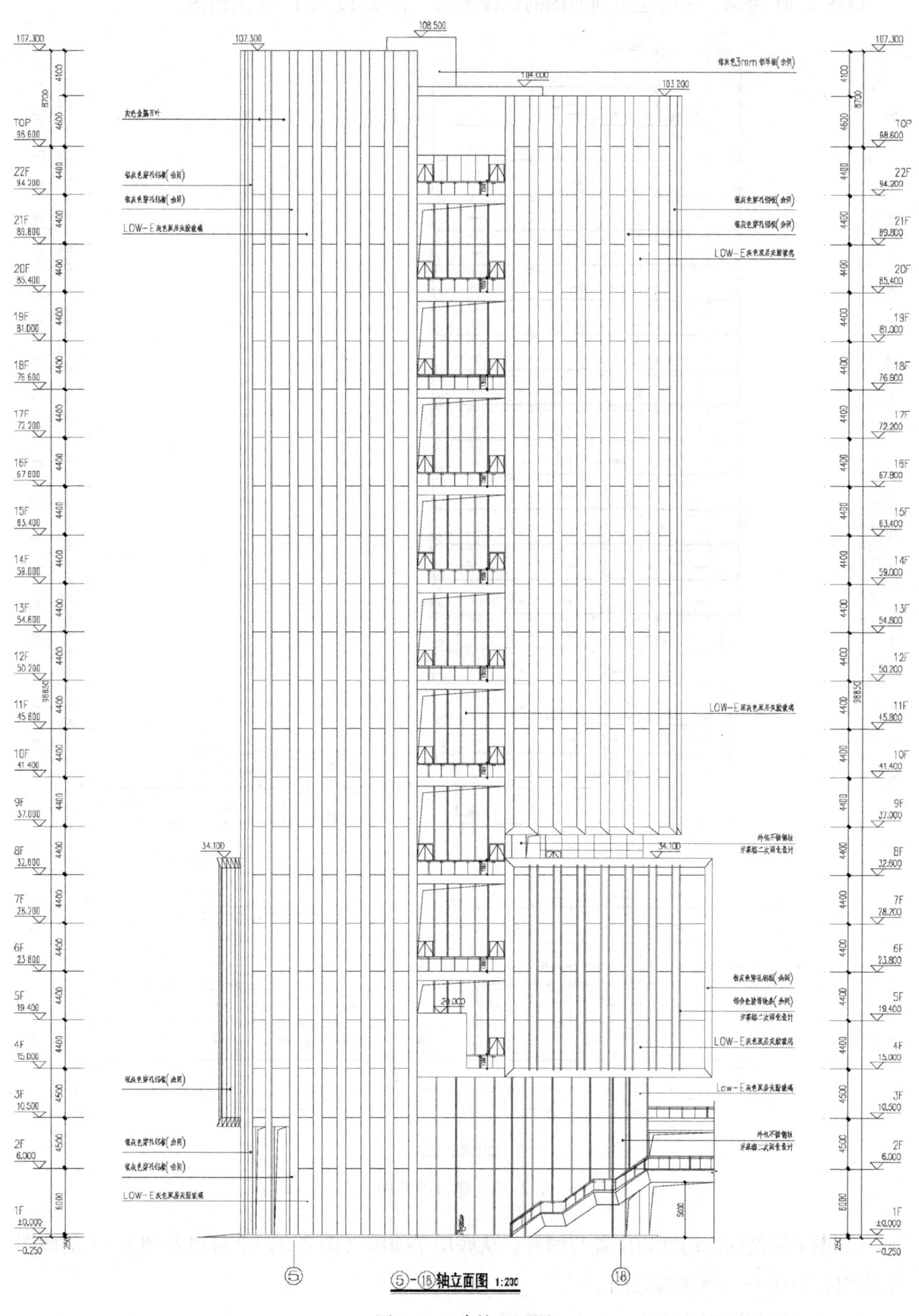

图 2.12　建筑立面图

以图 2. 13 为例，说明建筑剖面图的识读方法。图 2. 13 为 1—1 剖面图。

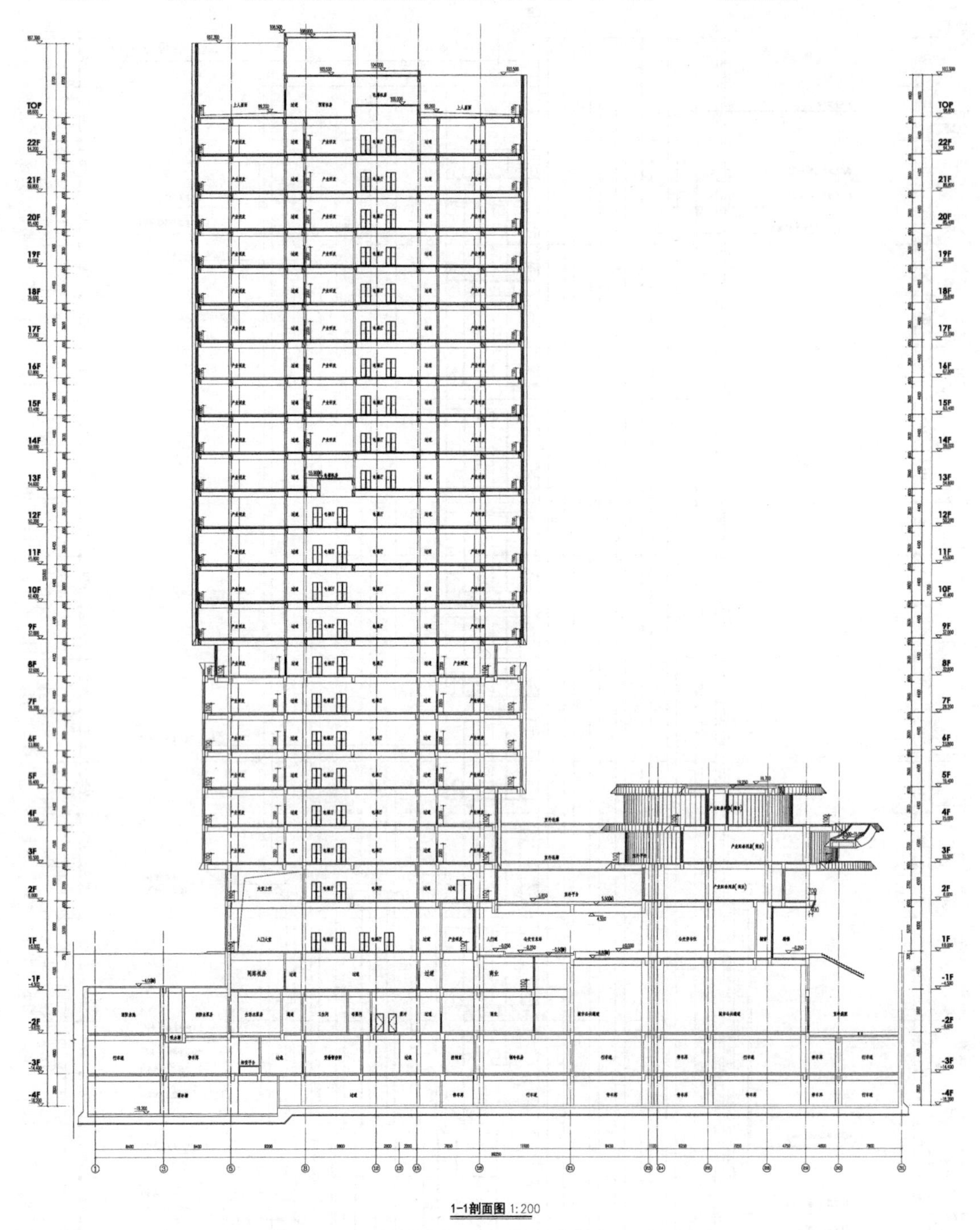

图 2. 13　建筑剖面图

1）先了解剖面图的剖切位置与编号。从底层平面图（图 2. 9）上可以看到 1—1 剖面图的剖切位置在(2-G)~(2-H)轴线之间。

2）了解被剖切到的墙体、楼板和屋顶。

3）了解可见的部分。1—1 剖面图中可见部分主要是电梯、屋顶挑檐的形状。

4）了解剖面图上的尺寸标注。从图2.13中可知各层的层高，1F公交站的标高，2F室外平台的标高，室外连廊的高度。

2.1.6　建筑详图

建筑平面、立面和剖面图反映了房屋的全貌，但由于绘图的比例小，一些细部的构造、做法、所用材料不能直接表达清楚，为了适应施工的需要，需将这些部分用较大的比例单独画出，这样的图称为建筑详图，简称详图。详图比例一般采用1∶20、1∶10、1∶5、1∶2等。

一般房屋的详图主要有：檐口及墙身节点构造详图，以及楼梯、厨房、厕所、阳台、门窗、建筑装饰、栏杆、雨篷、台阶等详图。

2.2　结构施工图

2.2.1　概述

建筑结构施工图是主要用来表示建筑物各承重构件（如基础、结构墙、柱、梁、楼板、楼梯等）的布置、形状、大小、数量、类型、材料做法，以及相互关系和结构形式等的图样。其主要作为施工放线、构件定位、挖基槽、支模板、绑钢筋、浇注混凝土、安装梁/板/柱等构件，以及编制预算、备料和做施工组织计划等的依据。

通常的建筑结构施工图有以下组成部分：

1）结构设计说明。结构设计说明的主要内容是设计依据、抗震等级、人防等级、地基情况及承载力、防潮抗渗做法、活荷载值、所用材料强度等级、施工中的注意事项、选用详图、通用详图或节点，以及在施工图中未画出，但需通过说明来表达的信息。

2）各层的结构布置图。结构布置平面图用来表示结构的各个承重构件如基础、墙、柱、梁、楼板等的平面布置，或现浇楼板的构造与配筋，或屋面板、天沟板、屋架、天窗架及支撑系统布置，以及它们之间的结构关系，为现场安装构件或制作构件提供施工依据。其内容一般包括：与建筑施工图一致的轴网及基础、墙、柱、梁等构件的位置和编号；预制板的跨度方向、代号、型号或编号、数量和预留洞的大小及位置；在现浇板平面图上的钢筋配置、预留孔洞大小及位置；标注出有各种梁、板的底面结构标高或轴线间尺寸、圈梁或门窗洞过梁的编号；标注出有关的剖切符号或详图索引符号；附注说明里有选用预制构件的图集编号、各种材料标号、板内分布筋的级别及直径与间距等。常见的结构布置平面图有基础平面图、结构平面图等。

3）构件详图。一般在结构设计总说明中包含具体结构构造措施，但仍需要另附构件详图加以说明。构件详图是对某一结构部位的构造进行详细说明的图样，主要对构件的形式及尺寸，选用材料的类型、规格、强度等级，选用的标准及施工注意事项做出详细说明和规定。其一般包括柱、梁、板及基础结构详图，楼梯结构详图，屋架结构详图以及其他详图。

结构施工图应用正投影法绘制，应遵守《房屋建筑制图统一标准》（GB/T 50001—2017）和《建筑结构制图标准》（GB/T 50105—2010）的相关规定。

1. 图线

结构施工图的图线、线型、线宽应符合规定。每个图样应根据复杂程度与比例大小，先选用适当基本线宽 b，再选用相应的线宽比。根据表达内容的层次，基本线宽 b 和线宽比可适当增加或减少。但在同一张图纸中，相同比例的各图样，应选用相同的线宽组。

2. 比例

绘制结构施工图时，根据图样的用途和复杂程度选用相应的比例，结构平面图、基础平面图常用比例为 1∶50、1∶100、1∶150，圈梁平面图、总图中管沟及地下设施等采用比例 1∶200 和 1∶500，详图常用比例为 1∶10、1∶20、1∶50。

3. 构件代号

结构施工图中构件名称宜用代号表示，代号后应用阿拉伯数字标注该构件的型号或编号，也可为构件的顺序号。构件的顺序号采用不带角标的阿拉伯数字连续编排。常用的构件代号见表 2.2。

表 2.2　常用构件代号

序号	名称	代号	序号	名称	代号	序号	名称	代号
1	板	B	19	圈梁	QL	37	承台	CT
2	屋面板	WB	20	过梁	GL	38	设备基础	SJ
3	空心板	KB	21	过系梁	LL	39	桩	ZH
4	槽形板	CB	22	基础梁	JL	40	挡土墙	DQ
5	折板	ZB	23	楼梯梁	TL	41	地沟	DG
6	密肋板	MB	24	框架梁	KL	42	柱间支撑	ZC
7	楼梯板	TB	25	框支梁	KZL	43	垂直支撑	CC
8	盖板	GB	26	屋面框架梁	WKL	44	水平支撑	SC
9	挡雨板	YB	27	檩条	LT	45	梯	T
10	吊车安全道板	DB	28	屋架	WJ	46	雨篷	YP
11	墙板	QB	29	托架	TJ	47	阳台	YT
12	天沟板	TGB	30	天窗架	CJ	48	梁垫	LD
13	梁	L	31	框架	KJ	49	预埋件	M
14	屋面梁	WL	32	刚架	GJ	50	天窗端壁	TD
15	吊车梁	DL	33	支架	ZJ	51	钢筋网	W
16	单轨吊车梁	DDL	34	柱	Z	52	钢筋骨架	G
17	轨道连接	DGL	35	框架柱	KZ	53	基础	J
18	车挡	CD	36	构造柱	GZ	54	暗柱	AZ

4. 标高与定位轴线

结构施工图上的定位轴线应与建筑平面图一致，并标注结构标高。

5. 尺寸标注

结构施工图上的尺寸标注应与建筑施工图相符合，但结构图所注尺寸是结构的实际尺寸，即不包括结构表层粉刷或面层的厚度。

2.2.2　钢筋混凝土结构图

现代大多数建筑采用的都是钢筋混凝土结构。混凝土虽然抗压强度很高，但抗拉强度较低，在受拉状态下容易发生断裂。因此，为了提高混凝土的抗拉能力，常在混凝土构件的受拉区域内配置一定数量的钢筋。由混凝土和钢筋这两种材料构成整体的构件，称为钢筋混凝土构件。

钢筋混凝土结构图由结构平面图和构件详图组成。结构平面图表示承重构件的布置、类型和数量。构件详图分为配筋图、模板图、预埋件详图及材料用量表等。配筋图着重表示构件内部的钢筋配置、形状、数量和规格，包括立面图、断面图和钢筋详图。模板图只用于较复杂的构件，以便于模板的制作和安装。

1. 配筋图

为表示构件内部钢筋的配置情况，假定混凝土是透明体，在图样上只画出构件内部钢筋的配置情况，这样的图称为配筋图。

配筋图中的钢筋用粗实线画出，外形轮廓用细实线表示。在断面图中被剖切到的钢筋用黑点表示，未被剖切到的钢筋仍然用粗实线表示。

2. 钢筋的标注方法

在配筋图中，要标注出钢筋的等级、数量、直径、长度和间距等，通常有以下两种标注形式。

1）标注钢筋的级别、根数、直径，如图 2. 14 所示。此种标注形式多用于梁内的受力筋和架立筋。

2）标注钢筋级别、钢筋直径及相邻钢筋中心距，如图 2. 15 所示。此种标注形式多用于梁内的箍筋及板内的分布筋。

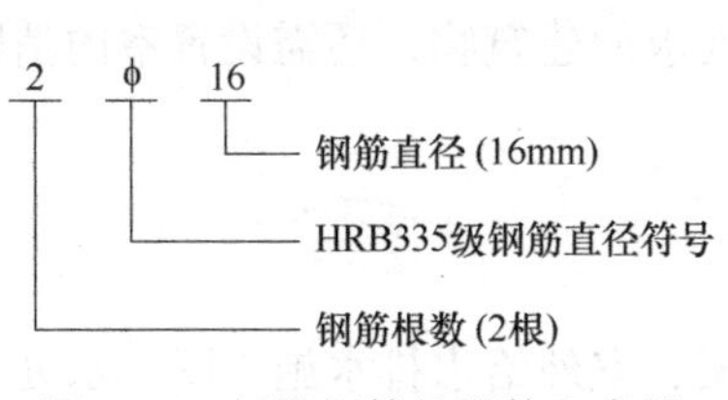

图 2. 14　标注钢筋的根数和直径

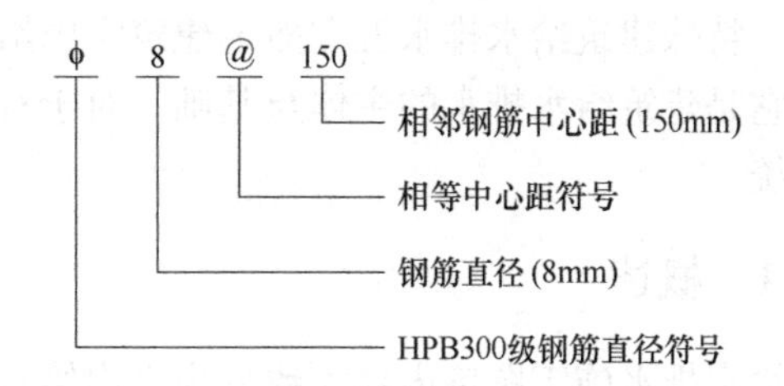

图 2. 15　标注钢筋的直径及相邻钢筋中心距

2. 2. 3　基础平面图

基础平面图是假设用一个水平剖切平面，沿着房屋的室内地面与基础之间切开，然后移到房屋上部，向下投影，由此得到的水平剖面图。

基础平面图表示出基础墙、柱、垫层、空洞及构件布置的平面关系，是施工放线（通常使用石灰粉在地面定出房屋定位轴线、墙身线、基础地面长宽线等）、开挖基槽（即为基础施工开挖的土槽）、做垫层（使基础与地基有良好的接触，以便均匀传递压力）、砌筑基础和管沟墙（根据水、暖、电等专业的需要而预留的孔洞及砌筑的地沟）的重要依据。基础平面图对整个建筑物起着至关重要的作用。基础平面图常用比例有 1∶50、1∶100、1∶150、1∶200。

基础平面图主要包括以下几个方面的内容：

1）基础的定位轴线及编号，且与建筑平面图要相一致。

2）定位轴线的尺寸、基础的形状尺寸和定位尺寸。

3）基础墙、柱、垫层的边线及轴线间的关系。

4）基础墙身预留洞的位置及尺寸。

5）基础断面图的剖切位置线及其编号。

2. 2. 4　结构平面图

结构平面图是结构施工图中必不可少的一部分，它是假设一个水平剖切面沿着楼面将房屋剖切后做的楼层水平投影。其常用比例有 1∶50、1∶100、1∶150、1∶200。

楼层结构平面图主要由以下几方面组成：

1）建筑物各层结构布置的平面图。

2）各节点的断面详图。

3）构件统计表、钢筋表和文字说明标注。

2.2.5 构件详图

构件详图用来表示某一结构构件的细部尺寸、截面形状、材料做法、配筋规格及其布置，用详细的文字标注来说明在结构平面图上所不能表达的内容。其常用比例有 1∶10、1∶20。

构件详图包括梁、板、柱及基础结构详图，钢筋混凝土配筋图，楼梯结构详图，屋架结构详图，其他详图（如支撑详图等）。

2.3 给水排水施工图

建筑给水排水工程包括建筑内部给水排水、建筑消防给水、建筑室外给水排水、建筑水处理、特殊建筑给水排水五方面。建筑室内给水排水分为室内给水工程和室内排水工程两部分，它是建筑给水排水的主体与基础。对于有一定防火要求的建筑物，还需设置室内消防给水系统。

2.3.1 概述

给水排水施工图按内容大致分为室内给水排水施工图、室外给水排水施工图、水处理设备构筑物工艺图。本节仅阐述室内给水排水施工图。

室内给水排水施工图主要包括：

1）室内给水排水平面图。室内给水排水平面图是在建筑平面图的基础上，进一步表明给水、排水管道和用水、排水设备平面布置情况的图纸。为了清楚表明室内给水、排水系统的情况，给水排水平面图应分层绘制。

2）室内给水排水系统图。室内给水排水系统图也称轴测图，是表明室内给水、排水管道和设备的空间联系，以及管道、设备与房屋建筑的相对位置、尺寸等情况的图纸。

3）设备及构件详图、施工图说明。给水排水施工详图是详细表明给水排水工程中，某部分的管道节点或设备、器材施工安装用的大样图。

给水排水施工图应遵守《建筑给水排水制图标准》（GB/T 50106—2010）的相关规定。

1. 标高注法

建筑室内工程应标注相对标高，压力管道应标注管中心标高，重力流管道和沟渠应标注管（沟）内底标高。标高单位为米时，可注写到小数点后第二位。

2. 管径标注

管径应以毫米（mm）为单位，不同管材的表示方法不同。水、煤气输送钢管（镀锌或非镀锌）和铸铁管等管材，管径宜以公称直径 DN 表示；建筑给水排水塑料管，管径宜以公称外径 dn 表示。

3. 编号方法

建筑物的给水引入管或排水排出管应按系统进行编号。建筑物内穿越楼层的立管应用阿拉伯数字进行编号。

给水排水附属构筑物编号用构筑物代号后加阿拉伯数字表示，构筑物的代号应采用汉语拼音的首字母表示。给水构筑物的编号顺序宜从水源到干管，再从干管到支管最后到用户，按给水方向依次编排。排水构筑物的编号应按排水方向依次编排。

4. 图例

给水排水施工图应采用《建筑给水排水制图标准》（GB/T 50106—2010）规定的图例，表 2.3 给出了管道代号。

表 2.3　管道代号

名　称	代　号	名　称	代　号
生活给水管	J	废水管	F
热水给水管	RJ	压力废水管	YF
热水回水管	RH	通气管	T
中水给水管	ZJ	污水管	W
循环给水管	XJ	压力污水管	YW
循环回水管	XH	雨水管	Y
热媒给水管	RM	压力雨水管	YY
热媒回水管	RMH	膨胀管	PZ
蒸汽管	Z	空调凝结水管	KN
凝结水管	N		

2.3.2　给水排水平面图

室内给水排水系统由室内给水系统和室内排水系统组成。自建筑物的给水引入管至室内各配水点段，称为室内给水系统。室内给水系统主要由引入管、水表节点、给水管网、用水和配水设备、给水附件等组成。室内排水系统主要由卫生器具与生产设备受水器、排水管网、排出管、通气管、清通设备、特殊设备等组成。室内给水排水管网如图 2.16 所示。

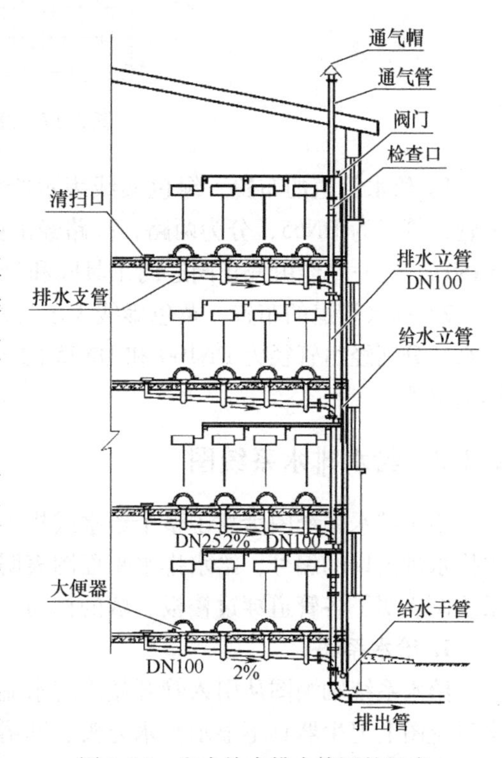

图 2.16　室内给水排水管网的组成

室内排水管网平面图与室内给水管网平面图的表示方法基本相同，往往将两个平面图画在一张图纸上，但图中的给水管网和排水管网要采用不同的线型来表示，如给水管网管路用中粗实线表示，排水管路用中粗虚线表示。

给水排水平面图主要包括以下内容：

1）给水进户管、污（废）水排出管和水泵接合管的平面位置，建筑物的定位尺寸，穿越建筑外墙管道的标高，系统编号以及建筑小区给水排水管网的连接形式、管径、坡度等。

2）给水排水干管、立管、支管的平面位置、走向和管径尺寸以及立管编号。

3）卫生器具和用水设备的平面位置、引用详图的索引号、定位尺寸、型号规格、数量，以及各卫生设备、立管等前后左右关系、相距尺寸。

4）升压设备（水泵、水箱）等的平面位置、定位尺寸、型号、数量等。

5）消防给水管道、消防水池、消防水箱的平面位置与技术参数，消防水泵的平面位置、形式、规格与技术参数，消火栓的平面位置、形式、规格，消防箱的型号等。

以图 2. 17 为例，说明室内给水排水平面图的识读方法。图 2. 17 为 2F 给水排水平面图。

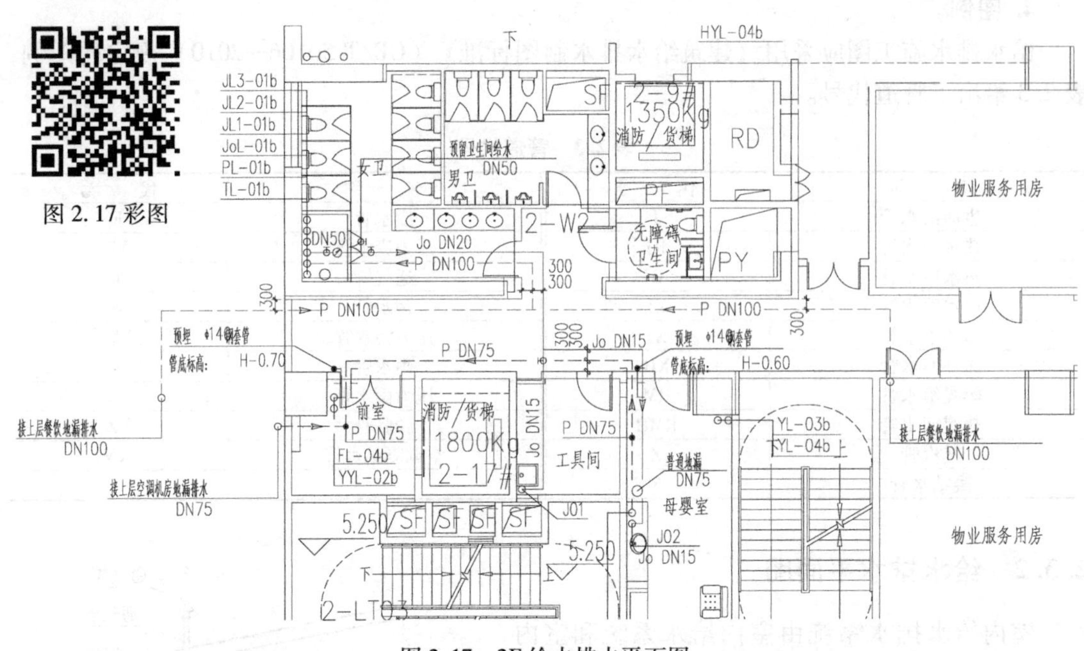

图 2. 17 彩图

图 2. 17　2F 给水排水平面图

1）给水管道的布置。绿色实线表示给水管道，由市政直供给水立管 JoL-01b 接出给水干管，管径为 DN65，分为两路，一路经由截止阀、水表接入预留卫生间给水支管（管径为 DN50），另一路经由截止阀通向工具间和母婴室的卫生器具。

2）排水管道的布置。黄色虚线表示排水管道，三层餐饮地漏排水和三层空调机房地漏排水，分别经由管径为 DN100 和 DN75 的排水干管，接入排水立管 PL-01b，汇流到排出管排出室外。

2. 3. 3　给水排水系统图

给水排水系统图示意了整个给水或排水系统的空间关系。给水排水系统图一般先查看给水排水进出口的编号，给水排水平面图表明了各管道穿过楼板、墙的平面位置，而给水排水系统图表明了各管道穿过楼板、墙的标高。

1. 给水系统

给水系统轴测图从引入管开始沿着水流方向，经过干管、立管、支管到用水设备。在给水系统图上卫生器具不显示，水龙头、淋浴器、莲蓬头等画出相应符号，用水设备如锅炉、水箱等画出示意性立体图，并在支管上注以文字说明。给水系统图表明了室内给水方式，地下水池和屋顶水箱或气压给水装置的设置情况，管道的具体走向，干管的敷设形式，管井尺寸及变化情况，阀门和设备以及引入管和各支管的标高。

2. 排水系统

排水系统轴测图从排水设备开始沿着污水流向，经过横支管、立管、干管到总排出管。

在排水系统图上只画出卫生器具的存水弯或器具排水管。排水系统图表明了排水管道系统的具体走向，管径尺寸、横管坡度、管道各部分的标高、存水弯的形式、三通设备设置情况、伸缩节和防火圈的设置情况、弯头及三通的选用情况。

以图 2.18 和图 2.19 为例，说明室内给水排水系统图的识读方法。

1F~6F 给水系统图如图 2.18 所示。从图中可以看出，该建筑为超高层建筑，给水系统采用分区给水方式，共分为四区。地上 1F~3F 为市政直接供水，地上 4F~10F 为加压供水Ⅰ区，地上 11F~17F 为加压供水Ⅱ区，地上 18F~22F 为加压供水Ⅲ区。市政直接供水系统是由室外环管接入，经由水表井、DN150 的给水干管、闸阀，沿着 DN80 的立管（JoL-01b）垂直向上，至地上 3F 止。在立管 JoL-01b 共接出 3 条水平干管，每条水平干管始端的管径为 DN50，末端的管径为 DN15。每条水平干管上接有截止阀和水表，最后接入卫生间给水器具、餐饮给水器具和商铺给水器具。

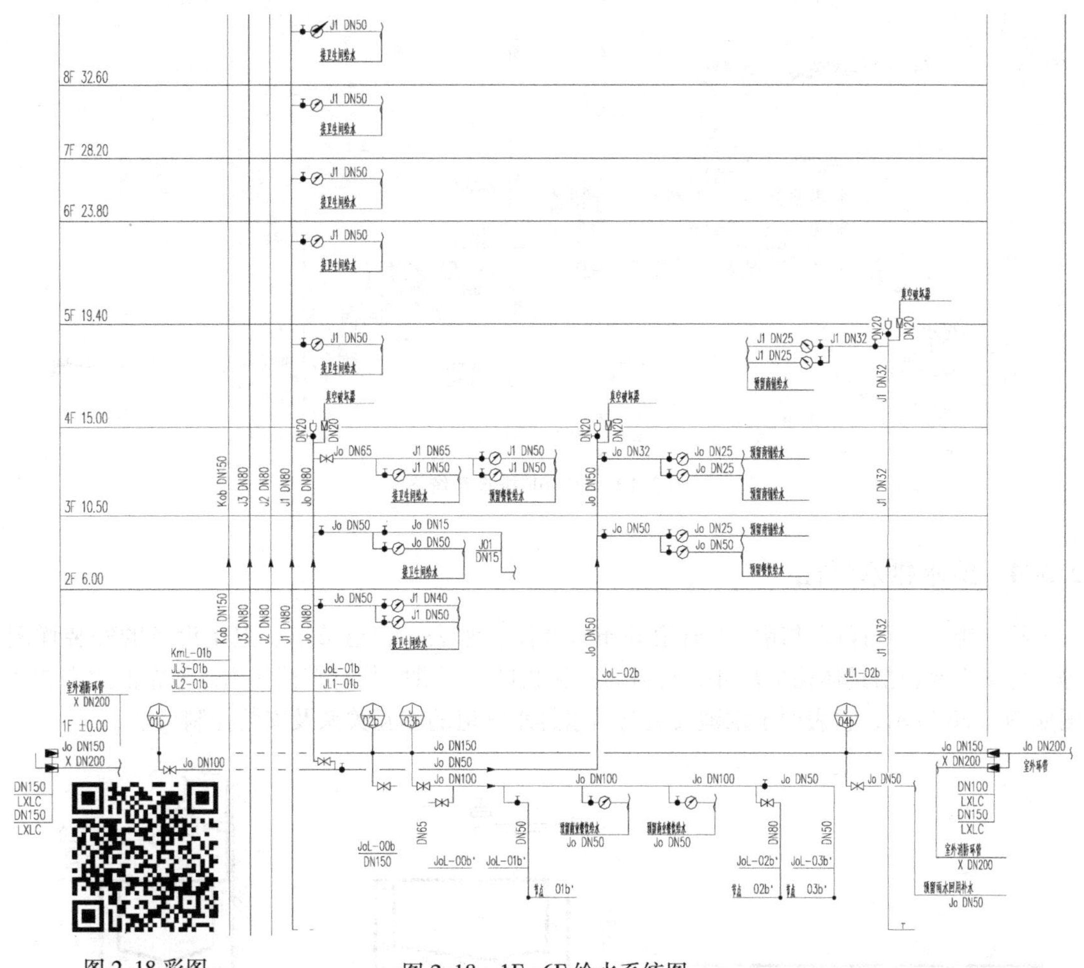

图 2.18 彩图

图 2.18　1F~6F 给水系统图

1F~6F 排水系统图如图 2.19 所示。从图中可以看出，共有 4 条排水立管，5 条废水立管，1 条通气立管。排水立管 PL-01b 每层接入一条排水干管，管径为 DN100，用于接上层卫生间排水。其他立管均接有不同管径的S形存水弯，用于接上层排水管密闭地漏排水、上层空调机房地漏排水和

图 2.19 彩图

上层商铺地漏排水。

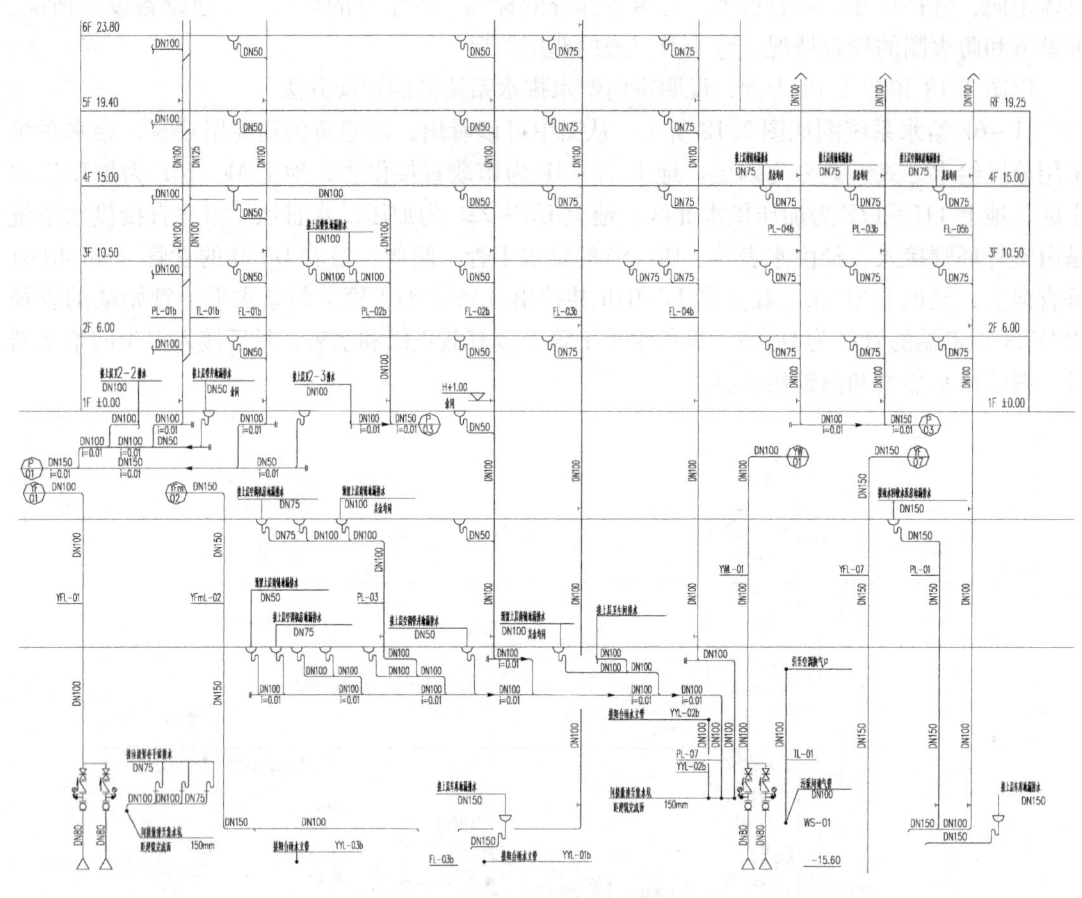

图 2.19　1F～6F 排水系统图

2.3.4　给水排水详图

给水排水工程详图常用的有管道井布置详图，水表、管道节点、卫生设备的安装详图等。详图主要包括具体构造尺寸、材料名称和数量，可供安装时直接使用。拖布池的安装详图如图 2.20 所示，它表明了水池安装与给水排水管道的相互关系及安装控制尺寸。

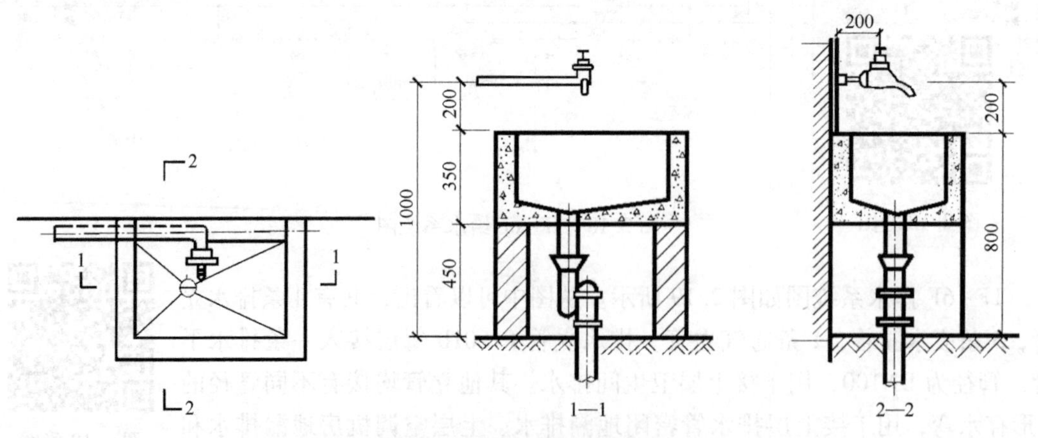

图 2.20　拖布池安装详图

2.4　暖通空调施工图

2.4.1　概述

建筑供暖与空调系统包括供暖、通风、空气调节三个方面。本节重点介绍通风空调施工图。通风空调施工图包括通风系统平面图、剖面图、系统轴测图、详图及文字说明等。

《暖通空调制图标准》（GB/T 50114—2010）规定了暖通空调施工图常用的图例。对于供暖系统中的水、蒸汽管，可用线型区分，也可用代号区分；风管宜用代号进行标注。常用的水、蒸汽管和风管代号见表 2.4。

表 2.4　常用水、蒸汽管和风管的代号

序号	名　称	代号	序号	名　称	代号
1	供暖热水供水管	RG	10	饱和蒸汽管	ZB
2	供暖热水回水管	RH	11	凝结水管	N
3	空调冷水回水管	LH	12	给水管	J
4	冷却水供水管	LQG	13	锅炉进水管	GG
5	冷却水回水管	LQH	14	送风管	SF
6	空调冷凝水管	n	15	回风管	HF
7	补水管	BS	16	排风管	PF
8	循环管	X	17	新风管	XF
9	过热蒸汽管	ZG	18	消防排烟风管	PY

2.4.2　通风空调平面图

通风空调平面图主要用来反映通风空调系统的设备、风管、风口及水管等安装平面位置与建筑平面之间的相互关系。通风空调平面图采用正投影法绘制，主要内容包括风管平面图、水管平面图以及机房布置平面图等。

通风空调平面图是在建筑平面图的基础上进行绘制的，一般采用双线绘风管，单线绘空调冷热水、凝结水管的画法。在绘制平面图的过程中，对于较复杂的平面，为了使设计清晰，风管及水管平面图宜分别绘制。只有在风管及水管较少时，才把它们合在同一张平面图中绘制。

1. 风管平面图

空调风管系统平面图包括风管系统的构成、布置，以及风管上各部件、设备（如异径管、三通接头、四通接头、弯管、检查孔、测定孔、调节阀、防火阀、送风口、排风口等）的轮廓和位置，并且注明系统编号、送回风口的空气流动方向，标注风管、设备、部件的尺寸大小、定位尺寸及设备基础的主要尺寸，以及各设备和部件的名称、型号、规格等。

2. 水管平面图

空调水管平面图一般用单线绘制，图中包括冷、热媒管道和凝结水管道的构成、布置，以及水管上各部件、设备（如异径管、三通接头、四通接头、弯管、温度计、压力表、调节阀等）的位置，并且标注冷、热媒管道内的水流方向和坡度。空调房间的每个以水为冷媒的空气处理设备都连接一根供水管、一根回水管、一根凝结水管。这三根管子分别通过三通或四通接头与总供水管、回水管、凝结水管相连接。空调水管平面图绘制步骤：在相应的建筑平面图确定供回水立管和空气处理设备的位置，再用单线绘制水管将供回水立管与空气处理设备连接起来，然后标注水管管径及标高、管道坡度和坡向。

3. 机房布置平面图

空调机房平面图表明空调设备在机房的平面布置、设备与风管系统的连接情况。由于空调机房管线复杂和设备众多，应根据需要增大绘图比例，绘出通风、空调、制冷设备（如冷水机组、新风机组、空调器、冷热水泵、冷却水泵、通风机、消声器、水箱等）的轮廓位置及编号，注明设备和基础距离墙或轴线的尺寸；绘出连接设备的风管、水管位置及走向，注明尺寸、管径、标高；标注机房内所有设备、管道附件（各种仪表、阀门、柔性短管、过滤器等）的位置。如果是集中空调机组，空调机房和制冷机房合并绘出。

冷冻机房平面图表明制冷设备在机房或室外的平面布置、制冷设备与管道的连接情况。平面图应标注制冷设备平面布置的位置尺寸、制冷管道的连接及走向，标注设备型号及参数、管道的规格及型号，应给出设备基础尺寸、基础做法（或者把基础资料提给结构工种出图）、减振设计及减振器技术规格（或选用型号）。

识读通风空调系统的平面图，需要注意：

1）查明系统的编号与数量。通风空调系统用汉语拼音字头加阿拉伯数字进行编号。若图中标注有 S-1、S-2，P-1、P-2，K-1、K-2，则分别表示送风系统 1、2，排风系统 1、2，空调系统 1、2。通过系统编号，可知该图中表示的系统数量。

2）查明末端装置的种类、型号规格与平面布置位置。末端装置包括风机盘管机组、诱导器、变风量装置，以及各类送、回（排）风口和局部通风系统的各类风罩等。若图中有吸气罩、吸尘罩，则说明该通风系统分别为局部排风系统、局部排尘系统；若图中有旋转吹风口，则说明该通风系统为局部送风系统；若图中有房间风机盘管，则说明该空调系统为新风加风机盘管系统；若图中的风管进入空调房间后仅有送风口（如散流器），则说明该空调系统为全空气集中式系统。

风口形式多样，送风口的形式和布置根据空调房间高度、长度、面积大小以及房间气流组织方式确定。

3）查明水系统水管、风系统风管的平面布置，以及与建筑物墙面的距离。水管一般沿墙、柱敷设，风管一般沿顶棚敷设，一般为明装，有美观要求时为暗装。

4）查明风管的材料、形状及规格尺寸。风管材料应结合图纸说明及主要设备材料表确定，一般情况下，风管材料选用普通钢板或镀锌钢板。风管有圆形和矩形两种，通风系统一般采用圆形风管，空调系统一般采用矩形风管。圆形风管标注管外径，矩形风管标注该风管识图投影面的尺寸×该风管在平行视图投射线一侧的尺寸。

5）查明空调机、通风机、消声器等设备的平面布置及型号规格。

6）查明冷水或空气-水的半集中空调系统中膨胀水箱和集气罐的位置、型号及其配管平面布置尺寸。

以图 2. 21 和图 2. 22 为例，说明通风空调系统平面图的识读方法。

3F风管平面图如图2.21所示。从图中可以看出，该系统为定风量全空气系统，气流组织为上送上回，室外新风由外墙防雨百叶（1000×500，贴梁底安装）采入除尘后与集中回风（采用门铰式回风口回风）混合，经组合式空气处理机组ZK-B-L3-03冷却、加压后，再经消声静压箱、风管、400×400方形散流器送至空调区域。采用风管回风，回风管设电动多叶调节阀和静压箱。新风管入口设电动多叶调节阀，可根据室内需要及季节变化而调节新风量。除此之外，图中还单独设有新风系统，同样室外新风经由外墙防雨百叶，通过吊装式低噪声柜式风机P-B-L3-01加压后进入风管，末端采用双层活动百叶风口500×500将新风送入空调区域。

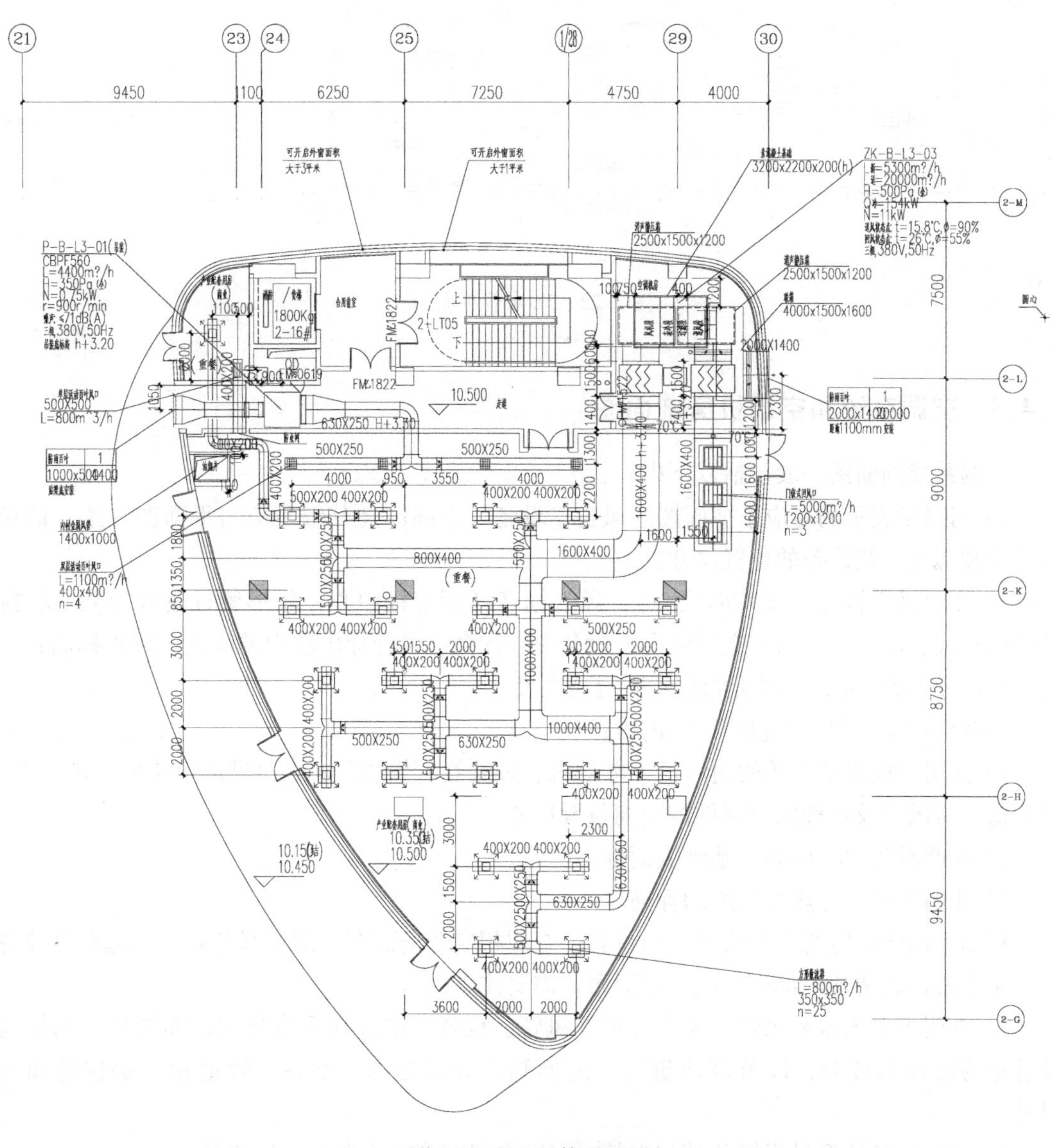

图2.21　3F风管平面图

3F水管平面图如图2.22所示。从图中可知，组合式空气处理机组ZK-B-L3-03的表冷器相连的是DN100的冷水供水管和冷水回水管，为表冷器提供所需冷冻水。

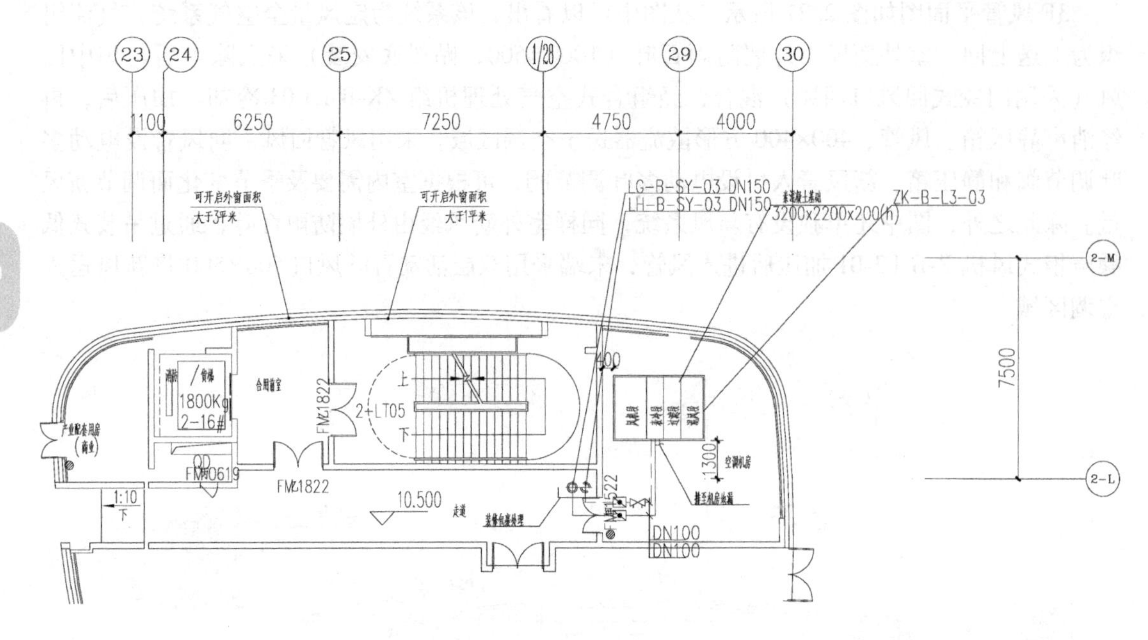

图 2.22　3F 水管平面图

2.4.3　空调系统和空调机房剖面图

空调系统剖面图一般包括以下内容：

1）用双线表示的对应于平面图的风道、设备、零部件（其编号应与平面图一致）的位置尺寸和有关工艺设备的位置尺寸。

2）注明风道直径（或截面尺寸）；风管标高（圆管标中心，矩形管标管底边）；送/排风口的形式、尺寸、标高和空气流向；设备中心标高；风管穿出屋面的高度，风帽标高；穿出屋面超过 1.5m 时，立风管的拉索固定高度尺寸。

空调机房剖面图一般包括以下内容：

1）注明对应于平面图的通风机、电动机、过滤器、加热器、表冷器或喷水室、消声器、百叶窗、回风口及各种阀门部件的竖向位置尺寸。

2）注明设备中心标高、基础表面标高。

3）注明风管、冷热媒管道的标高。

根据平面图给定的剖切线编号与位置，查阅相应的剖面图。剖切线位置一般选在需要将管道系统表达较清楚的部位。识读剖面图，需要注意：

1）查明水系统水平水管、风系统水平风管、设备、部件在垂直方向的布置尺寸与标高及管道的坡度与坡向，以及该建筑房屋地面和楼面的标高，设备、管道距该层楼地面的尺寸。

2）查明设备的型号规格及其与水管、风管之间在高度方向上的连接情况。

3）查明水管、风管及末端装置的型号规格，核对与平面图表示有无矛盾。

以图 2.23 为例，说明空调机房剖面图的识读方法。

图 2.23 为组合式空调机组 ZK-B-L2-02 的 A—A 剖面图。从图中可以看出，两台消声静

压箱的安装位置为底部距地面 2500mm，送风管和回风管底部距消声静压箱底部 600mm，防雨百叶底部距离地面 1100mm，以及冷水供水管和冷水回水管与设备的连接情况。

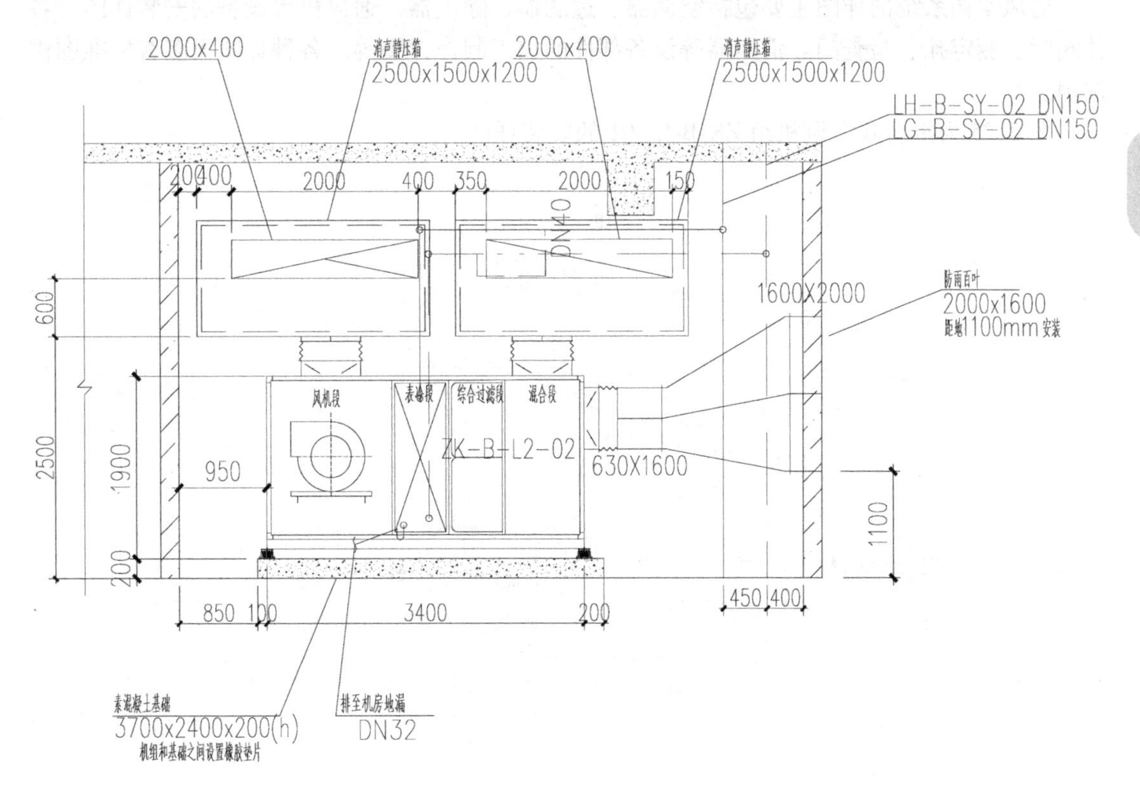

图 2.23　组合式空调机组 ZK-B-L2-02 的 A—A 剖面图

2.4.4　通风空调原理图

通风空调原理图用于表明整个系统的原理与流程。其主要内容包括空调房间的设计参数、冷（热）源、空气处理、输送方式、控制系统之间的相互关系，以及设备、管道、仪表、部件等。

本案例通风系统原理图如图 2.24 所示。从图中可知，该系统为全空气系统，室外新风由外墙百叶采入除尘后与集中回风混合，经组合式空气处理机组冷却、加压后，再经消声静压箱、风管、风口送至空调区域。回风管入口处设有 70℃防火阀、电动多叶调节阀及静压箱，新风管入口处设有电动多叶调节阀，送风管出口处设有静压箱和 70℃防火调节阀。

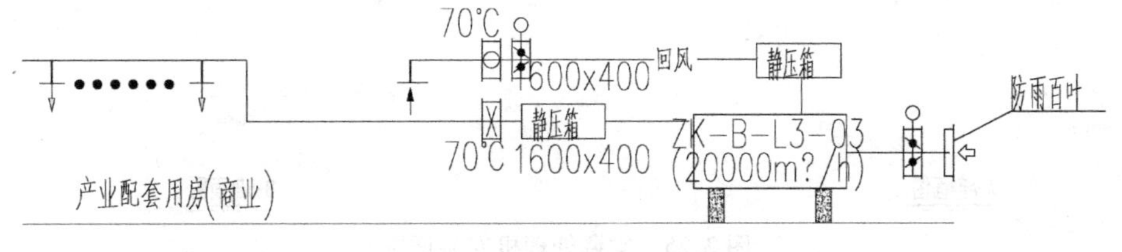

图 2.24　通风系统原理图

2.4.5 通风空调详图

通风空调系统的详图主要包括空调器、过滤器、除尘器、通风机等设备的安装详图，各种阀门、测定孔、检查门、消声器等设备部件的加工制作详图等。各种详图大多有标准图供选用。

图 2.25 为组合式空调机组 ZK-B-L2-01 的安装详图。

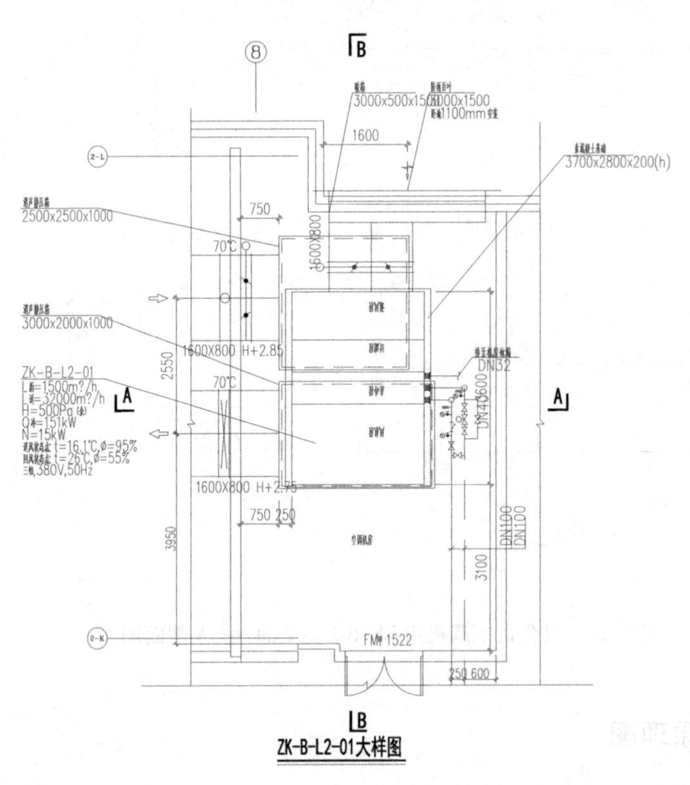

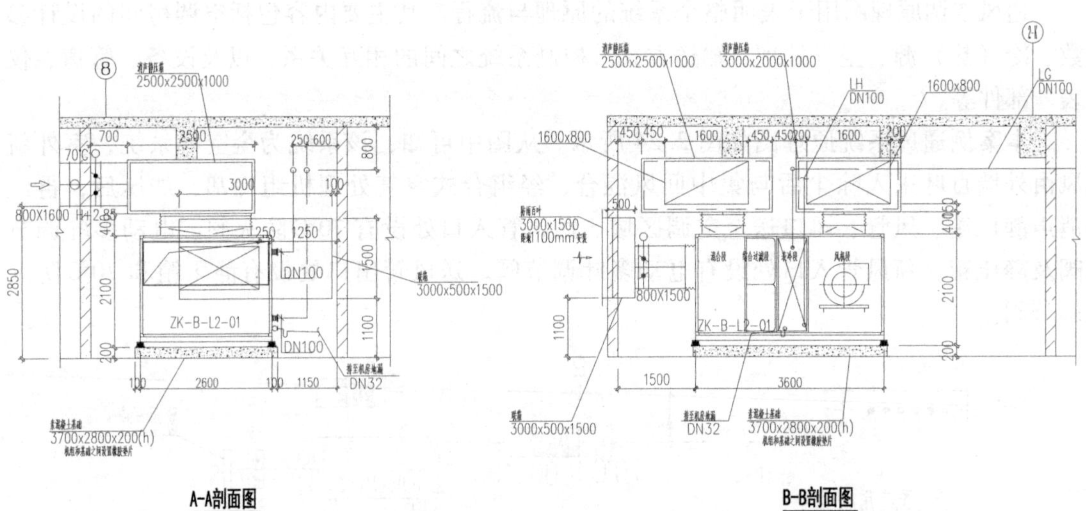

图 2.25　空调处理机安装详图

2.5　建筑电气施工图

2.5.1　概述

建筑电气施工图主要用来说明建筑中电气工程的构成和功能，描述电气装置的工作原理，提供安装技术数据和维护依据。一个电气工程的规模有大有小，不同规模的电气工程，其图纸的数量和组成部分略有不同，常用的电气工程图有以下组成部分。

1. 图纸目录、设计说明、图例、设备材料明细表

图纸目录包含序号、图纸名称、编号、图纸数量等。

设计说明（施工说明）主要阐述电气工程设计的依据，业主的要求，施工原则，建筑特点，电气安装标准、安装办法、工程等级、工艺要求等和有关设计的补充说明。

设备材料明细表列出了该项电气工程所需要的设备和材料的名称、型号、规格和数量，供设计概算和施工预算时参考。

2. 电气系统图

电气系统图是表现电气工程的供电方式、电能输送、分配控制关系和设备运行情况的图样，是示意性地将整个工程的供电线路用单线连接形式概括的电路图，通常用于表达工程概况。它不表示相互的空间位置关系，表示的是各个回路的名称、用途、容量，以及主要电气设备、开关元件及导线规格、型号等参数。电气系统图包括变配电系统图、动力系统图、照明系统图、弱电系统图等。电气系统图只表示电气回路中各元件的连接关系，不表示元件的具体情况、具体安装位置和具体接线方法。

3. 电气平面图

电气平面图是采用图形和文字符号，将电气设备及电气设备之间电气通路的连接线缆、路由、敷设方式等信息绘制在以建筑专业平面图为基础的图中，并表达其相对或绝对位置信息的图样，是进行电气安装的主要依据。电气平面图以建筑总平面图为依据，用了较大的缩小比例，不能表现电气设备的具体形状，只能反映电气设备的安装位置、安装方式和导线的走向及敷设方法等。常见的电气平面图有：动力平面图、照明平面图、防雷接地平面图、消防报警平面图、综合布线平面图、视频监控平面图等。

4. 设备布置图

设备布置图是表现主要电气设备（如变压器、配电柜等）的平面和空间的位置、安装方式及其与其他物体间相互关系的图样。相比电气平面图，设备布置图是按照实际尺寸和比例将设备外沿的投影线绘制在简化后的建筑平面图中，通常由平面图、立面图、剖面图及其各种构件详图等组成，其是按三视图原理绘制的。

5. 电气详图

电气详图是用 1：20 至 10：1 比例绘制出的电气设备或电气设备及其连接线缆等与周边建筑构、配件联系的详细图样，清楚地表达细部形状、尺寸、材料和做法，对此我国有专门的安装设备标准图册。

建筑电气施工图应遵守《电气简图用图形符号 第 11 部分：建筑安装平面布置图》（GB/T 4728.11—2008）的相关规定。

室内电气照明施工图所包含的内容较多，图纸应该按照一定的顺序阅读，并应相互对照阅读。

1）识读标题栏图纸目录：了解工程名称、项目名称、设计日期等。

2）识读设计说明：了解工程总体概况及设计依据，了解图纸中未能表达清楚的有关事项。例如，供电电源、电压等级、线路敷设方式及敷设部位、设备安装高度及安装方式、防雷接地措施、等电位联结等，补充使用的非标准图形符号，施工时应注意的事项。

3）识读材料表：了解工程所使用的设备及材料的型号、规格及数量，以便购置主要设备、材料等；了解图例符号，以便识读平面图。

4）识读系统图：各分项工程的图纸中一般均包含有系统图，如变配电工程的供电系统图、电力工程的电力系统图、电气照明系统的照明系统图、电话系统图及电视电缆系统图等。识读系统图的目的是了解系统的基本组成，主要电气设备、元件等的连接关系，以及它们的规格、型号、参数等，从而掌握该系统的基本情况。

5）识读电路图和接线图：了解各系统中用电设备的电气自动控制原理，用来指导设备的安装和控制系统的调试工作。识读图纸时，应依据功能关系从上到下从左到右按照回路依次识读。

6）识读平面布置图：了解设备安装位置、安装方式、安装容量，了解线路敷设部位、敷设方式，以及所用导线型号、规格、数量、管径等。

2.5.2 室内电气照明平面图

电气照明平面图是在建筑平面图的基础上绘制的，主要表现电气照明线路的敷设位置、敷设方式，导线型号、截面、根数，线管的种类及线管管径，同时还标出各种用电设备（照明灯、吊扇、风机泵、插座）及配电设备（配电箱、控制箱、开关）的型号、数量、安装方式和相对位置。

电气及照明设备（配电箱、灯具、开关、插座等）在电气平面图上均用图形符号表示，图形符号选用《建筑电气制图标准》（GB/T 50786—2012）中所规定的符号，若标准中无合适符号可供选用，可自行设计图形符号，并在图例中说明。

电气和照明设备用图形符号表示后，还可以在图形符号旁加注文字符号，用以说明电气和照明设备的型号、规格、数量、安装方式、离地高度等。

灯具安装方式标注的文字符号见表2.5。

表2.5 灯具安装方式标注的文字符号

名称	文字符号	名称	文字符号	名称	文字符号
线吊式	SW	吸顶式	C	支架上安装	S
链吊式	CS	嵌入式	R	柱上安装	CL
管吊式	DS	吊顶内安装	CR	座装	HM
壁装式	W	墙壁内安装	WR		

照明灯具的标注格式如下：

$$a\text{-}b\,\frac{c\times d\times L}{e}f$$

其中 a——灯具数量；

b——灯具型号；

c——每盏灯具的光源数量；

d——光源安装容量；

e——安装高度；

L——光源种类；

f——安装方式。

例如，6-S $\frac{1\times60}{2.5}$CS 表示有 6 盏搪瓷伞罩灯，每个灯罩内装有 1 个 60W 的白炽灯，链吊式安装，高度为 2.5m。

以图 2.26 为例，说明室内电气照明平面图的识读方法。如图 2.26 所示，在地下 1F 照明平面图的左下角，标有 B1ALE3 的地方为配电箱，标有 B1ALES3 的地方为应急照明专用电源，标有 B1AT3-G WL1 和 B1AT3-G WL5 的地方表示两条不同的照明支路（WL1 支路供电给走道和合用前室的灯具，WL5 支路供电给空调机房和水泵房的灯具）。图中导线标注为数字 4，表示有 4 根导线；标注为数字 5，表示有 5 根导线；未标注数字的为 2 根。

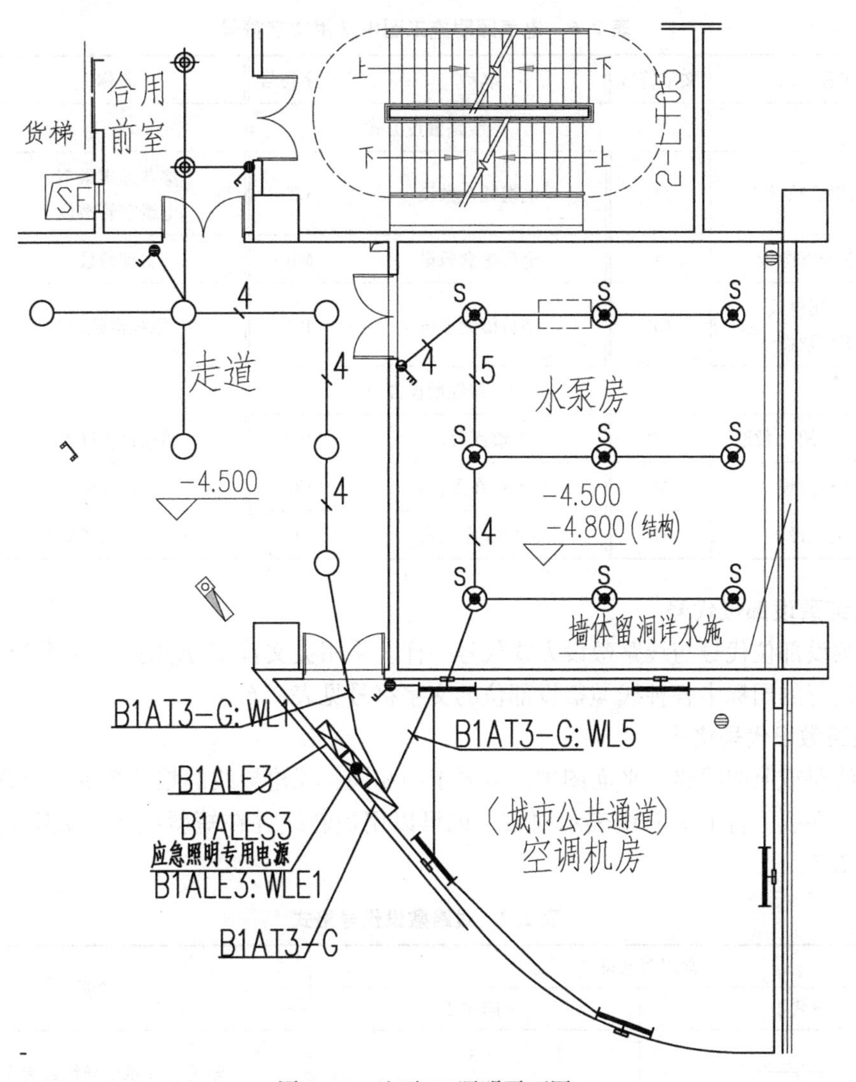

图 2.26　地下 1F 照明平面图

2.5.3 配电系统图

配电系统图表示整个照明供电线路的全貌和连接关系，主要内容包括建筑物的供电方式和容量分配，供电线路的布置形式，进户线和各干线、支线、配线的数量规格及敷设方法，配电箱及电度表、开关、熔断器等的数量和型号。

电气照明线路在平面图中采用线条与文字标注结合的方法，表示出线路的走向，线路的用途，线路的编号，导线的型号、根数、规格，线路的敷设方式和敷设部位等。室内配电线路的表示方法如下：

1. 线路敷设方式代号

电力及照明线路的敷设方式主要有穿管敷设、托盘（梯架、槽盒）敷设、钢索敷设、直埋敷设、电缆沟敷设等。敷设方式的文字代号标注一般采用敷设材料英文首字母的标注方法，如用SC表示穿焊接钢管敷设，现行的国标中各种线路敷设方式的文字符号见表2.6。

表2.6 电气照明施工图中常用文字符号

名称	文字符号	名称	文字符号	名称	文字符号
线路敷设方式					
穿焊接钢管敷设	SC	电缆托盘敷设	CT	穿普通碳素钢电线套管敷设	MT
穿硬塑料导管敷设	PC	金属槽盒敷设	MR	直埋敷设	DB
穿可挠金属电线保护套管敷设	CP	塑料槽盒敷设	PR	电缆沟敷设	TC
线缆敷设部位					
沿或跨梁（屋架）敷设	AB	沿墙面敷设	WS	暗敷设在柱内	CLC
沿或跨柱敷设	AC	暗敷设在顶板内	CC	暗敷设在墙内	WC
吊顶内敷设	SCE	暗敷设在梁内	BC	暗敷设在地板或地面下	FC

2. 线缆敷设部位代号

线缆敷设部位代号与线路敷设方式代号一样，采用英文首字母表示，如用WS表示沿墙面敷设。现行的国标中各种线缆敷设部位的文字符号见表2.6。

3. 线路敷设代号格式

电力线路或照明线路在平面图中，只要走向相同，无论导线的根数多少，都宜用一条线表示，同时在线上打上短斜线表示根数，也可以用短斜线并在短斜线旁用数字表示导线根数，见表2.7。

表2.7 线路敷设代号格式

常用图形符号		说明
形式1	形式2	
——///——	3 ——/——	导线组（示出导线数为3根）

电力线路和照明线路的参照代号（线路编号或用途）、导线型号、电缆根数、敷设方式和管径、敷设部位、安装高度等的表示，可以在线旁直接标注线路安装代号，其基本格式是：

$$a-b-e\times f-g-h$$

其中　a——线路编号或线路功能的符号；

b——导线型号；

e——导线根数；

f——导线截面面积（mm^2）；

g——导线敷设方式或穿管管径；

h——导线敷设部位。

例如，2LFG-BLX-3×6-SC20-WC 表示 2 号动力分干线，导线型号为铝芯橡胶绝缘线，有 3 根截面面积均为 $6mm^2$ 的导线，穿管径为 20mm 的钢管沿墙暗敷。

以图 2.27 为例，说明配电系统图的识读方法。图 2.27 为配电系统图，其配电箱的识图分析如下。

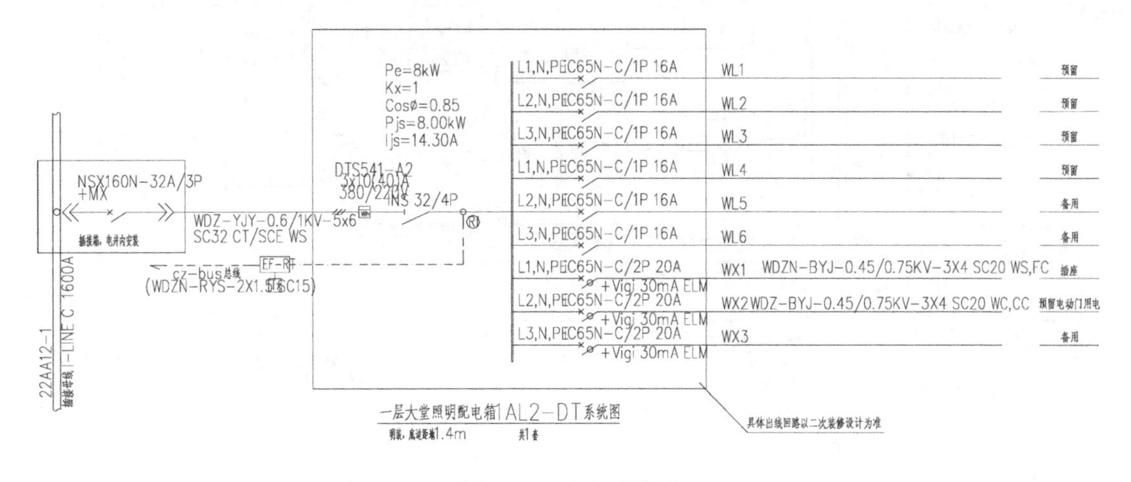

图 2.27　配电系统图

1）进线说明：供给配电箱的进线导线采用 WDZ-YJY-0.6/1kV 5×6-SC32 CT/SCE WS，表示采用 5 芯 $6mm^2$ 的交联聚乙烯绝缘聚烯烃护套低烟无卤阻燃铜芯电力电缆，其额定电压为 0.6/1kV，电缆穿直径为 32mm 的焊接钢管，沿桥架敷设或在吊顶内沿墙面敷设。

2）总开关说明：INS 32/4P 表示断路器的型号为 INS、极数为 4、额定电流为 32A。

3）支路标注说明：线路 WL1、WL2、WL3、WL4 为预留支路，C65N-C/1P 16A 表示开关的型号为 C65N-C、极数为 1、额定电流为 16A。线路 WL5、WL6、WX3 为备用支路。线路 WX1 为插座支路，C65N-C/2P 20A 表示开关的型号为 C65N-C、极数为 2、额定电流为 20A；WDZN-BYJ-0.45/0.75kV-3×4 SC20 WS FC，表示采用 3 芯 $4mm^2$ 的交联聚乙烯绝缘低烟无卤聚烯烃护套阻燃及耐火型铜芯电力电缆，其额定电压为 0.45/0.75kV，电缆穿直径为 20mm 的焊接钢管，沿墙面和地板暗敷。线路 WX2 与 WX1 类似，Vigi 30mA 表示带漏电保护器的开关，其额定动作电流为 30mA；WC，CC 表示电缆穿钢管沿墙面和顶板暗敷。

2.5.4 电气安装详图

电气安装详图是表明电气工程中某一部位的具体安装节点的详细图样或安装要求的图样，通常参见现有的安装手册。图 2.28 为 2-1#变配电所设备尺寸定位图。

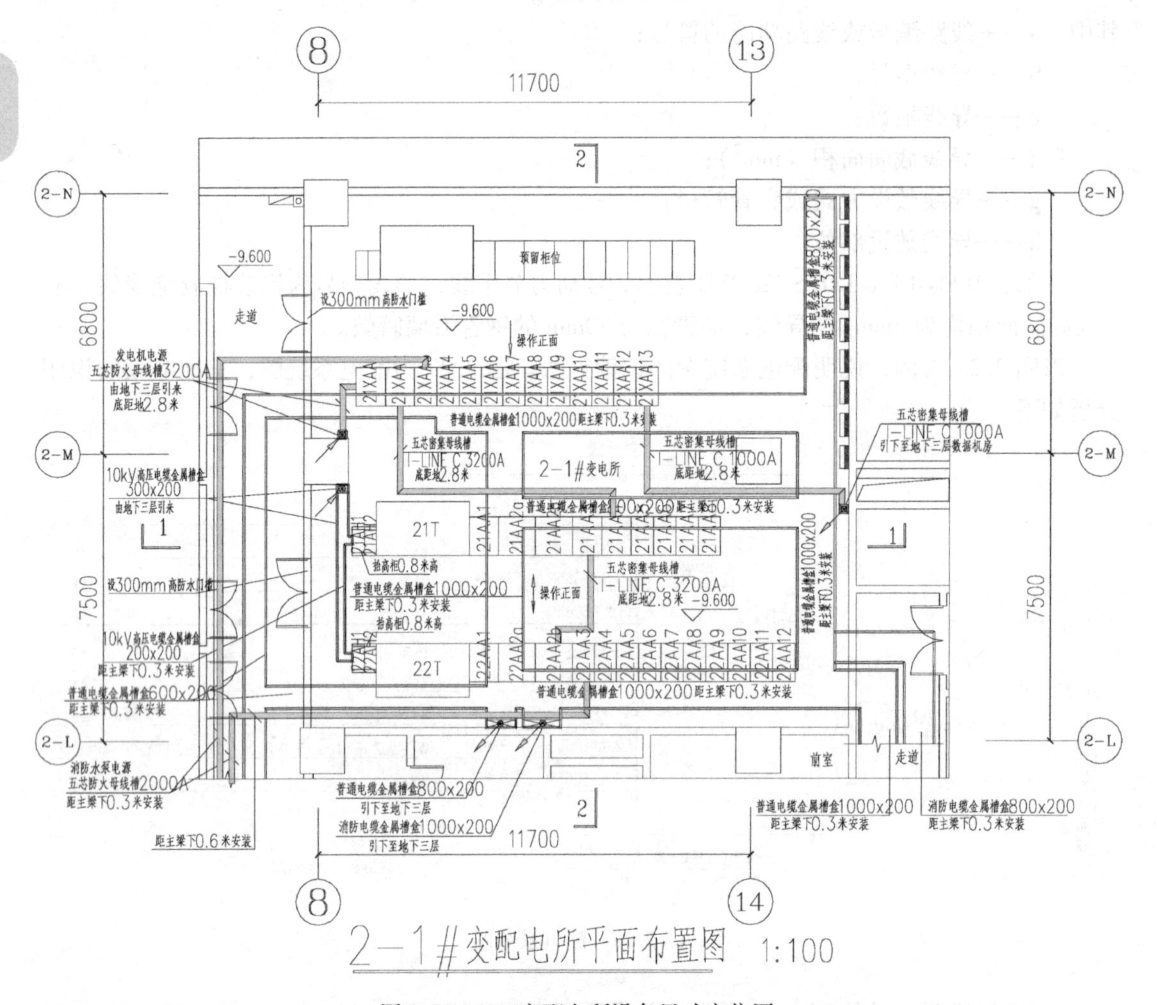

图 2.28 2-1#变配电所设备尺寸定位图

习 题

1. 按照专业分工的不同，建筑工程图可分为哪几种？请简单说明。

2. 在建筑平面图中，横向定位轴线是（ ），纵向定位轴线是（ ）。

A. 从左往右用①~⑩等表示　　　　B. 从上往下用 A~G 等表示

C. 从右往左用①~⑩等表示　　　　D. 从下往上用 A~G 等表示

3. 钢筋标注 Φ6@200 中，以下说法错误的是（ ）。

A. Φ为直径符号，且表示该钢筋为 HPB300 级

B. 6 代表钢筋根数

C. @为间距符号

D. 200 代表钢筋间距为 200mm

4. 镀锌钢管的规格有 DN15、DN20 等，其中 DN 表示（　　）。

A. 公称外径　　B. 公称直径　　C. 外径　　D. 内径

5. 建筑平面图的外部尺寸一般标注哪些？

6. 建筑立面图的作用是什么？主要表达哪些内容？有哪些图示方法？

7. 结构图包括几个部分？各部分主要内容是什么？

8. 空调系统剖面图和空调机房剖面图分别包括哪些内容？

9. 建筑电气照明平面图与系统图的关系是什么？

第3章 Revit基础

BIM 对建筑工程设计行业来说是一次真正的信息革命。其中 Revit 软件是一个专为建筑行业开发的模型和信息管理平台，它支持建筑项目所需的模型、图纸和明细表等功能。

3.1 基本术语

在 Revit 环境中，常用的专用术语有：项目、项目样板、图元、类别、族、类型和实例等。

1. 项目

项目可理解为 Revit 的默认存档格式文件，其文件后缀名为“ *.rvt”。工程中所有的几何图元和构造数据都存储于项目文件中，包括建筑的三维模型、平立剖面及节点视图、各种明细表、施工图图纸以及其他相关信息。“.rvt” 格式的项目文件无法在低版本的 Revit 中打开，但可以被更高版本的 Revit 打开。例如，使用 Revit 2017 创建的项目数据，不能在 Revit 2016 或更低的版本中打开，但可以使用 Revit 2018 打开或编辑，打开数据文件后，若进行保存，则将自动升级为高版本的数据格式，导致无法再使用低版本软件打开。

本书中所有的操作均基于 Revit 2016 版本。

2. 项目样板

项目样板文件中定义了新建的项目中的初始参数，包括视图样板、已载入的族、项目默认的设置（如度量单位、线型设置、显示设置等）等，其文件后缀名为“ *.rte”。项目样板仅为项目提供默认预设工作环境，在项目创建过程中，Revit 允许用户在项目中自定义新的样板文件及修改这些默认设置。

项目样板根据专业不同，可分为构造样板、建筑样板、结构样板及机械样板。若使用默认的建筑样板创建新项目，则建筑专业所需构件（如墙、门窗等）的类型种类较多，而在建筑样板中缺少机电专业所需的管件、机械设备族，需要后期自行载入。

启动 Revit 2016，单击左上角“应用程序菜单”按钮，在菜单中选择位于右下角的“选项”按钮，则弹出“选项”对话框，在“文件位置”选项卡中，可对各项目样板文件的名称进行设置，如图 3.1 所示。

3. 图元

在 Revit 中，基本的图形单元称为图元。创建项目时，可以向设计中添加参数化的建筑图元。通常图元有三种类型：基准图元、视图专有图元和模型图元。基准图元可定义诸如参照平面、轴网和标高等用于建模的参考性图元对象；视图专有图元可帮助对模型进行描述或归档，如尺寸标注、标记、注释符号和表征建筑模型详细信息的二维详图等；模型图元表示

图 3.1　“文件位置”选项卡

建筑的实际三维几何图形，如墙体、楼板、机械设备等。图 3.2 列出了“项目”与“图元”的层级关系。

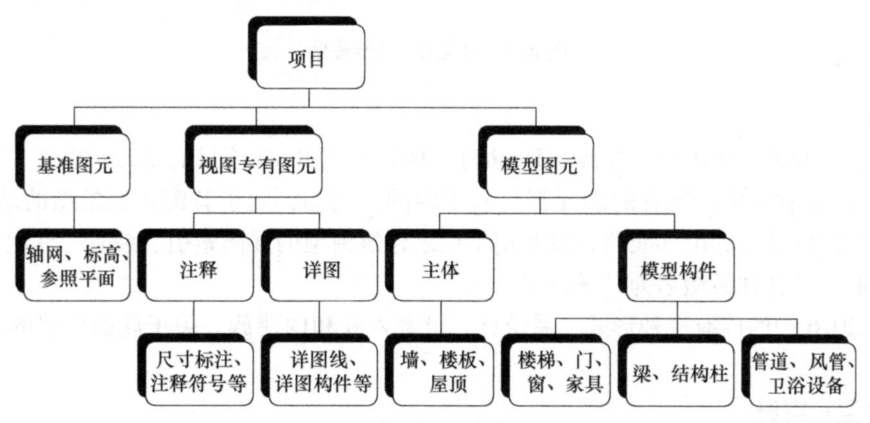

图 3.2　“项目”与“图元”的层级关系

4. 类别

与 AutoCAD 不同，在 Revit 中没有“图层”的概念，各图元均以“类别”的方式进行自动归类和管理。在创建各类对象时，Revit 会将该图元自动归类到正确的“类别”中，而不必像 AutoCAD 需预先指定图层。

在任意视图中，通过键盘输入默认快捷键“VV”，将打开“可见性/图形替换”对话框，如图 3.3 所示，在该对话框中可查看项目中包含的模型类别名称。

各模型类别对象中，可通过可见性、线形、线宽等参数设置，控制三维模型对象在视图中的显示状态，以满足建筑出图的要求。

图 3.3 可见性/图形替换

5. 族

模型中图元的专业术语称作族（Family）。族是组成 Revit 项目的基础，也是参数信息的载体。在 Revit 软件中，所有的图元都是基于族的。例如，用于装配建筑模型的结构构件、组成机电系统的管道和电气线路，以及用于记录建筑模型的详图索引、装置、标记等都是使用族创建的。其文件后缀名为“ * . rfa”。

Revit 2016 中的族有三种形式：系统族、可载入族和内建族。关于族的创建的介绍详见第 7 章。

6. 类型和实例

由族产生的各图元均具有相似的属性或参数。除内建族外，每一个族包含一个或多个不同的类型，用于定义不同的对象特性。例如，对于“线管”族，由该族产生的图元均具有直径、偏移量等参数，可以通过创建不同的族类型，定义不同的直径、偏移量值和构造等。而在项目中所创建的实际线管图元，则称为该类型的一个实例。

Revit 通过类型属性参数和实例属性参数控制图元的类型或实例参数特征。同一类型的所有实例均具备相同的类型属性参数设置，而同类型的不同实例可以具备完全不同的实例参数设置。图 3.4 中以“线管”为例，列出了 Revit 中类别、族和类型之间的相互关系。

修改类型属性的值会影响该族类型的所有实例，而修改实例属性时，仅影响所有被选择的实例。要修改某个实例的属性，使其具有不同的类型定义，则必须创建新的族类型。

7. 各术语间的关系

在 Revit 中，各术语间的组织关系如图 3.5 所示。

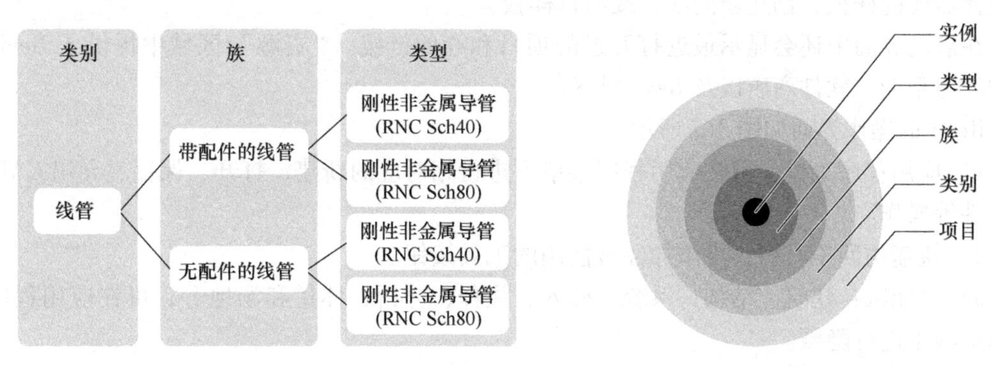

图 3.4　类别、族和类型之间的相互关系　　图 3.5　各术语之间的组织关系

项目是由无数个图元相互堆砌而成的，而 Revit 通过族和类别来管理这些图元，用于控制和区分不同的实例。因此，当在项目中设置某一类别为“不可见”时，则隶属于该类别的所有图元均在视图中不显示。

3.2　基本操作

1. 用户界面

成功安装 Revit 2016 之后，双击桌面图标即可进入到如图 3.6 所示的启动界面。

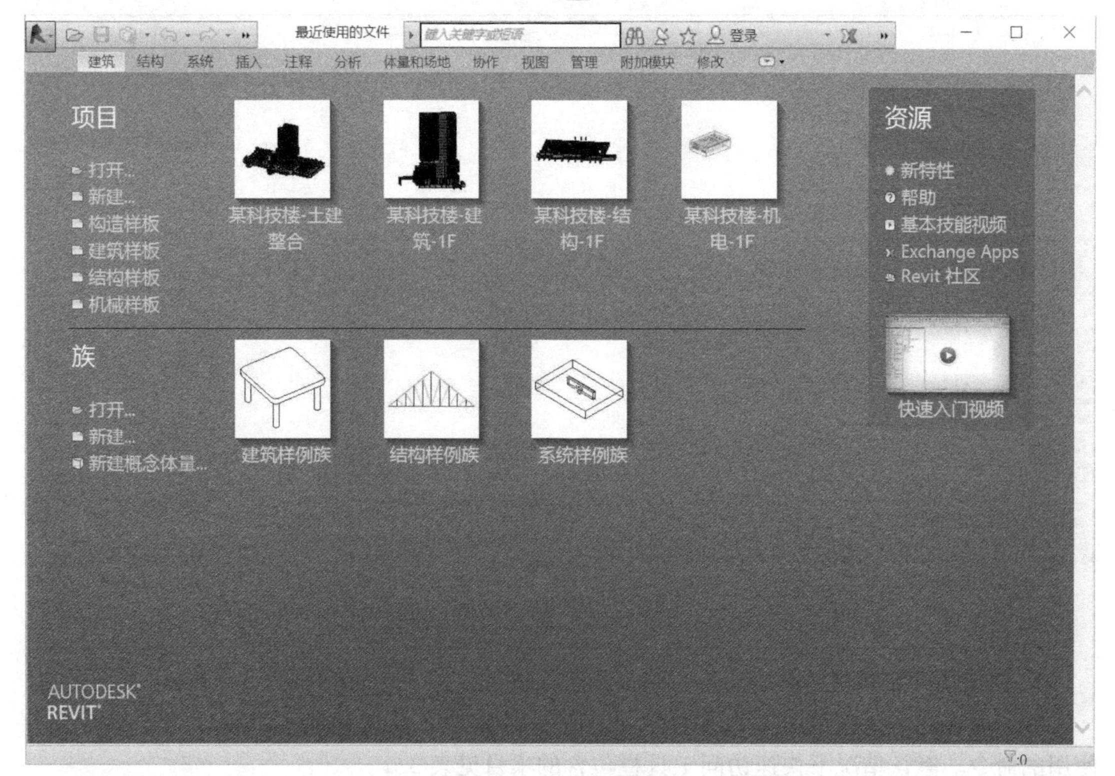

图 3.6　启动界面

单击选择“打开”按钮，即可直接打开项目文件、族文件、样板文件。选择界面中的样板，则可直接使用该样板新建项目文件或概念体量。选择“新建”按钮，则需在对话框中选择需要的样板，创建新的项目或项目样板。

在启动界面中还会显示最近打开过的项目和族的链接。“资源”区域中提供了 Revit 软件的学习帮助、软件商店以及 Revit 社区等。

Revit 的操作界面如图 3.7 所示。

1）应用程序菜单：可在应用程序菜单下进行相对应的新建、打开、保存、导出 CAD 格式文件等操作。

2）快速访问工具栏：可添加经常使用的工具按钮。

3）功能区：建筑、结构、系统、插入、注释、分析、体量和场地等，可在应用程序菜单的选项中进行隐藏。

4）工具：绘制风管、管道、电缆桥架等。

5）选项栏：HVAC、预制、机械、卫浴和管道、电气等。

6）项目浏览器：视图、图例、明细表、图纸、族分类等。

7）“属性”选项栏：用来显示和编辑项目中图元各类参数。

8）视图控制栏：比例尺、详细程度、视觉样式、临时隐藏/隔离等。

9）绘图区域。

图 3.7　用户操作界面

2. 快速访问工具栏

除了可在功能区内单击工具或命令外，Revit 还提供了快速访问工具栏，用于执行最近使用的命令。默认情况下快速访问工具栏包含的项目见表 3.1。

表 3.1 快速访问工具栏

快速访问工具栏项目	说明
（打开）	打开项目、族、注释、建筑构件或 IFC 文件
（保存）	用于保存当前的项目、族、注释或样板文件
（撤销）	用于在默认情况下取消上次的操作
（恢复）	恢复上次取消的操作还可显示在执行任务期间所执行的所有已恢复操作的列表
（切换窗口）	单击下拉箭头，然后单击要显示切换的视图
（三维视图）	打开或创建视图，包括默认三维视图、相机视图和漫游视图
（同步并修改设置）	用于同步本地文件与中心服务器上的文件
（定义快速访问工具栏）	用于自定义快速访问工具栏上显示的项目

根据用户需要，可自定义快速访问工具栏中的工具内容，并重新排列顺序。例如，若要在快速访问工具栏中创建“电缆桥架”工具，如图 3.8 所示，右击功能区“电缆桥架”工具，弹出快捷菜单“添加到快速访问工具栏”，单击即可将“电缆桥架”添加至快速访问工具栏中。同理，在快速访问工具栏中右击想要移除的工具，选择“从快速访问工具栏中删除”命令，即可将该工具从快速访问工具栏中移除。

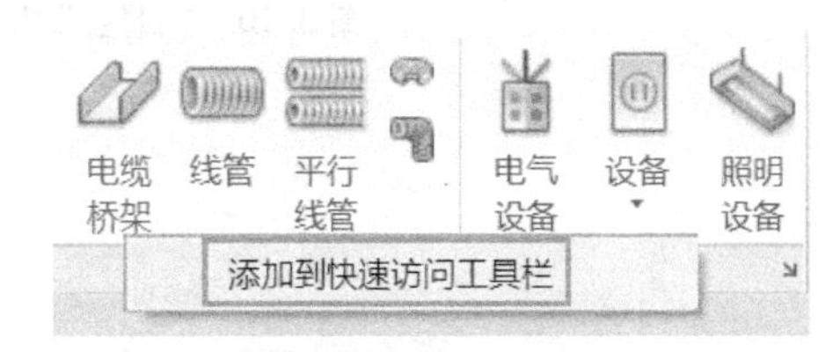

图 3.8 将“电缆桥架”添加到快速访问工具栏

快速访问工具栏也可以在功能区下方显示。在快速访问工具栏上任意位置右击，弹出如图 3.9 所示的快捷菜单“在功能区下方显示快速访问工具栏”，单击即可修改快速访问工具栏的显示位置。

图 3.9 在“功能区下方显示快速访问工具栏”

单击“自定义快速访问工具栏”下拉菜单，如图 3.10 所示。在下拉菜单中选择“自定义快速访问工具栏”选项，将弹出如图 3.11 所示的“自定义快速访问工具栏”对话框，可根据用户需求，重新排列快速访问工具栏中工具的显示顺序和添加分隔符。勾选该对话框中的“在功能区下方显示快速访问工具栏”选项，也可修改快速访问工具栏的位置。

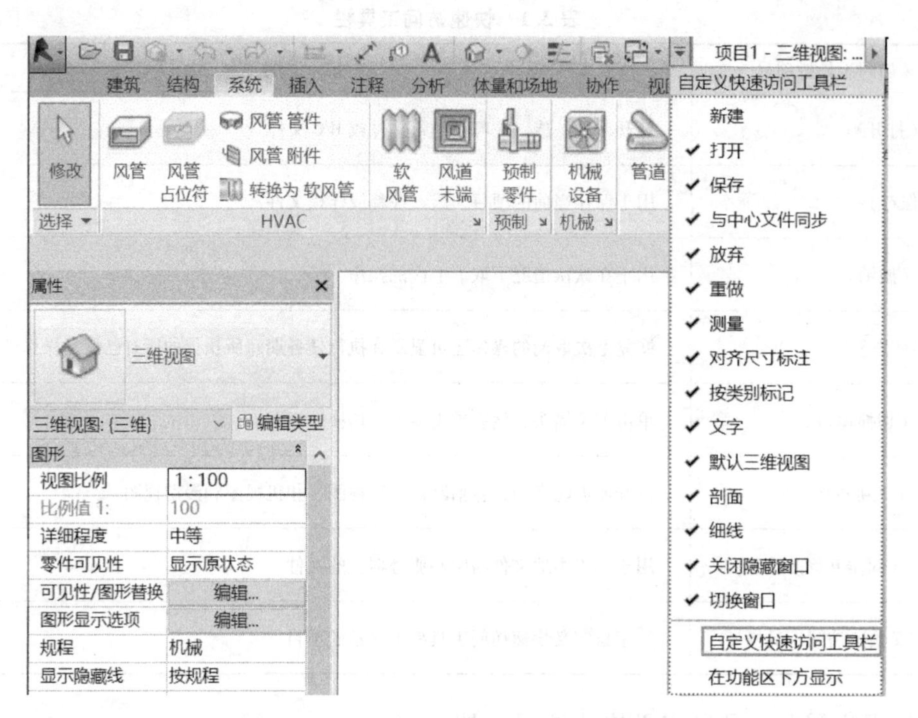

图 3.10 “自定义快速访问工具栏”下拉菜单

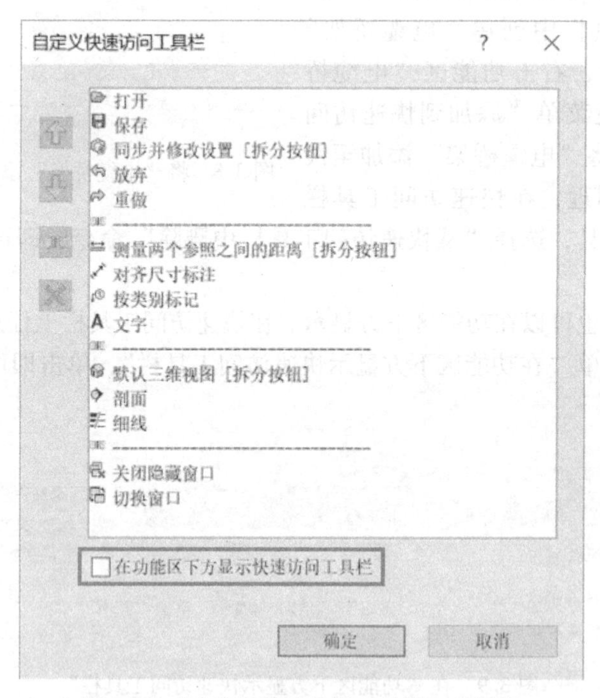

图 3.11 “自定义快速访问工具栏”对话框

3. 功能区

功能区提供了在创建项目或族时所需要的全部工具。在创建项目文件时，功能区的界面如图 3.12 所示。功能区主要由选项卡、工具面板和工具组成。

图 3.12　功能区界面

单击工具可以执行相应的命令，进入绘制或编辑状态。例如，要执行“电缆桥架”工具，可描述为：单击“系统”选项卡下“电气”面板中的“电缆桥架”工具。

Revit 根据各工具的性质和用途，分别将其放置在不同的工具面板中，如图 3.13 所示。如果同一个工具图标中存在其他工具或命令，则会在工具图标下方显示下拉箭头，单击该箭头，可以显示附加的相关工具。如果存在与面板中工具相关的设置选项，则会在面板名称栏中显示斜向箭头设置按钮，单击该箭头，可以打开对应的设置对话框，对工具进行详细的通用设定。

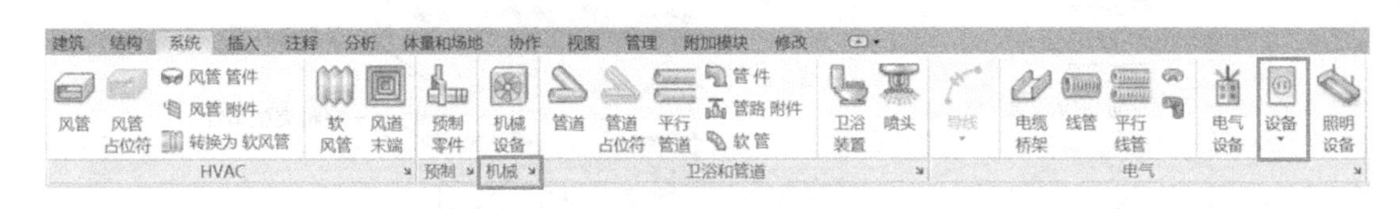

图 3.13　工具面板

按住鼠标左键并拖动工具面板标签位置时，可以将该面板拖拽到功能区上其他任意位置，使之成为浮动面板。将鼠标移至面板之上，将浮动面板返回至功能区位置，单击如图 3.14 所示的浮动面板右上角，当显示控制柄时，即可将浮动面板重新返回至功能区。

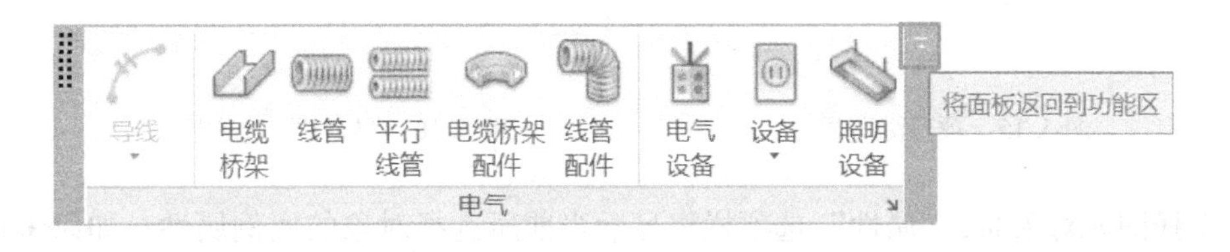

图 3.14　浮动面板返回到功能区

4. 选项栏

选项栏默认位于功能区下方，用于当前正在执行的操作的细节设置。选项栏的内容类似于 AutoCAD 的命令提示行，其内容因当前所执行的工具或所选图元的不同而不同。可根据用户需要，将选项栏移动到 Revit 窗口的底部，在选项栏上右击，然后在弹出的快捷菜单中选择“固定在底部”命令即可。

5. 项目浏览器

项目浏览器用于组织和管理当前项目中包含的所有信息，如项目中所有视图、明细表、图纸、族、组、Revit 链接模型等项目资源。图 3.15 所示为本案例“某科技楼-建筑-1F”模型文件中项目浏览器所包含的项目内容。在项目浏览器中，项目类别前显示“+”表示该类别中还包括其他子类别项目，展开各项目类别时，将显示下一层级的内容。在 Revit 中进行项目设计时，经常会利用项目浏览器在不同视图之间相互切换。

在 Revit 2016 中，当项目资源过多而无法找到所需的视图时，可在“项目浏览器”内的任一项目名称上单击鼠标右键，弹出“搜索”选项，使用该功能即可对所需查找的视图、族及族类型名称进行查找定位。根据用户需要，还可自定义新的项目浏览器组织或对现有的浏览器组织进行编辑。

6. “属性”选项栏

如图 3. 16 所示，在“属性”选项栏中可查看和修改各图元实例属性的参数。通过默认快捷键“Ctrl+1”，可打开或关闭“属性”选项栏。

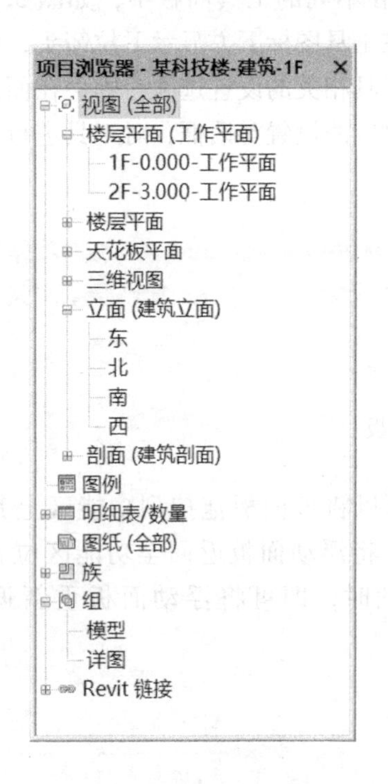

图 3. 15　项目浏览器

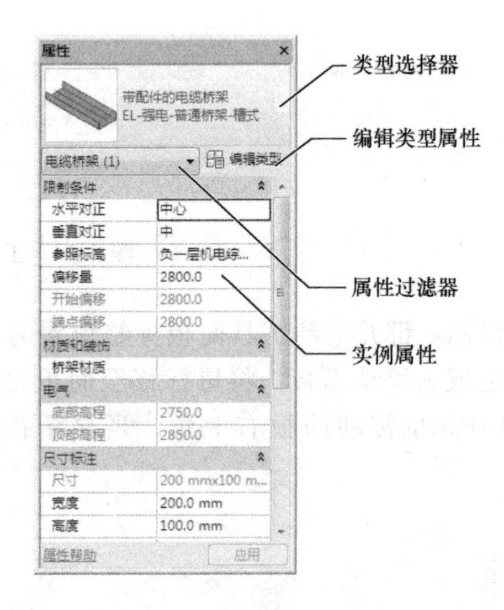

图 3. 16　“属性”选项栏

当选择图元对象时，“属性”选项栏将显示当前所选择对象的实例属性；如果未选择任何图元，则选项栏上将显示活动视图的属性。

7. 绘图区域

Revit 窗口中的绘图区域显示当前项目的楼层平面视图以及图纸和明细表视图。当切换至新视图时，将在绘图区域创建新的视图窗口，且保留所有已打开的其他视图。

在默认情况下，绘图区域的背景颜色为白色。单击应用程序菜单中的“选项”按钮，则弹出“选项”对话框，在“图形”选项卡中，可重新设置视图中的绘图区域的背景颜色，如图 3. 17 所示。

8. 视图

在楼层平面视图和三维视图中，绘图区域的底部均会出现视图控制栏，如图 3. 18 所示。

通过视图控制栏，可快速访问当前视图的 15 个功能：视图比例、详细程度、视觉样式、关闭/打开日光路径、关闭/打开阴影、显示/隐藏渲染对话框、裁剪视图、显示/隐藏裁剪区

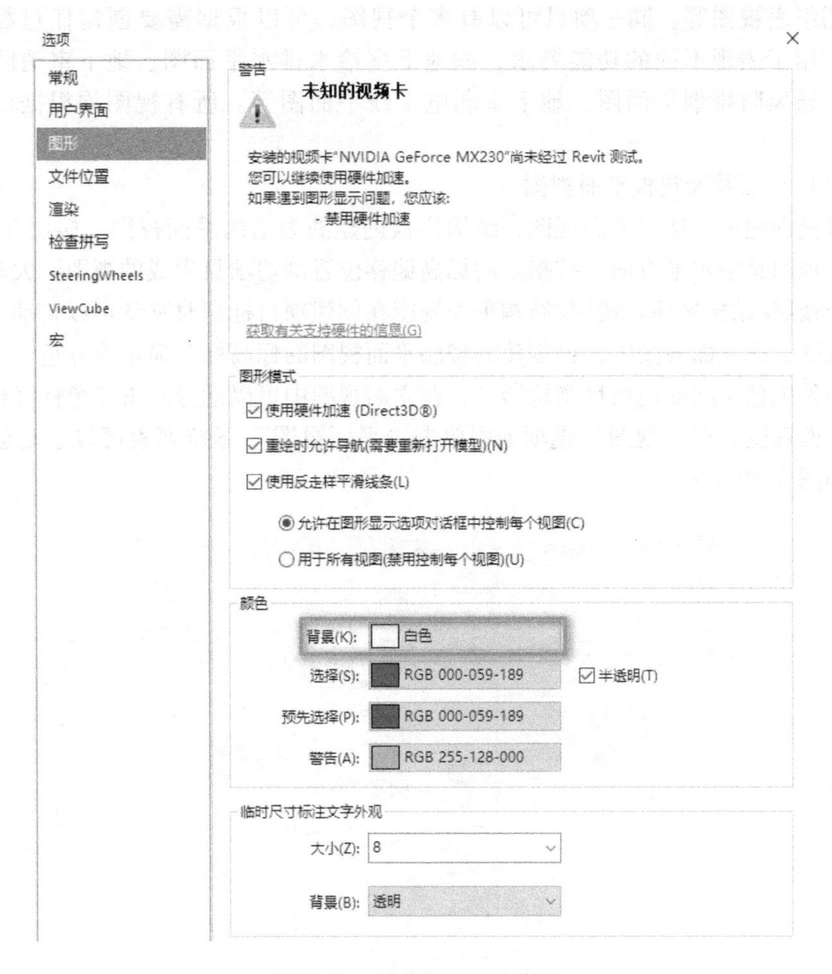

图 3.17 设置绘图区域背景

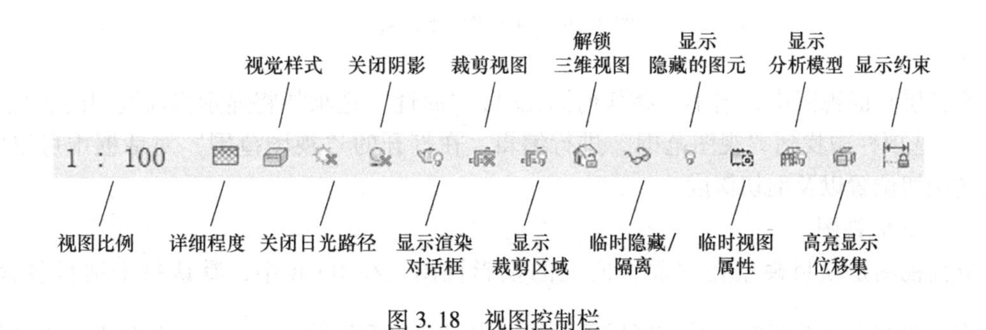

图 3.18 视图控制栏

域、解锁/锁定三维视图、临时隐藏/隔离、显示隐藏的图元、临时视图属性、显示/隐藏分析模型、高亮显示位移集、显示/隐藏约束。

（1）项目视图种类

Revit 的项目视图有多种形式，每种视图类型都有特定的用途，视图不同于 CAD 绘制的图纸，而是 BIM 模型根据不同的规则所显示的投影。

常用的视图类型有平面视图、立面视图、剖面视图、详图索引视图、三维视图、图例视图及明细表视图等。同一项目可以有多个视图，可以根据需要创建任意数量的楼层平面视图，用于表现不同的功能要求，如地下室给水排水平面图、地下室消防给水平面图、地下室通风防排烟平面图、地下室弱电干线平面图等。所有视图均根据模型的剖切投影生成。

（2）楼层平面及天花板平面视图

建筑样板创建的为楼层平面视图，结构样板创建的为结构平面视图。楼层/结构平面及天花板平面视图是沿水平方向，按指定的标高偏移位置剖切项目生成的视图。大多数项目至少包含一个楼层/结构平面。楼层/结构平面视图在创建项目标高时默认可以自动创建对应的楼层平面视图。在立面视图中，已创建的楼层平面视图的标高标头显示为蓝色，无平面关联的标高标头是黑色。除使用项目浏览器外，在立面视图中可以通过双击蓝色标高标头进入对应的楼层平面视图；在“视图”选项卡中单击“平面视图”下拉列表可以手动创建楼层平面视图，如图3.19所示。

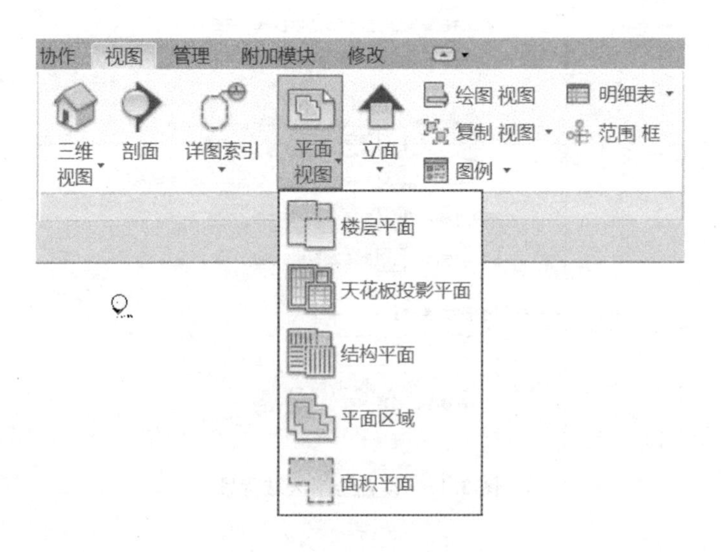

图3.19　创建楼层平面视图

在楼层平面视图中，当不选择任何图元时，“属性”选项栏将显示当前视图的属性。在“属性”选项栏中找到“视图范围”进行编辑，在打开的“视图范围”对话框中可以定义视图的剖切位置以及剖切深度。

（3）立面视图

立面视图是项目模型在立面方向上的投影视图。在Revit中，默认每个项目包含东、北、南、西四个立面视图，并在楼层平面视图中显示立面视图符号，四个立面视图符号所围成的区域即为绘图区。在平面视图中，鼠标右击立面标记中的黑色小三角，选择“进入立面视图”可直接进入对应的立面视图。

（4）剖面视图

剖面视图允许用户在平面、立面或详图视图中通过在指定位置绘制剖面符号线，对模型进行剖切，并根据剖面视图的剖切位置和投影方向生成模型投影。剖面视图具有明确的剖切范围，单击剖面标头即可显示剖切深度范围。

（5）详图索引视图

当需要对模型的局部细节进行放大显示时，可使用详图索引视图。在平面视图、剖面视图或立面视图中添加详图索引，则创建详图索引的视图称为“父视图”。详图索引视图显示父视图中某一部分的放大版本，且所显示的内容与原模型关联。

（6）三维视图

三维视图可以直观地展示模型状态。三维视图分为两种：正交三维视图和透视图。在正交三维视图中，不管距离远近，所有构件的大小均相同。单击快速访问工具栏中的“默认三维视图”图标可以直接进入三维视图，调整视图角度则可使用“Shift 键+鼠标中键”。

在“视图”选项卡中单击“三维视图”下拉列表中的“相机”工具，可指定相机的位置和目标的位置，从而创建自定义的相机视图。相机视图默认以透视方式显示。在透视三维视图中，距离越远的构件显示得越小，越近的构件显示得越大。此种视图更符合人眼的观察视角。

（7）视图基本操作

通过鼠标、ViewCube 和视图导航均可实现对 Revit 视图的平移、缩放等操作。在平面、立面或三维视图中，通过滚动鼠标滚轮可以对视图进行缩放；按住鼠标中键并拖动，可以实现视图的平移。在默认三维视图中，按住“Shift 键+鼠标中键”，并拖动鼠标，可以实现对三维视图的旋转。

ViewCube 默认位于三维视图右上方，用于实现对三维视图的控制，如图 3.20 所示。通过单击 ViewCube 的面、顶点或边，可以在模型的各立面、等轴测视图间进行切换。按住鼠标左键并拖拽 ViewCube 下方的圆环指南针，其效果等同于按住“Shift 键+鼠标中键”并拖拽的效果。

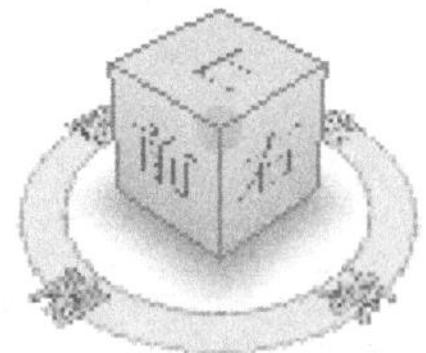

图 3.20　ViewCube

为了更加灵活地进行视图缩放控制，Revit 还提供了“导航栏”工具条。默认情况下，导航栏位于视图右侧上方。

导航栏主要提供两类工具：视图平移查看和视图缩放。单击导航栏中上方第一个圆盘图标，可进入全导航控制盘控制模式，如图 3.21 所示。导航控制盘将跟随鼠标指针的移动而移动。全导航控制盘中提供缩放、平移、动态观察（视图旋转）等命令，移动鼠标指针至导航控制盘中命令位置，按住左键即可执行相应的操作。

图 3.21　导航控制盘

此外，还可移动鼠标指针至 ViewCube 位置，单击鼠标右键即可弹出如图 3.22 所示的导航菜单。导航菜单中的“保存视图”功能可直接将当前的三维视图保存在项目浏览器的“三维视图”中；“定向到视图”功能可搭配楼层平面、立面、剖面视图进行使用，便于观察项目的内部情况。

9. 图元基本操作

（1）图元选择

对 Revit 中的图元选择有三种方式，即单击选择、框选和按过滤器选择。

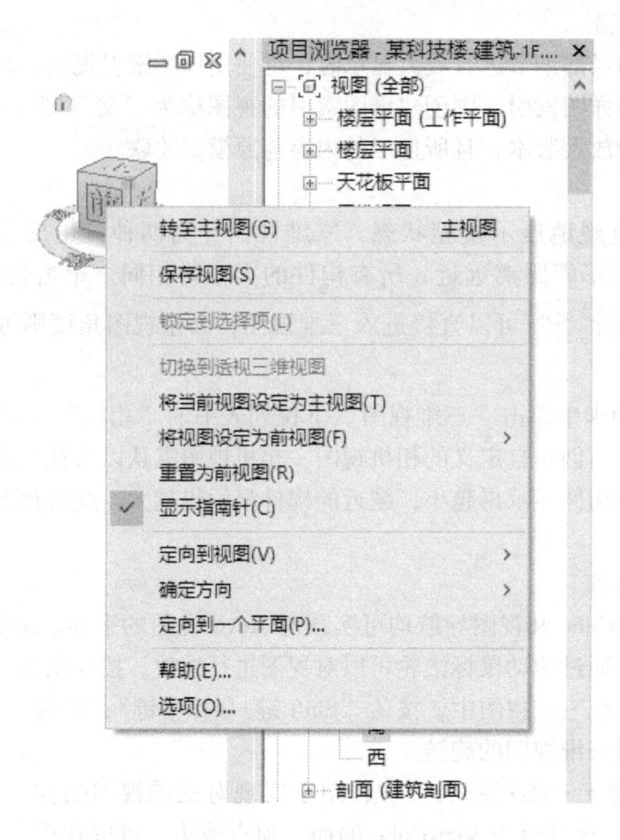

图 3.22　导航菜单

1）单击选择：移动光标至要修改或编辑的图元上，该图元将高亮显示，有关该图元的信息显示在状态栏中，单击即可选择高亮显示的图元。若多个图元彼此重叠，可以移动光标至图元位置，按 Tab 键切换图元，各图元将依次高亮预览显示，当要选择的图元高亮显示后，则可单击进行选择。

若要同时选择多个图元，可按住 Ctrl 键，单击要添加到选择集中的图元；如果按住 Shift 键，并单击已选择的图元，则该图元将从选择集中取消。

2）框选：将光标放至要选择的图元一侧，并对角拖拽光标以形成矩形选择范围框。当从左至右拖拽光标绘制范围框时，将生成实线范围框，只有全部位于实线范围框内的图元才能被选中；当从右至左拖拽光标绘制范围框时，将生成虚线范围框，所有被完全包围及与范围框边界相交的图元均可被选中。

3）按过滤器选择：选择多个图元时，在状态栏过滤器 过滤器 中能查看所选择图元的种类；或者在过滤器中，取消部分图元的选择。

选中某图元之后，单击鼠标右键，使用“选择全部实例”工具，可在项目或视图中选择某一图元或族类型的所有实例。

（2）图元编辑

Revit 提供了修改、移动、复制、镜像、旋转等命令，可以对图元进行修改和编辑操作。选中要修改或编辑的图元，则在功能区中将会显示如图 3.23 所示的“修改”面板。

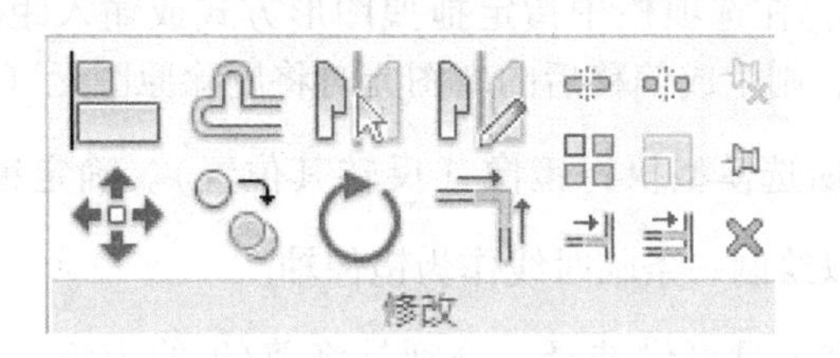

图 3. 23 “修改”面板

移动：将一个或多个图元从一个位置移动到另一个位置。移动图元时，可选择图元上某点或某线来移动，也可在空白处随意移动。

复制：复制一个或多个选定图元，并生成副本。选中图元，使用“复制”命令时，选项栏如图 3. 24 所示，通过勾选“多个”选项，可连续复制图元。

图 3. 24 使用“复制”命令时的“选项栏”

阵列：创建一个或多个相同图元的线性阵列或半径阵列。在族中使用“阵列”命令，可控制阵列图元的数量和间距，如百叶窗的百叶数量和间距。阵列后的图元会自动成组，如果要修改阵列后的图元，需进入编辑组命令，然后才能对成组图元进行修改。

对齐：将一个或多个图元与选定位置对齐。如图 3. 25 所示，使用“对齐”工具时，要求先单击选择对齐的目标位置，再单击选择要移动的图元对象，则要移动的对象可自动对齐至目标位置。“对齐”工具可以任意的图元或参照平面为目标，勾选选项栏中的“多重对齐”选项，则可将多个图元对象对齐至目标位置。

图 3. 25 图元对齐至目标位置

旋转：使图元绕指定轴旋转。Revit 默认的旋转中心位于图元中心，移动光标至旋转中心标记位置，按住鼠标左键并将其拖拽至新的位置松开鼠标，可重新设置旋转中心的位置。在执行“旋转”命令时，若勾选选项栏中的“复制”选项，则在旋转时将创建所选图元的副本。

偏移：使所选择的模型线、详图线、墙或梁等图元在与其长度垂直的方向移动指定的距离。如图 3.26 所示，在选项栏中指定拖拽图形方式或输入距离数值方式来偏移图元。若不勾选“复制”选项，则生成偏移后的新图元时将删除原图元（相当于移动图元）。

镜像 ：对所选模型执行镜像（反转其位置）。确定镜像轴时，既可拾取已有图元作为镜像轴，也可以绘制一条临时线作为镜像轴。

修剪和延伸：有三个工具可供选择，分别是修剪/延伸为角 、修剪/延伸单个图元 和修剪/延伸多个图元 。

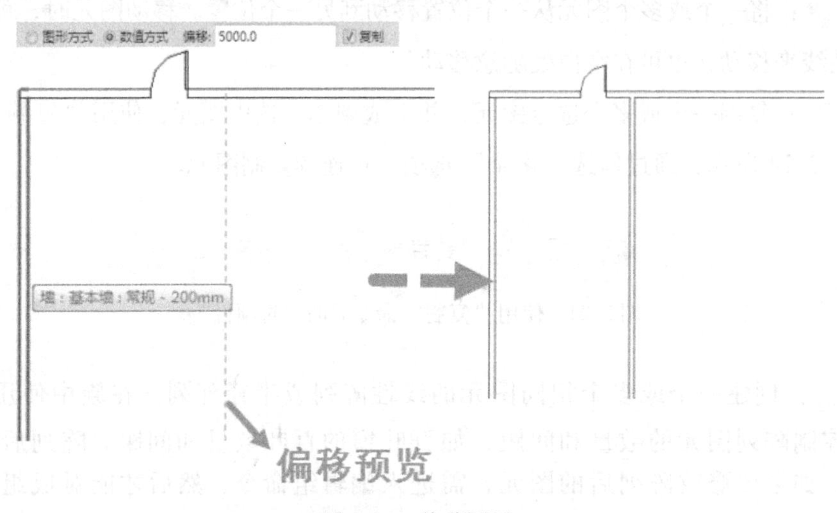

图 3.26　偏移图元

拆分图元：有两种使用方法，即拆分图元 和用间隙拆分 。通过“拆分”工具，可将图元分割为两个单独的部分，或删除两点之间的线段，也可将墙拆分成已定义间隙的两面单独的墙。

删除图元 ：可将选定图元从模型中删除，与使用 Delete 命令效果相同。

3.3　基础模型创建

在 BIM 技术的应用过程中，通常是以各专业模型为基础来进行建筑信息的分析和处理。各专业 BIM 模型的创建一般遵循以下工作流程：

1）熟悉 CAD 设计图纸。目前，国内一些设计院仍采用先绘制 CAD 平面图纸，再将其转换成三维模型的工作模式。因此，在进行 BIM 模型创建之前，需先熟悉 CAD 平面图，从而掌握整个工程项目的概况。

2）创建项目样板。项目样板是 BIM 设计图纸的标准依据，仅仅依靠软件默认的项目样板文件是不能满足项目设计制图标准的，尤其是 BIM 机电模型创建中存在许多专业化的设计，项目样板文件中的默认设置不符合专业设计需求。因此，在设计初期就有必要进行项目样板的设置和完善，以便提高工程师的设计效率和出图质量。

3）导入 CAD 图纸。为了确保 BIM 模型建立的准确性和完整性，需要用 CAD 图纸进行定位，在 Revit 中导入 CAD 平面图，以底图的形式辅助 BIM 模型创建。

4）土建基础模型创建。机电模型的空间位置通常是以建筑、结构为参照的，故应首先创建相应的土建基础模型，然后在此基础上进行机电模型的创建。建筑 BIM 模型和结构 BIM 模型分别是基于 Revit 中建筑样板和结构样板建立的。其中标高和轴网作为中心文件，根据设计方提供的二维平面图纸创建三维基础模型。

5）机电 BIM 模型创建。机电模型的创建包括给水排水、暖通空调与电气系统模型的创建。对于机电模型来说，建筑、结构模型是其重要的设计基础。只有将机电模型与建筑、结构模型进行链接整合，才能更加准确地反映出机电综合管线与建筑结构之间的相对空间关系，便于下一步的碰撞检查和优化设计工作。

6）族的创建。在给水管道、排水管道、通风管道、空调布置、消防管道及电缆桥架等机电模型的创建过程中，需要大量的系统族、内建族或可载入族作为支撑。

7）优化机电模型设计。在机电模型创建完成之后，还应进行碰撞检查，包括检查各类管件与管道、管件与管件、管道管线与建筑结构之间等是否存在碰撞冲突，并根据各专业的相关国家标准和规范，对模型进行调整和修改，解决管线和建筑结构之间存在的碰撞冲突问题，优化并完善机电模型。

3.3.1 建筑模型创建

本案例主要包括建筑、结构、给水排水、暖通空调和电气等专业模型的创建。其中建筑专业模型主要包括墙体、门窗、建筑楼板等构件的创建。由于管线的标高是以建筑、结构模型标高为参照的，所以建立建筑、结构模型对于综合管道模型的建立提供空间参照是十分必要的，尤其是天花板的厚度、标高，以及结构梁、柱、楼板尺寸和位置都要求精准。

1. 项目基点和测量点的确定

BIM 技术之所以能够实现协同设计，其主要原因在于 Revit 软件具有整合各专业模型的优势，必须在建模之前设置好项目基点和测量点。本项目案例将建筑模型、结构模型以及机电模型的测量点和项目基点统一设置在（0，0）的位置。

2. 创建轴网和标高

在项目基点和测量点设置好之后，还须设置另一项非常重要的定位信息：标高和轴网。其中标高是根据各专业的要求来设置的，由于通常建筑完成面是在结构完成面的基础上再涂上某些面层以及装饰面，故建筑模型中的标高会比结构模型中的标高更高一点。

（1）创建轴网

以创建某科技楼 1F 的建筑模型为例，打开 Revit 软件，选择“建筑样板文件” > “新建项目” > “另存文件”，将该文件命名为“某科技楼-建筑-1F. rvt”。在项目浏览器中选择“视图” > “楼层平面”，打开楼层平面视图，在“1F”平面视图进行轴网的绘制。

将 CAD 图纸导入 Revit，其中左上角轴线的交点作为本项目的测量点和项目基点。图纸位置定位完成之后，须将 CAD 图纸锁定以保证模型位置的准确。如图 3. 27 所示，单击“建筑”选项卡中的“基准”面板的“轴网”工具时，将显示“修改/放置轴网”的上下文选项卡。根据建筑平面图，绘制具体的轴网。轴网全部绘制完成后，将所有轴网锁定，如图 3. 28 所示。此外，可单击“属性”选项栏中的“编辑类型”按钮，以此来编辑轴网的类型属性，包括轴网的图形符号、轴线颜色、轴线是虚线还是实线等。

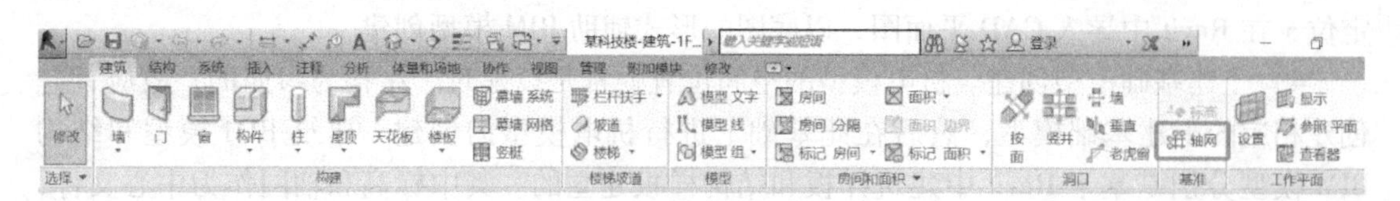

图 3.27　绘制轴网

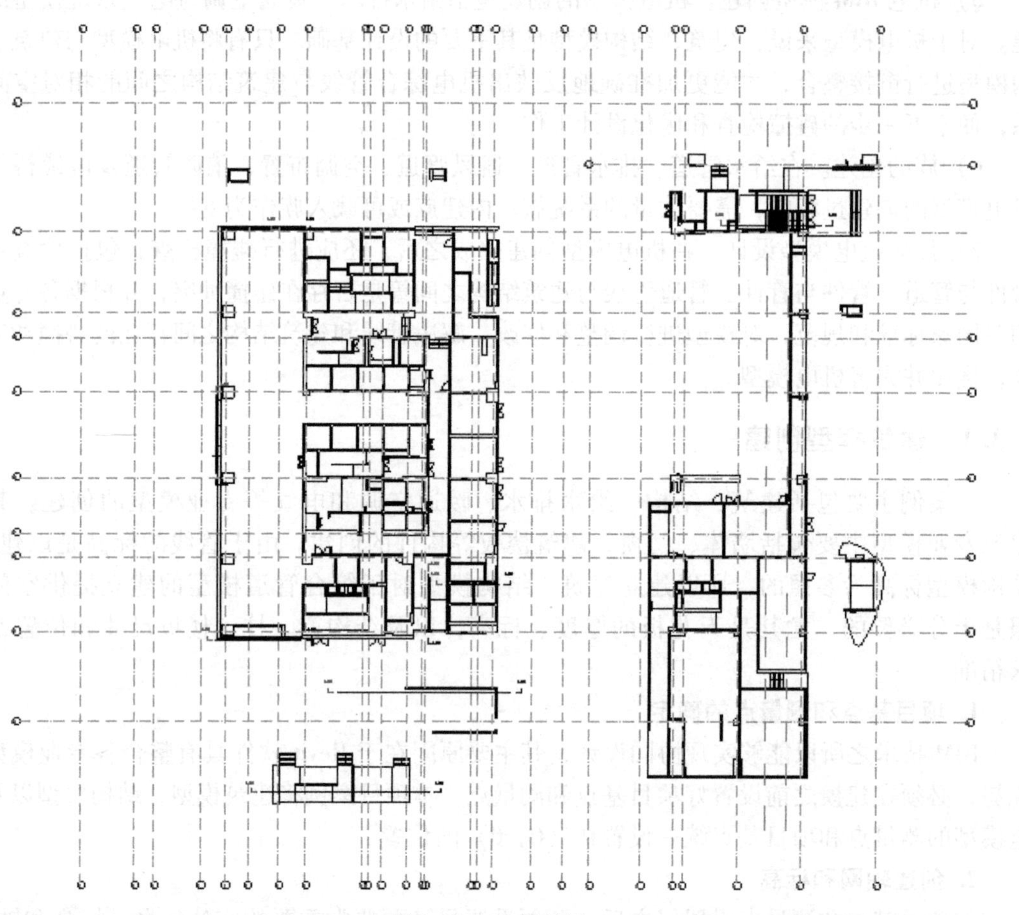

图 3.28　1F 的轴网

（2）创建建筑标高

特别值得注意的是，建筑模型和结构模型是不能共用一套标高文件的。通常在建筑模型中，楼层的划分是根据建筑标高来划分的。

单击“视图”选项卡>选择工具栏中的“用户界面”>打开“项目浏览器”>“立面”选择“南”。如图 3.29 所示，单击“建筑”选项卡中的“基准”面板的“标高”工具时，将显示“修改/放置标高”的上下文选项卡。

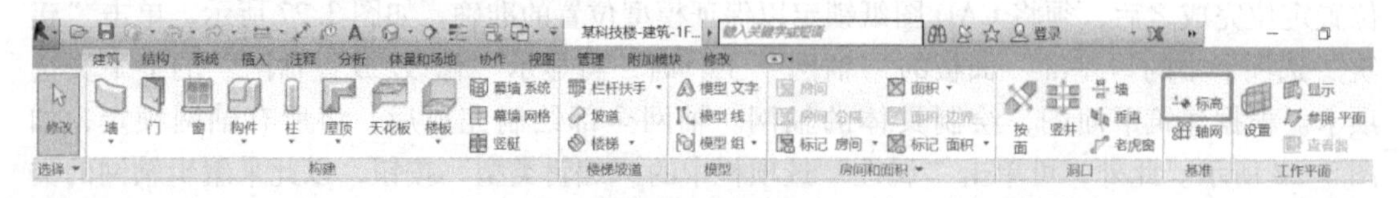

图 3.29　绘制标高

在项目浏览器中打开立面视图，根据建筑平面图纸信息创建标高，如图 3. 30 所示。绘制完全部的标高之后，也需将其锁定，确保在之后的建模过程中不能移动标高，定位信息准确。

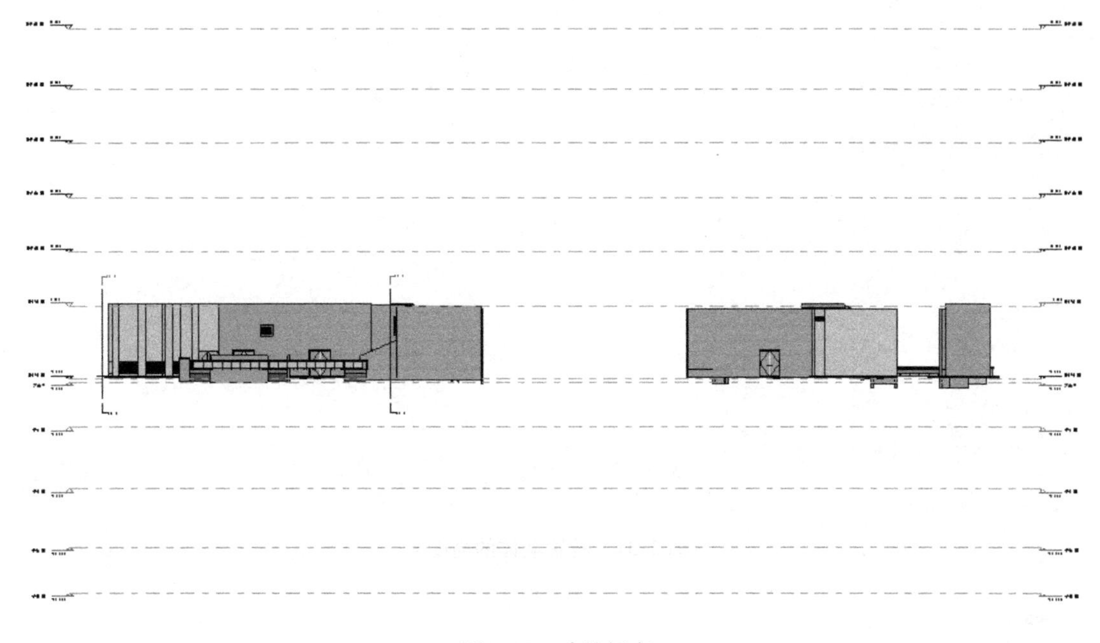

图 3. 30　建筑标高

3. 创建墙体

绘制完轴网和标高之后，可进行墙体的创建。墙体包括承重墙和非承重墙。承重墙是需要附加钢筋的，此类墙体一般是剪力墙，能够承受住建筑的压力；而非承重墙一般是由砖砌筑而成的，不能承受压力。

根据各楼层平面的建筑 CAD 图纸，在相应的楼层平面中进行墙体的创建。单击“建筑”选项卡中的“构建”面板的“墙”工具，选择“墙：建筑”功能，此时将显示“修改/放置墙”的上下文选项卡。

以图 3. 31 为例，在“属性”选项栏中，定位线选“墙中心线”，设置底部限制条件为“B-1F+0. 000”，并设置顶部约束为“直到标高：B-2F+6. 000”。然后，单击“编辑类型”按钮，在弹出的“类型属性”对话框中，单击“复制”按钮，将“类型”命名为“建筑-内墙-砌块墙-200mm”，再单击“编辑”按钮，在弹出的“编辑部件”对话框中，单击“插入”按钮，对“面层”设定厚度，并选择材质，如图 3. 32 所示。

根据图纸中墙体的厚度、位置和标高要求，依次绘制各面墙体。同时，根据设计说明中相应墙体的材质，设置各墙体构件的参数信息。依此方法，即可完成某科技楼 1F 中所有墙体构件的创建，如图 3. 33 所示。

4. 创建楼板

在 Revit 2016 软件中，需要在闭合的环境下方可生成楼板，可利用创建的墙体和柱为边界生成楼板。

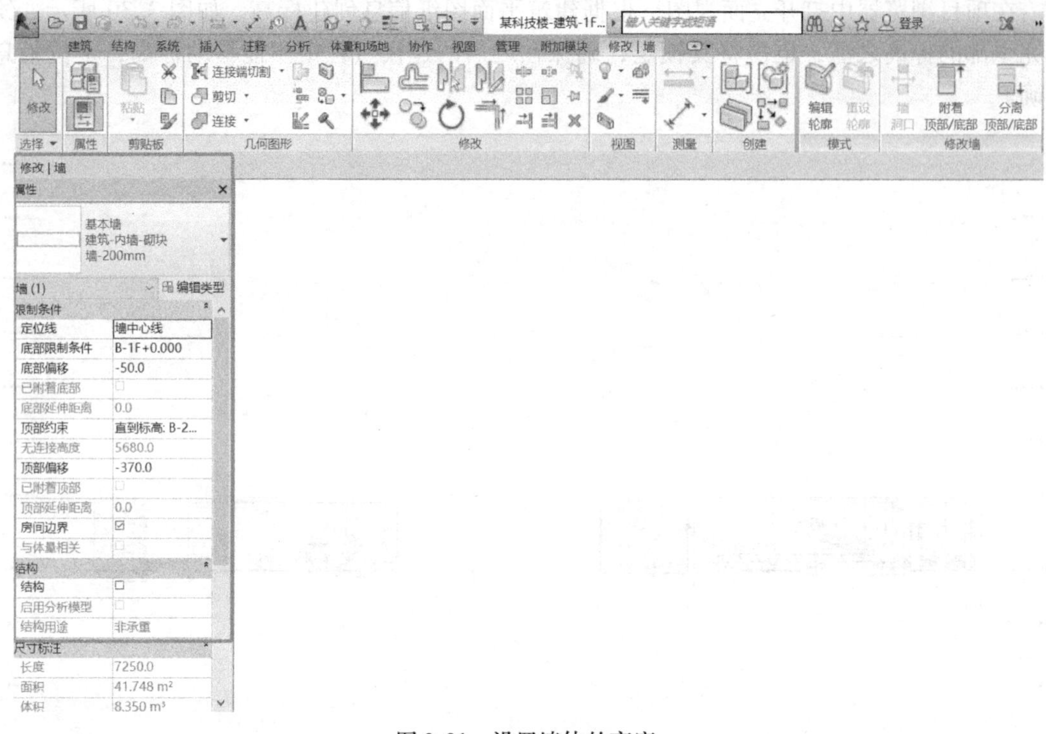

图 3.31　设置墙体的高度

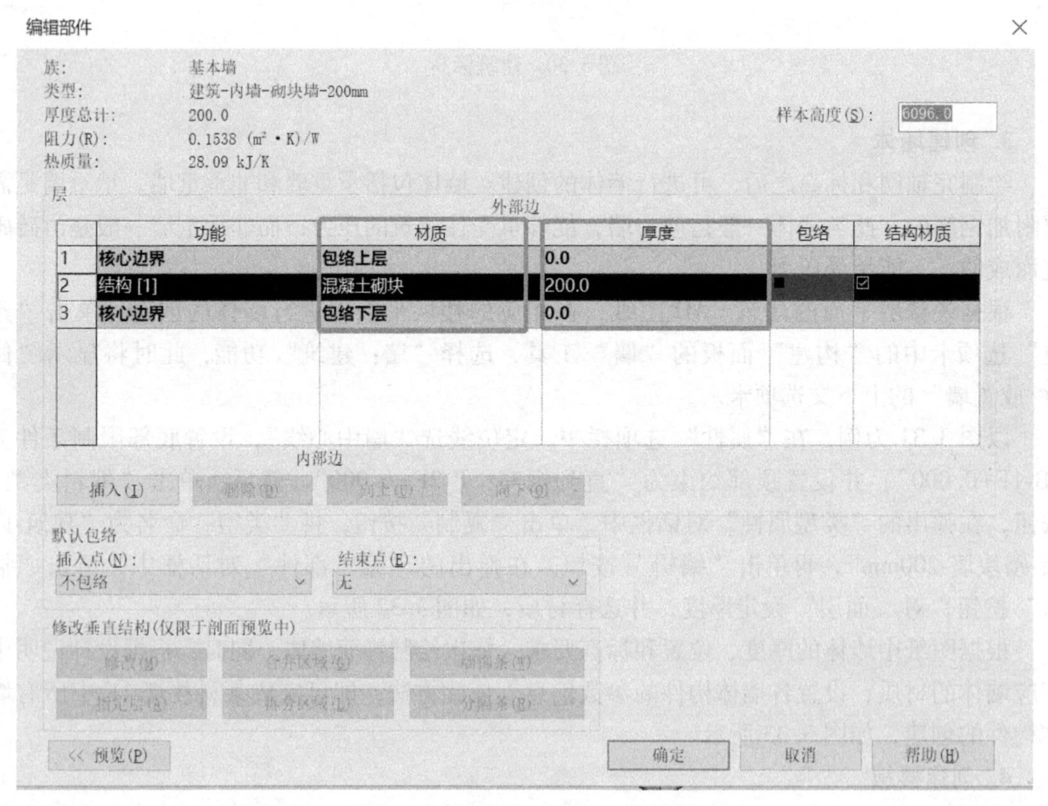

图 3.32　编辑墙体的厚度和材质

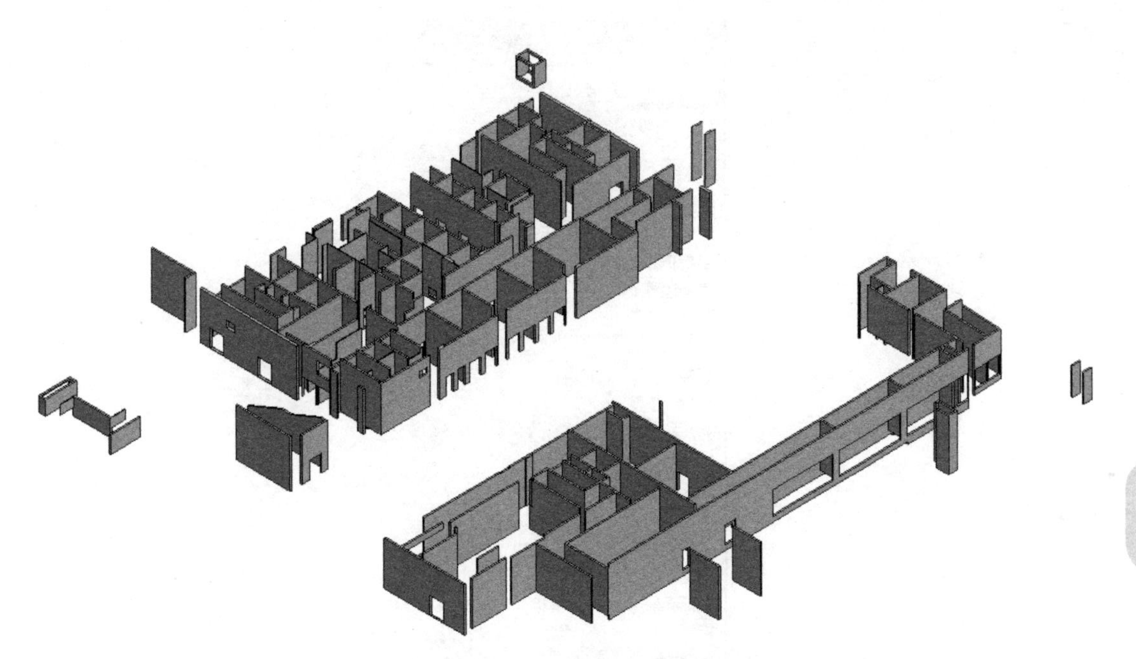

图 3.33 1F 的墙体构件

单击“建筑”选项卡中的“构建”面板的“楼板”工具，选择“楼板：建筑”功能，此时将显示“修改/创建楼层边界”的上下文选项卡，如图 3.34 所示。

图 3.34 创建楼板

如图 3.35 所示，在“属性”选项栏中，单击“编辑类型”按钮，根据建筑说明及构造做法表选择相对应的族和类型。弹出“类型属性”对话框之后，单击“复制”按钮，此时“族”的类型属性为“系统族：楼板”，将“类型”命名为“建筑-场地道路-50”，然后单击“编辑”按钮，在弹出的“编辑部件”对话框中，定义楼板的厚度为 50mm，如图 3.36 所示。

根据图纸中楼板的厚度、位置和标高要求，依次对各楼板进行绘制，即可完成某科技楼 1F 中所有楼板构件的创建，如图 3.37 所示。

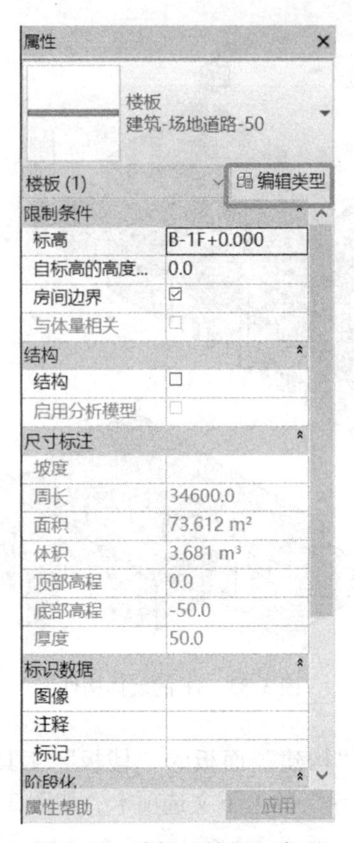

图 3.35　编辑“楼板”类型

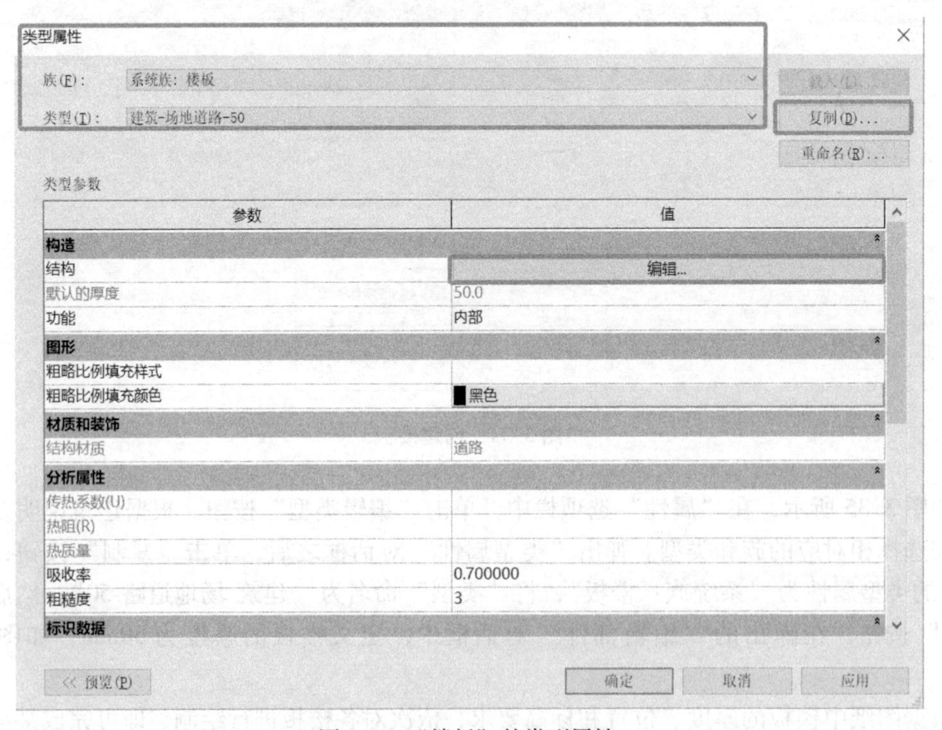

图 3.36　“楼板”的类型属性

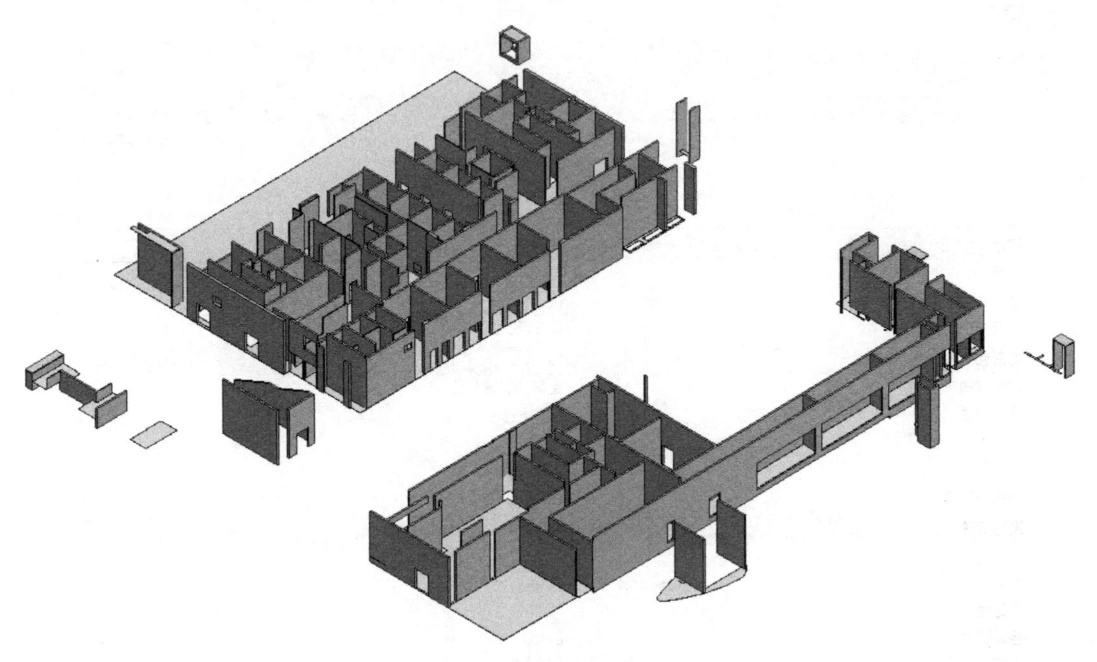

图 3.37　1F 的墙体和楼板构件

5. 创建门窗

在建筑模型中，必须先完成墙体的绘制，才能在墙体上创建门和窗。墙体会自动被门或窗切割，形成洞口，而不用先在墙体上开洞再放置门窗。此外，门和窗也是具有属性的，需根据图纸要求将参数信息录入到各门窗构件中。

根据 CAD 图纸中门和窗的尺寸、位置和标高要求，在墙体上依次放置门或窗。单击“建筑”选项卡中的“构建”面板的“门”工具，将显示“修改/放置门”的上下文选项卡。如图 3.38 所示，在“属性”选项栏中，设置底高度为“0.0”。单击“属性”选项栏中的“编辑类型”按钮，弹出“类型属性”对话框之后，根据建筑平面图及门窗明细表选择相对应的族和类型，单击“复制”按钮进行命名，并且编辑“构造”“材质和装饰”“尺寸标注”等参数值，如图 3.39 所示，选择此扇门的构造类型为“单扇防火门”，材质为“金属-钢-深灰色”，高、宽、厚度依次为“2200.0、1000.0、40.0”。

依照类似的方法，单击“建筑”选项卡中的“构建”面板的“窗”工具，将显示“修改/放置窗”的上下文选项卡。根据建筑立面图或平面图说明，如图 3.40 所示，在“属性”选项栏中，设置底高度为“3750.0”，顶高度为“4450.0”，即可确定窗户在立面的位置和高度。

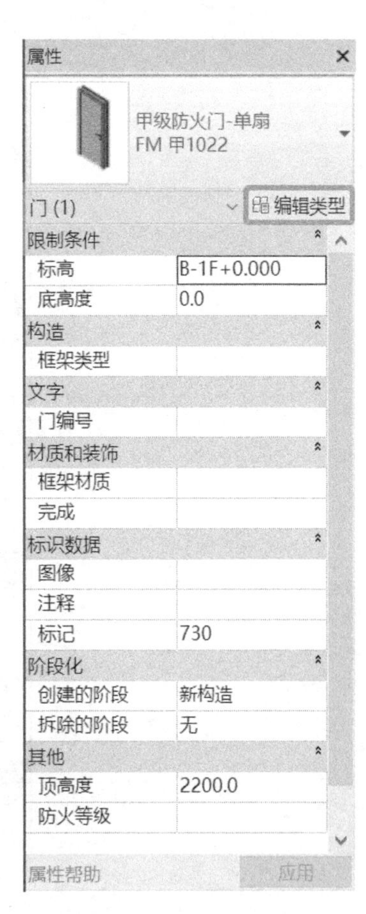

图 3.38　编辑“门”类型

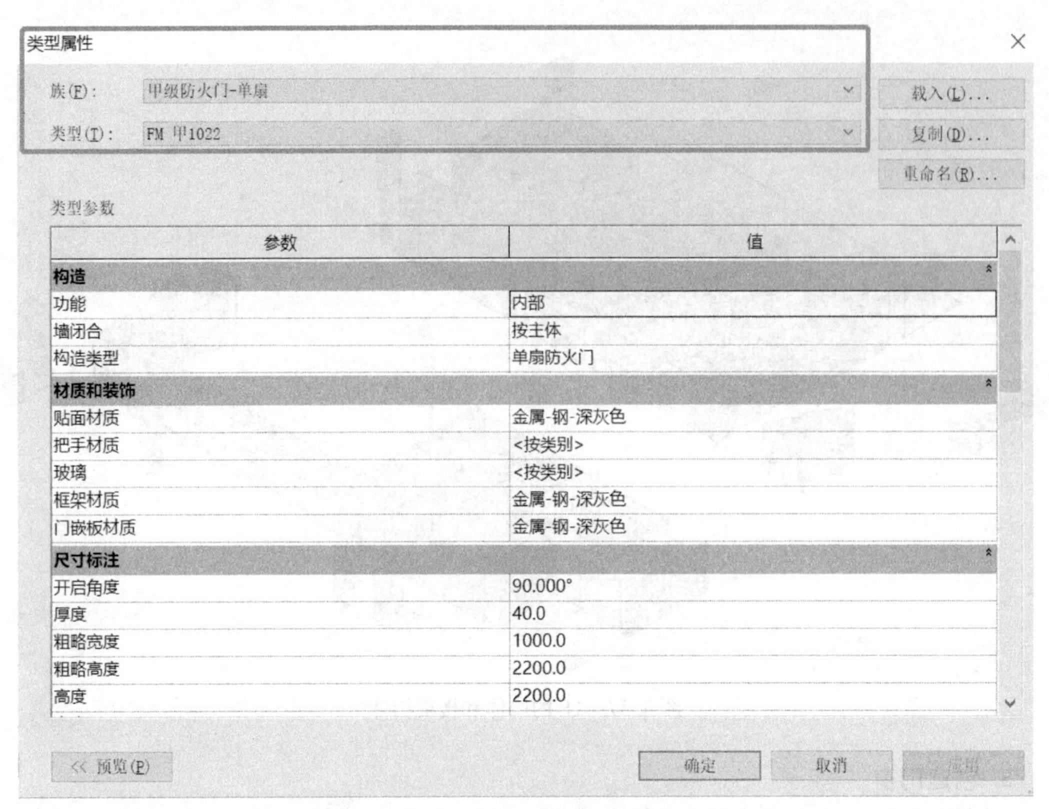

图 3.39 “门”的类型属性

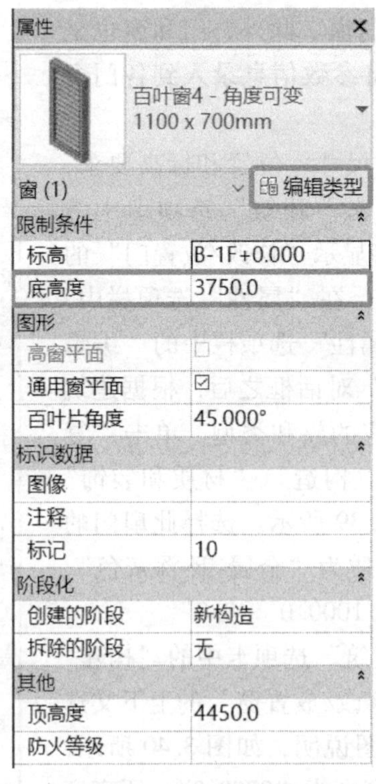

图 3.40 编辑“窗”类型

单击“属性”选项栏中的“编辑类型”按钮，弹出“类型属性”对话框之后，根据建筑平面图及门窗明细表选择相对应的族和类型，单击“复制”按钮进行命名，并且编辑“构造”“材质和装饰”“尺寸标注”等参数值，如图 3.41 所示。

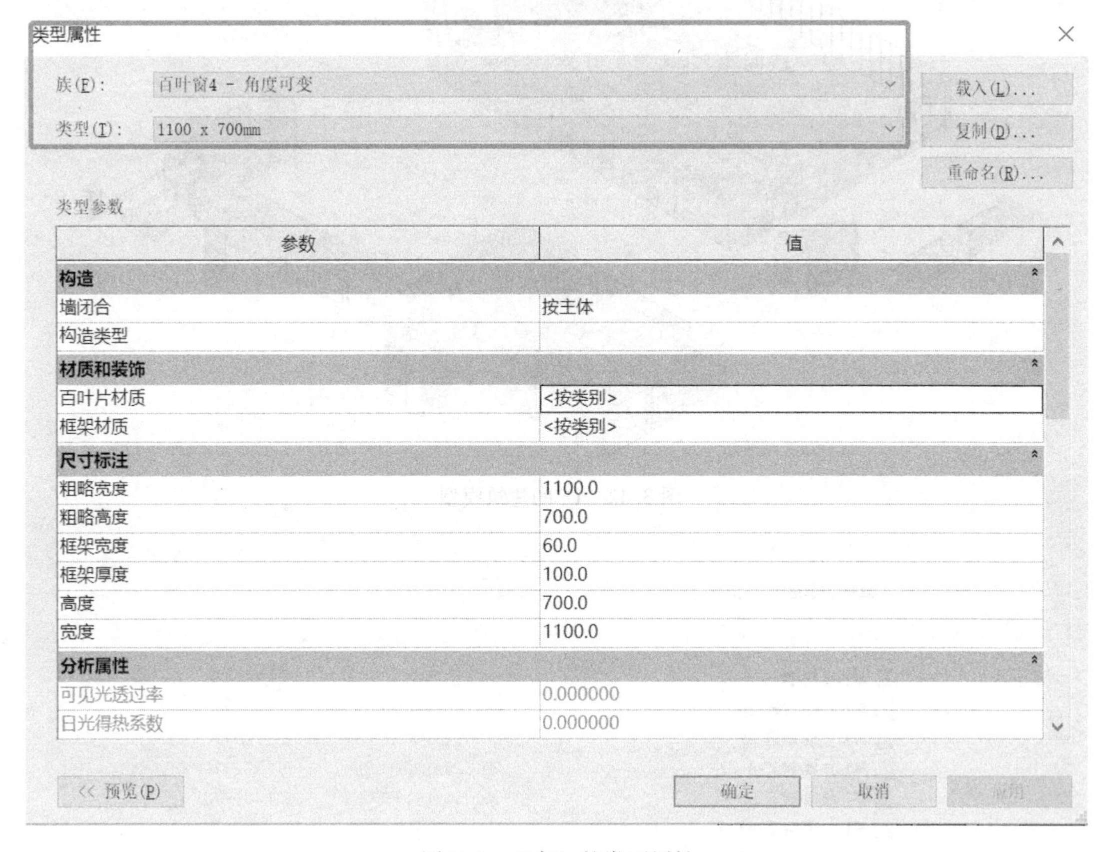

图 3.41 “窗”的类型属性

此外，“幕墙”的绘制，可使用“建筑”选项卡中的“构建”面板的“幕墙系统”“幕墙网格”“竖梃”工具，定义具体材质，并根据嵌板形式创建对应的族载入，创建幕墙系统并划分网格。“栏杆、扶手”的绘制，可使用“建筑”选项卡中的“楼梯坡道”面板的“栏杆扶手”工具，绘制轨迹，并插入相应的栏杆扶手族。“天花板”的绘制，可使用“建筑”选项卡中的“构建”面板的“天花板”工具，与“楼板”的绘制方法类似。

根据建筑平面图纸的要求，逐步将墙体、楼板及门窗绘制完成后，某科技楼 1F 的建筑模型如图 3.42 所示。按照此方法步骤，可依次完成其他各楼层的建筑 BIM 模型，然后再将如图 3.43 所示的各楼层模型文件链接整合为一个完整的建筑模型。

3.3.2 结构模型创建

结构属于承重部分，包括梁、板、柱以及楼梯等，通过 Revit 软件，可分析计算出其在建筑中的承重能力。通常建筑模型和结构模型是分开创建的，然后再通过“链接”功能，形成完整的土建基础模型。

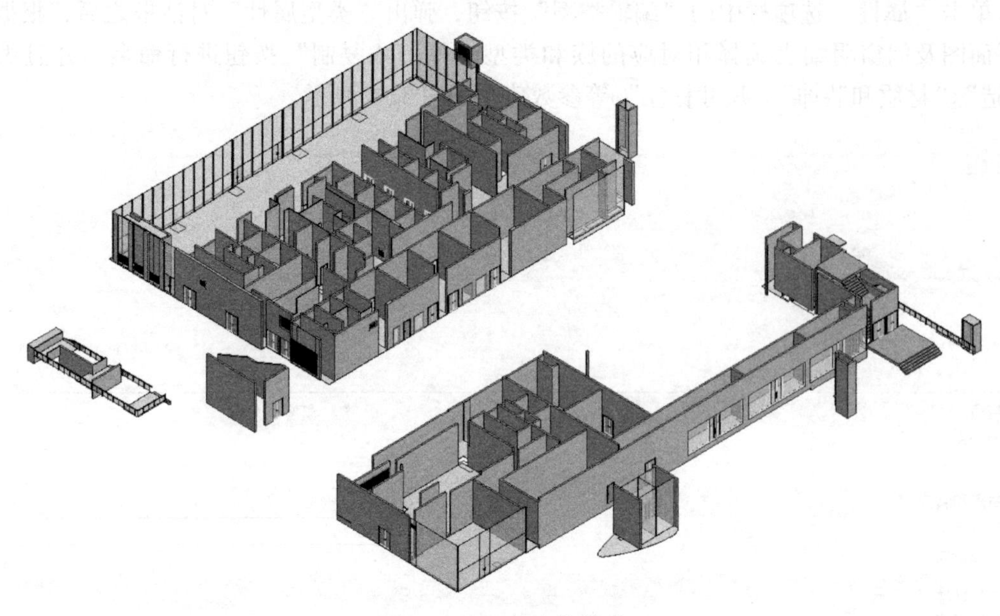

图 3.42　1F 的建筑模型

\> 某科技楼-模型 > 建筑

名称	类型	大小
某科技楼-建筑-1F	Autodesk Revit 项目	29,520 KB
某科技楼-建筑-2F	Autodesk Revit 项目	33,684 KB
某科技楼-建筑-3F	Autodesk Revit 项目	52,772 KB
某科技楼-建筑-4F	Autodesk Revit 项目	51,112 KB
某科技楼-建筑-5F	Autodesk Revit 项目	44,488 KB
某科技楼-建筑-6F~7F	Autodesk Revit 项目	29,768 KB
某科技楼-建筑-8F	Autodesk Revit 项目	26,336 KB
某科技楼-建筑-9F~10F	Autodesk Revit 项目	28,688 KB
某科技楼-建筑-11F	Autodesk Revit 项目	25,448 KB
某科技楼-建筑-12F	Autodesk Revit 项目	25,108 KB
某科技楼-建筑-13F	Autodesk Revit 项目	25,344 KB
某科技楼-建筑-14F~15F	Autodesk Revit 项目	26,668 KB
某科技楼-建筑-16F	Autodesk Revit 项目	26,440 KB
某科技楼-建筑-17F~22F	Autodesk Revit 项目	28,344 KB
某科技楼-建筑-机房层	Autodesk Revit 项目	25,196 KB
某科技楼-建筑-幕墙	Autodesk Revit 项目	41,236 KB
某科技楼-建筑-屋顶层	Autodesk Revit 项目	24,904 KB
某科技楼-土建整合	Autodesk Revit 项目	4,652 KB

图 3.43　各楼层的建筑模型文件

1. 创建轴网

由于整个项目使用统一的轴网，因此，在创建结构模型时可不必再重新创建轴网，使用“复制/监视”工具，即可将建筑模型中的轴网复制到结构模型之中。

打开 Revit 软件，选择“结构样板”，新建项目文件，另存为“某科技楼-结构-1F. rvt”。使用“链接”功能导入“某科技楼-建筑-1F. rvt”文件，进一步使用“协作”选项卡中的“坐标”面板的“复制/监视”工具，如图 3.44 所示，筛选出轴网，将轴网复制到结构模型中。由于轴网的“锁定”功能不能继承，故要重新锁定轴网，否则可能会导致模型错位，甚至会使整个项目作废。

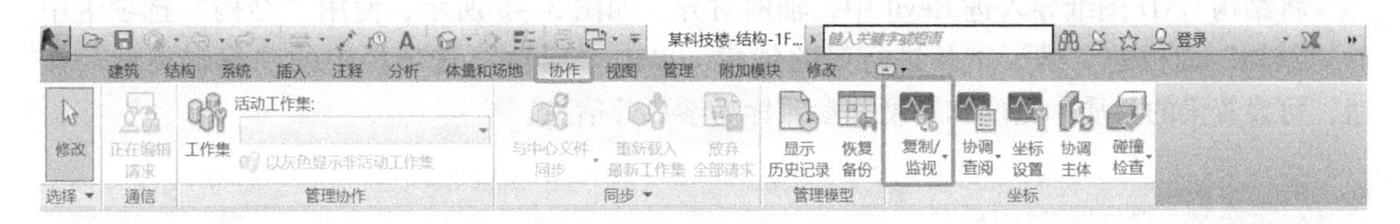

图 3.44 “复制/监视”工具

2. 创建结构标高

由于结构标高与建筑标高的高度不一致，因此结构标高的创建就不能类似于“轴网”创建的方法，直接使用“复制/监视”工具。在“项目浏览器”中打开立面视图，根据结构平面图纸信息，使用“建筑”选项卡中的“基准”面板的“标高”工具绘制结构标高，其与建筑标高的绘制方法步骤类似。结构标高通常以“STR”或“ST”为前缀命名，其为结构（Structure）的英文缩写。结构标高创建完成后，同样为确保在建模过程中不能移动标高，须将其锁定。

图 3.45 中分别列出了建筑模型中的“楼层平面”视图和结构模型中的“结构平面”视图，以某科技楼 6F 为例，建筑标高为+23.800m，而结构标高为+23.680m，同样的楼层高度，但其标高明显不同。

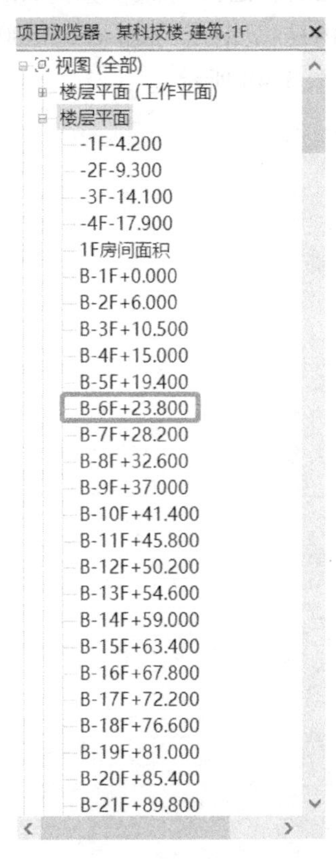

a) 建筑模型中的“楼层平面”

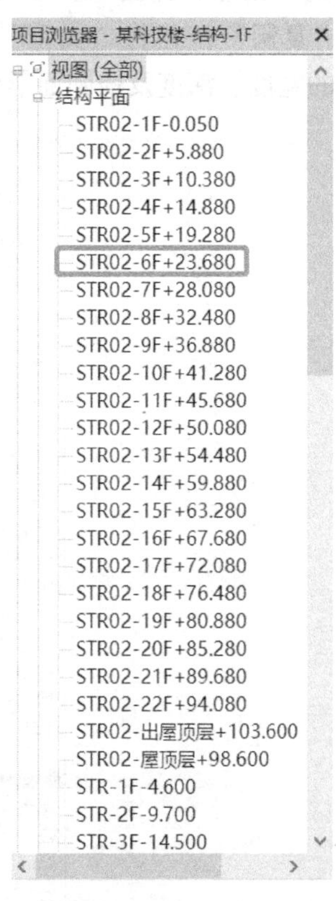

b) 结构模型中的“结构平面”

图 3.45 “建筑标高”与“结构标高”

3. 创建梁、板、柱

（1）创建梁

将结构 CAD 图纸导入进 Revit 中，轴网对齐。如图 3. 46 所示，使用“结构”选项卡中的“结构”面板的“梁”工具进行梁的创建，单击“属性”选项栏中的“编辑类型”按钮，可设置梁的材质、宽度和厚度、参照标高参数等信息。

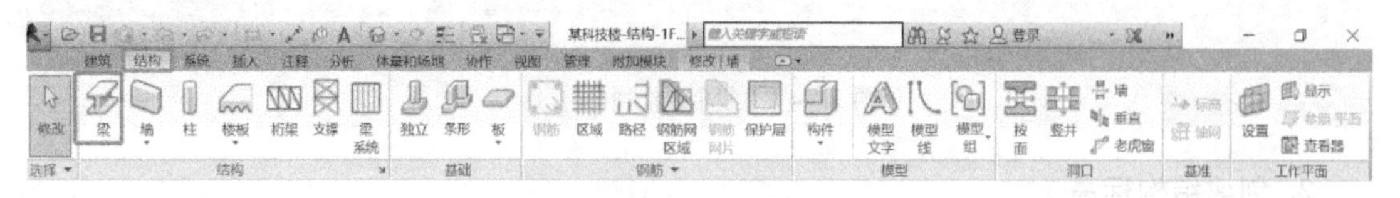

图 3. 46　创建梁

（2）创建板

结构板的创建，可使用“结构”选项卡中的“结构”面板的“楼板”工具，选择“楼板：结构”功能，并且单击“属性”选项栏中的“编辑类型”按钮，设置结构板的材质、参照标高及厚度等参数。需要特别注意降板的位置。

（3）创建柱

使用“结构”选项卡中的“结构”面板的“柱”工具进行柱的创建，在如图 3. 47 所示的“属性”选项栏中，设置底部标高为“STR-1F-4. 600”，顶部标高为“STR02-1F-0. 050”；单击“编辑类型”按钮，弹出“类型属性”对话框之后，选择“族”为“结构柱-型钢-十字型”，单击“复制”按钮将“类型”命名为“结构柱-型钢-十字型-c55-1300×1300mm”，并设置结构柱的宽度、深度及横断面形状等参数，如图 3. 48 所示。

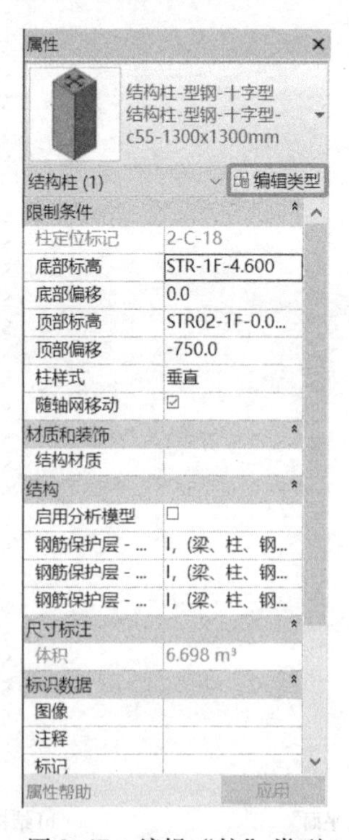

图 3. 47　编辑“柱”类型

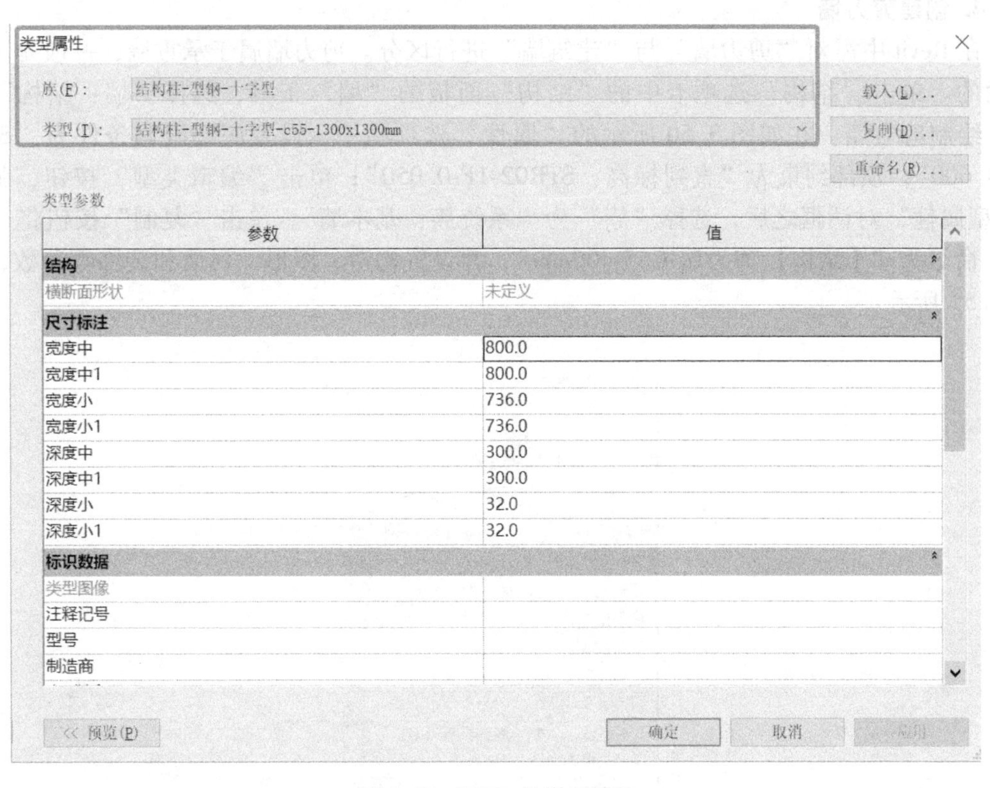

图 3.48 “柱”的类型属性

根据结构图纸中梁/板/柱的尺寸、位置、标高和材质等要求，依次对各梁、结构楼板、结构柱进行绘制。依此方法，即可完成某科技楼 1F 中所有梁、板、柱的创建，如图 3.49 所示。

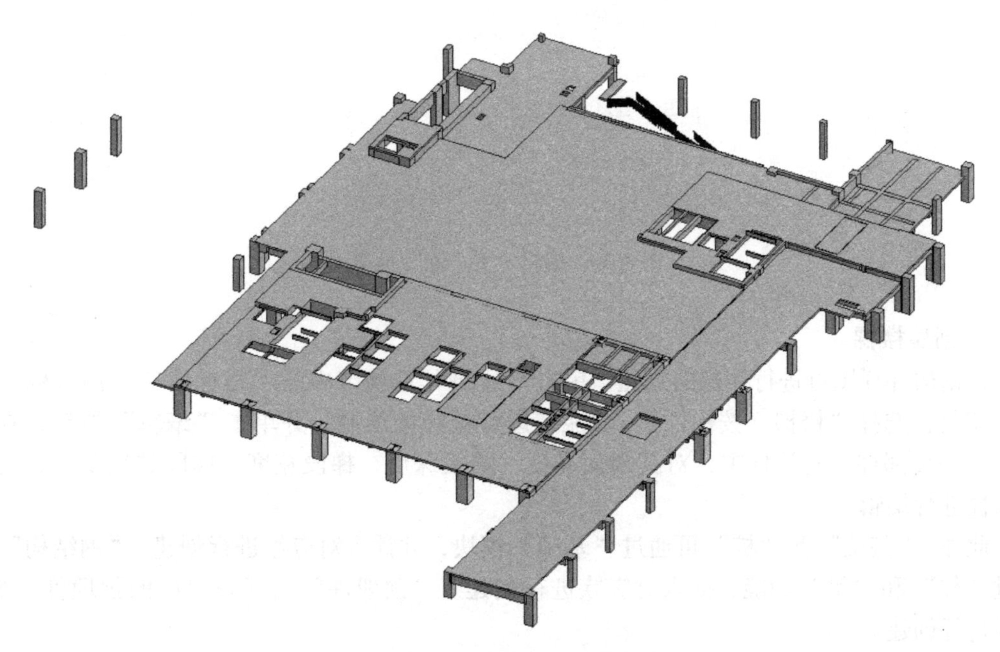

图 3.49 1F 的梁、板、柱构件

4. 创建剪力墙

在Revit中需对“剪力墙”与“建筑墙”进行区分。剪力墙属于承重墙，一般是不能变动的。单击“结构”选项卡中的“结构”面板的“墙”工具，选择“墙：结构”功能，绘制剪力墙。在如图3.50所示的“属性”选项栏中，设置底部限制条件为“STR-1F-4.600”，顶部约束为“直到标高：STR02-1F-0.050”；单击“编辑类型”按钮，弹出“类型属性”对话框之后，选择“族”为“系统族：基本墙”，单击“复制”按钮将“类型”命名为“【结构】剪力墙-C55-400mm”，并设置构造、图形、材质和装饰等参数，如图3.51所示。

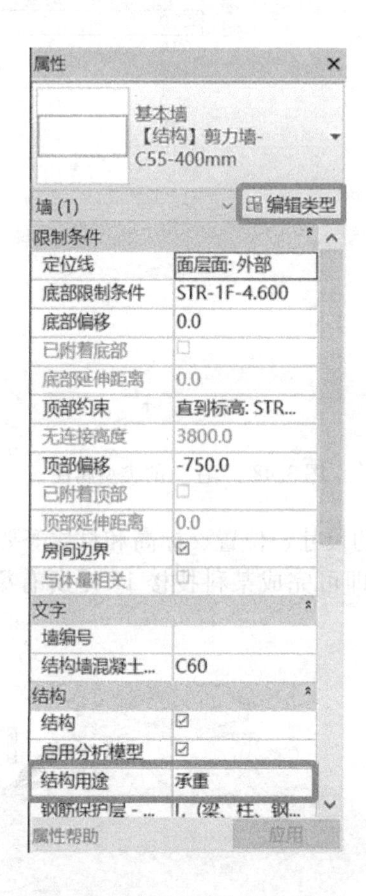

图3.50　编辑“剪力墙”类型

5. 创建楼梯

根据构件详图可进行楼梯的创建，单击“建筑”选项卡中的“楼梯坡道”面板的“楼梯”工具，选择“楼梯（按构件）”功能，进行楼梯的绘制，并单击“编辑”按钮，在弹出的“编辑部件”对话框中，对其踢面高度、踏板深度、梯段宽度、梯段类型及平台类型等属性进行编辑。

此外，“基坑”和“桩”可通过“基础”模块，并插入对应族进行创建。“钢结构”可通过“柱”和“梁”功能，插入对应族进行创建。“预埋件”可通过对应的预埋件“族”构件进行创建。

根据结构平面图纸和详图的要求，逐步将梁/板/柱、剪力墙及楼梯等构件绘制完成后，某科技楼 1F 的结构模型如图 3. 52 所示。在结构模型的创建中，梁的高度必须准确无误，否则将会对机电模型的管综布线产生重大影响。

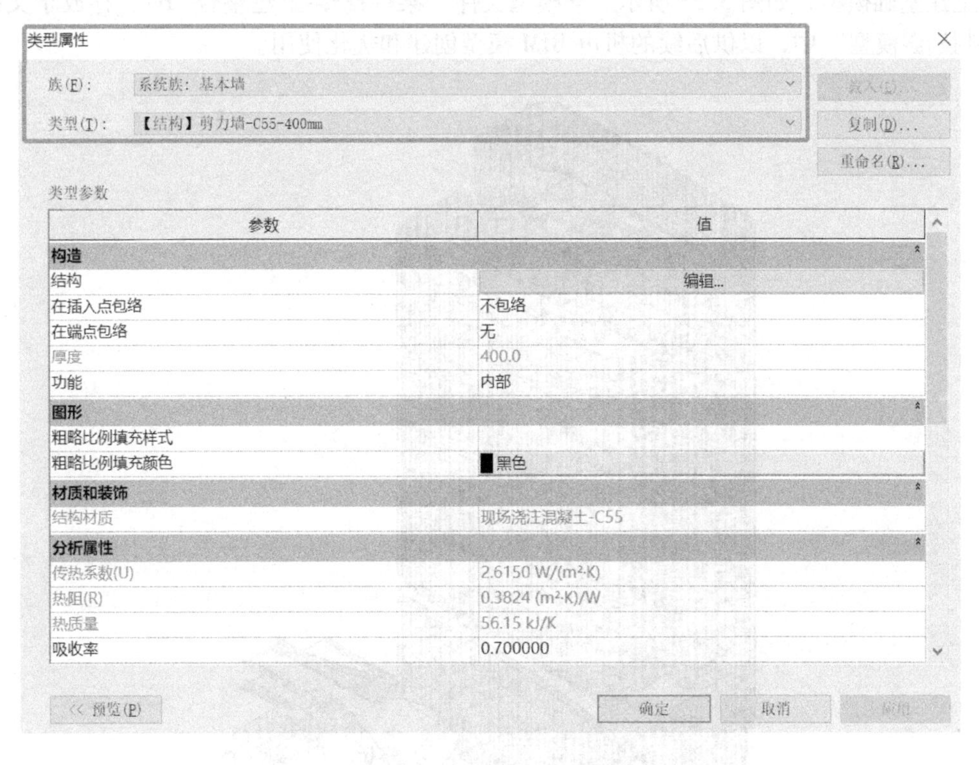

图 3. 51　“剪力墙”的类型属性

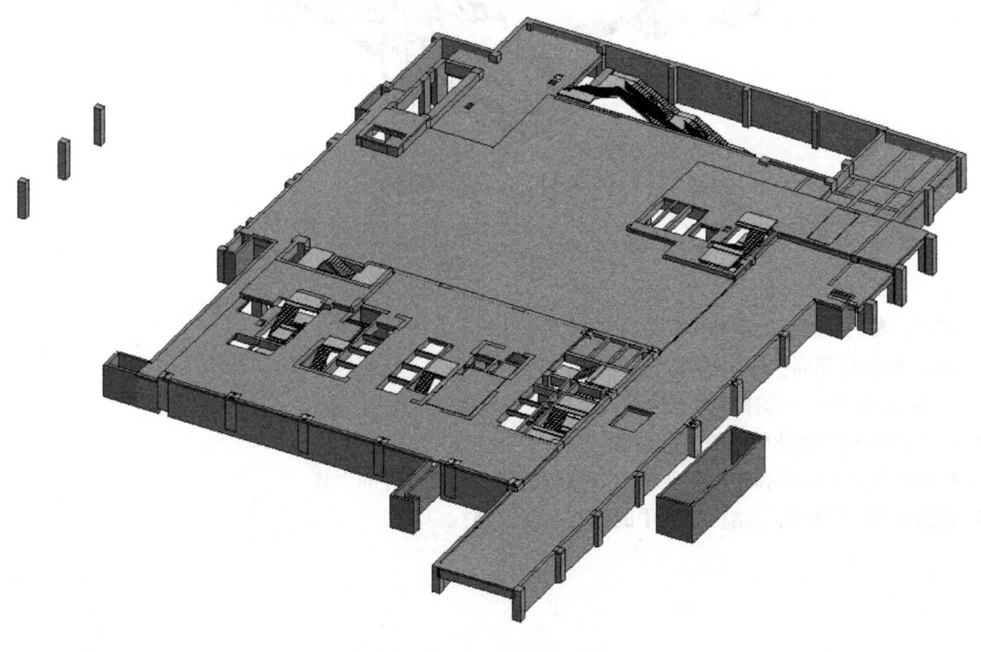

图 3. 52　1F 的结构模型

6. 土建模型整合

当所有楼层的建筑模型和结构模型分别搭建完成之后，需要进行链接整合，形成一个完整的土建基础模型，如图 3.53 所示。该模型文件“某科技楼-土建整合 . rvt”存放于文件夹“某科技楼-模型”中，以供后续的机电 BIM 模型创建和优化使用。

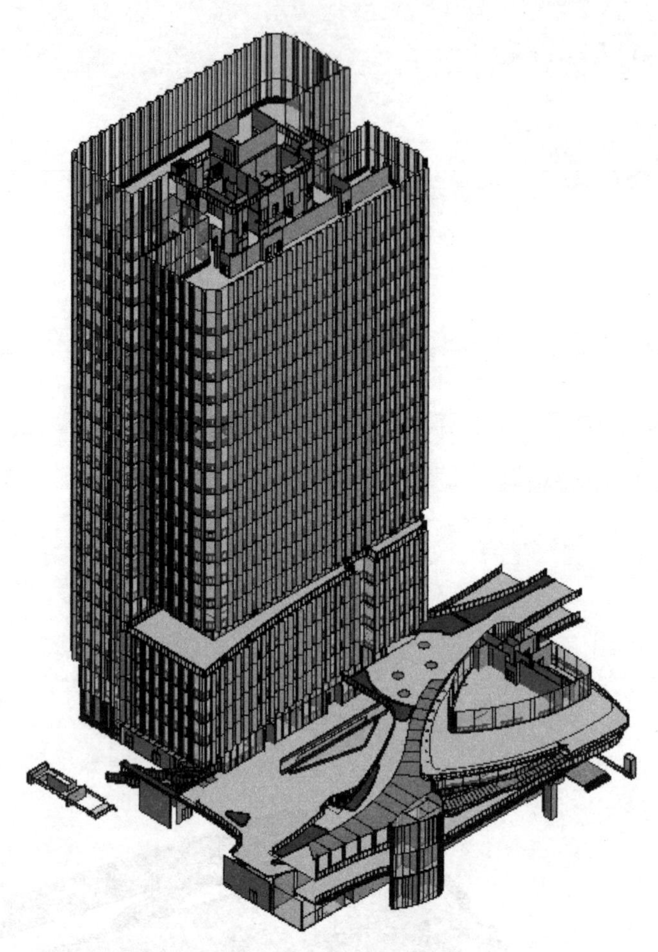

图 3.53　土建基础模型

习　　题

1. 项目、类别、族、类型和实例之间的关系是什么？
2. Revit 的操作界面主要由哪几部分构成？
3. 对 Revit 中的图元选择有哪三种方式？
4. 简述 BIM 模型创建的一般工作流程。
5. 简述建筑专业模型和结构专业模型分别包括哪些主要构件的创建。
6. 建筑模型中的标高与结构模型中的标高有何区别？

第 4 章

给水排水模型创建

给水排水、暖通空调及电气等机电模型的创建是基于建筑结构基础模型之上的，通过链接建筑结构模型，机电模型的创建可更准确地反映机电管线之间及其与建筑结构之间的相对空间关系。本章主要介绍给水排水专业的建模基础，包括管道、管路附件、连接件、用水器具的创建、编辑、修改，并通过一个实际工程项目案例，介绍给水排水模型的创建流程。

水管道系统包括空调水系统、生活给水排水系统及消防水系统等。空调水系统又分为冷冻水、冷却水和冷凝水系统。生活给水排水系统分为给水系统、中水系统、热水系统和排水系统等。消防水系统分为自动喷淋系统和消火栓系统等。

4.1　管道功能介绍

Revit 提供了强大的管道设计功能，可以更加方便和迅速地布置管道、调整管道尺寸、控制管道显示、进行管道标注和统计等。

4.1.1　管道参数设置

本节重点介绍如何在 Revit 中设置管道参数，做好前期的准备工作，减少后期管道的调整工作。

1. 管道类型设置

管道类型设置包括管道和软管类型的创建、修改和删除。

单击“系统”选项卡下“卫浴和管道”面板中的“管道”工具，通过绘图区域左侧的“属性”选项栏选择和编辑管道的类型，如图 4.1 所示。在 Revit 2016 提供的“机械样板”项目样板文件中仅默认配置“标准”这种管道类型。

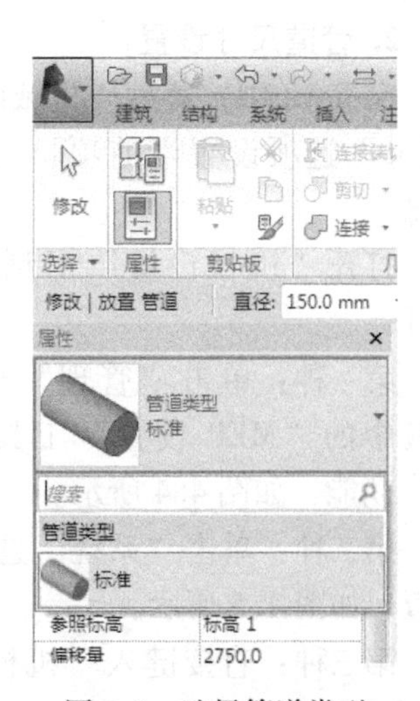

图 4.1　选择管道类型

单击“编辑类型”按钮，打开管道“类型属性”对话框，对管道类型进行设置，如图 4.2 所示。单击“复制”按钮，给创建的族类型重新命名，“编辑”按钮，进行“布管系统配置”>“管段与尺寸（S）”，打开管段选项右边的“新建”按钮，来设置管段的材质、规格、类型等参数。在布管系统配置中的“管段”选项卡选择新建的管段，在管件列表中配置各类型管件族，同时可以指定绘制管道时自动添加到管路中的管件。

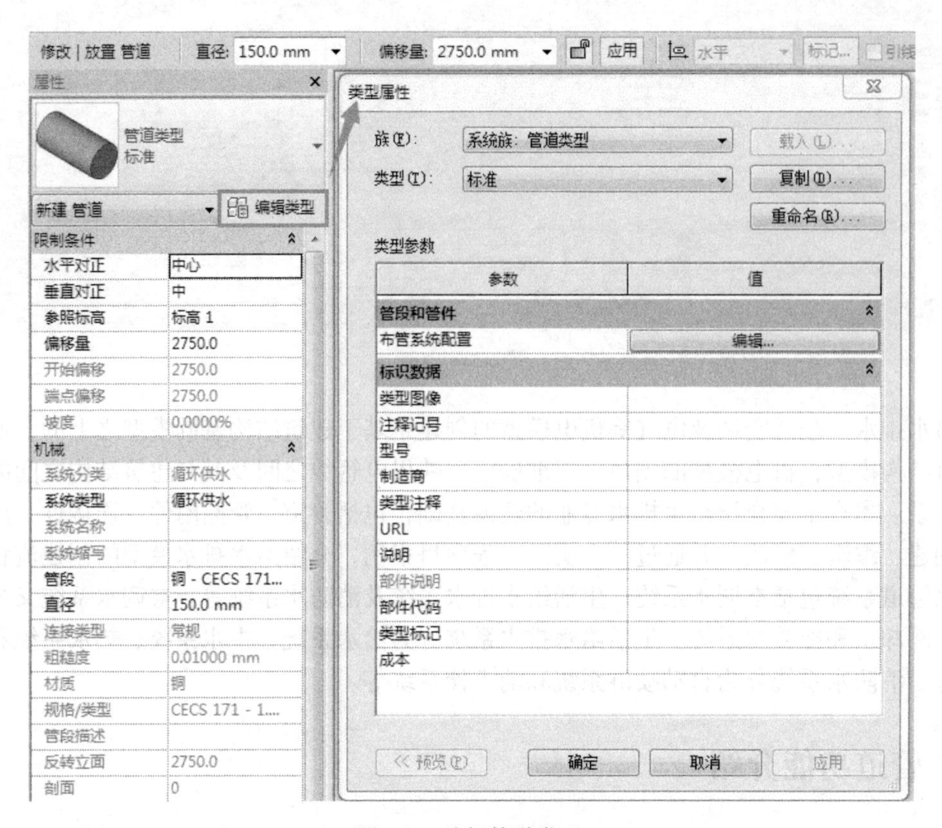

图 4.2　编辑管道类型

管件类型有弯头、T 形三通、接头、四通、过渡件、活接头和法兰，可以在绘制管道时自动添加到管道中。如果“管件”不能在列表中选取，则需要手动载入族添加到管道系统中。

软管类型的设置方法与管道类型类似，不同的是，软管的类型属性中可以编辑其“粗糙度”，如图 4.3 所示。

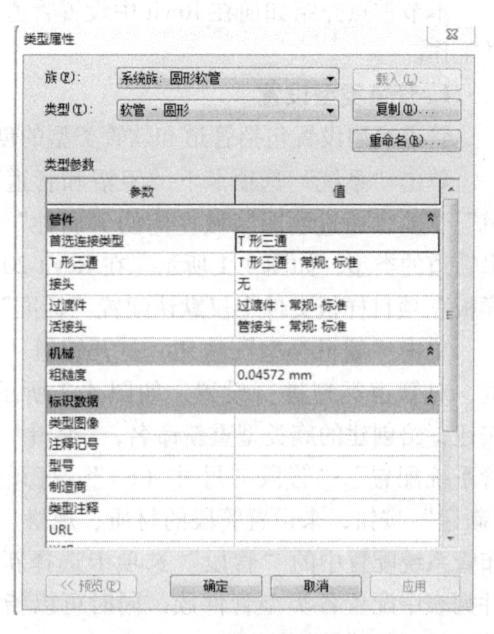

图 4.3　设置软管类型

2. 管道尺寸设置

在 Revit 中，通过“机械设置”对话框中的“尺寸”选项设置当前项目文件中的管道尺寸信息。

打开“机械设置”对话框的方式有以下三种：

第一种：单击“管理”选项卡下“设置”面板中的“MEP 设置”工具，选择“机械设置”功能，如图 4.4 所示。

第二种：单击“系统”选项卡下的“机械”面板，如图 4.5 所示。

第三种：直接键入“机械设置”的快捷键“MS”。

图4.4　打开“机械设置”对话框方式一

图4.5　打开“机械设置”对话框方式二

(1) 添加/删除管道尺寸

打开“机械设置”对话框后，选择“管段和尺寸”，右侧面板会显示可在当前项目中使用的尺寸列表。管道尺寸可以通过“管段”进行设置，“粗糙度”用于管道的水力计算。

单击“新建尺寸”和“删除尺寸”按钮可以添加或删除管道的尺寸。新建的公称直径和现有列表中的尺寸不能重复。如果在绘图区域已经绘制了某个尺寸的管道，则该尺寸在“机械设置”尺寸列表中将不能删除，需要先删除项目中的管道，才能删除“机械设置”尺寸列表中的尺寸。

(2) 尺寸应用

通过勾选“用于尺寸列表”和“用于调整大小”选项使管道尺寸可在项目中应用，此时可以在“修改 | 放置 管道”中管道的“直径”下拉列表中调用，如图4.6所示。

3. 其他设置

对管道中流体的设计参数进行设置，提供管道水力计算依据。在“机械设置”对话框中，选择“流体”，通过右侧面板可以对不同温度下的流体进行“动态粘度”和“密度”的设置，如图4.7所示。通过“新建温度”和“删除温度”按钮对“水”“丙二醇”和“乙二醇”三种流体设计参数进行编辑。

图 4.6　调用管道尺寸

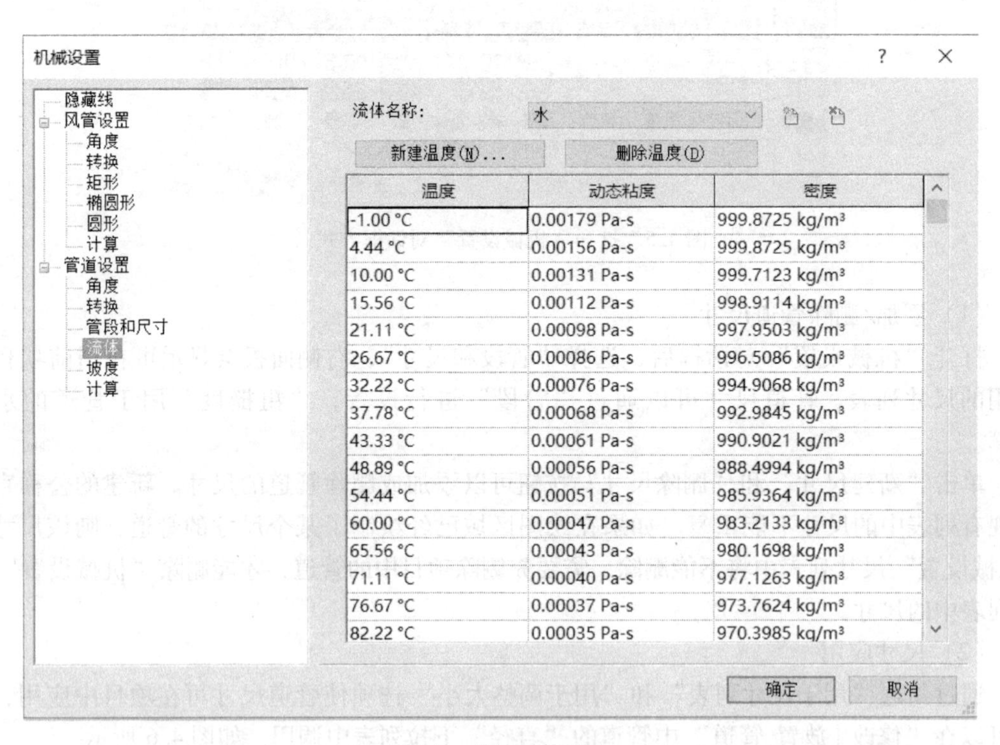

图 4.7　编辑流体温度

4.1.2　管道绘制方法

1. 管道绘制的基本操作

进入管道绘制模式的方式有以下三种：

第一种：单击“系统”选项卡下“卫浴和管道”面板中的“管道”工具，如图 4.8 所示。

第二种：选中绘图区已布置构建族的管道连接件，单击鼠标右键，在弹出的快捷菜单中选择“绘制管道”命令。

第三种：直接键入“管道”的快捷键“PI”。

图 4.8　进入管道绘制模式

进入绘制模式，设置管道的各项参数。首先选择管道类型，如图 4.9 所示。

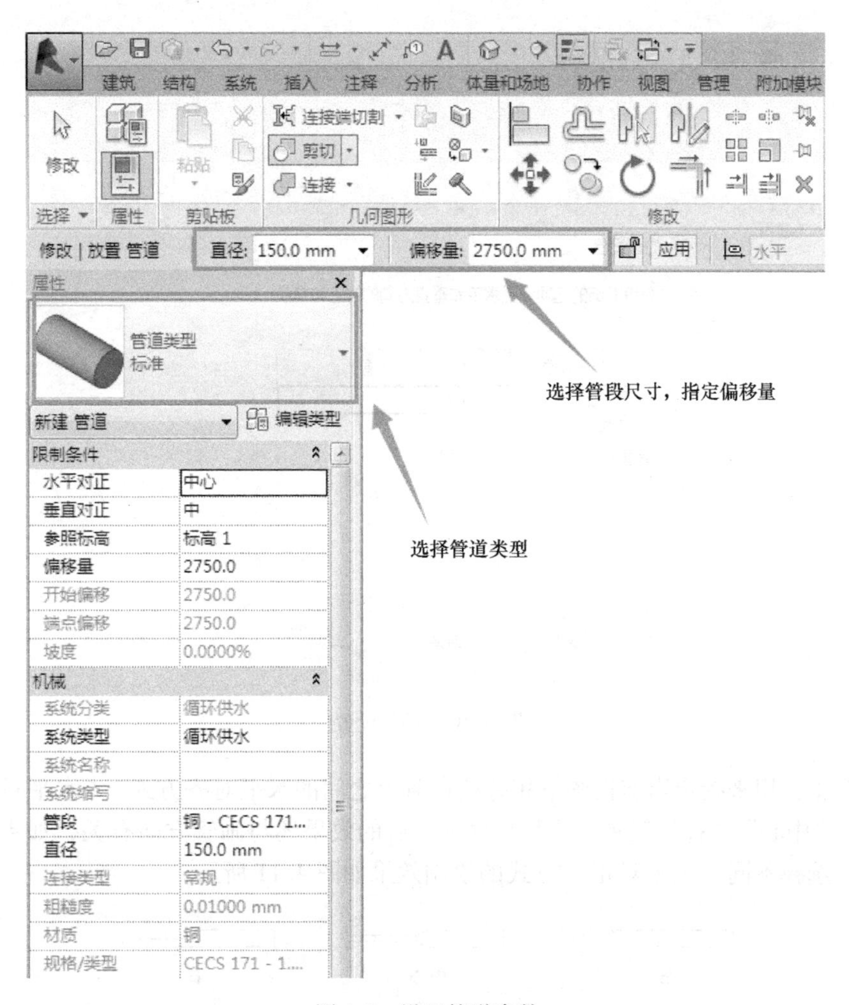

图 4.9　设置管道参数

(1) 选择管道尺寸

在“直径”下拉列表中选择设置好的尺寸或者直接输入尺寸，如果下拉列表中不存在该尺寸，则需要在“机械设置”对话框中新建尺寸，否则系统将会默认选择和输入尺寸最接近的管道尺寸。

(2) 指定管道偏移量

“偏移量”是指管道中心线到当前平面标高的距离。更改管道的“对正”方式时相应的偏移量也会随之改变。

(3) 指定管道起点和终点

在绘图区域中移动鼠标到起点位置，单击表示开始绘制，再移动鼠标到终点位置再次单击，即可完成绘制。绘制完成后，按 Esc 键，或者单击鼠标右键，在弹出的快捷菜单中选择“取消”命令，退出管道绘制。

2. 管道对齐

(1) 绘制管道

在平面视图和三维视图中绘制管道，可以通过“修改|放置管道”选项卡下“放置工具”面板中的“对正”工具指定管道的对齐方式，如图 4.10 所示。

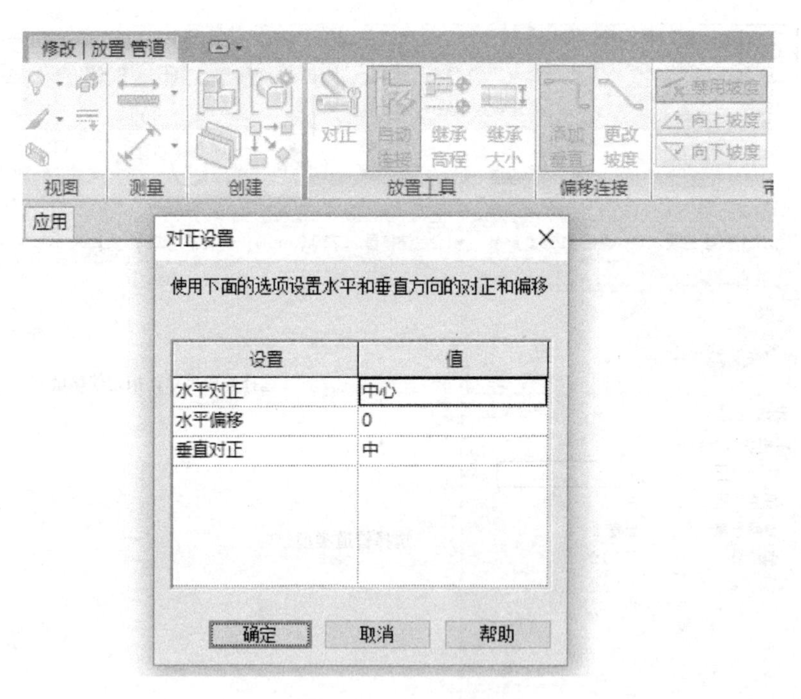

图 4.10　对正设置

水平对正：用来指定当前视图下相邻两段管道之间的水平对齐方式。“水平对正”的方式有“左”“中心”“右”三种。“水平对正”后的效果还与画管方向有关，如果自左向右绘制管道，选择不同“水平对正”方式的绘制效果如图 4.11 所示。

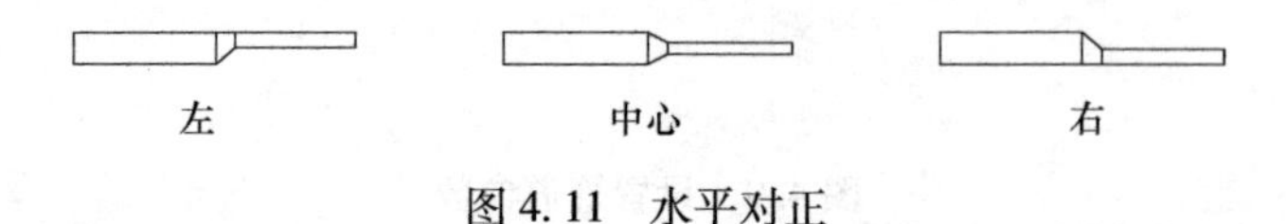

图 4.11　水平对正

水平偏移：用于指定管道绘制起始点位置与实际管道绘制位置之间的偏移距离。该功能多用于指定管道到参考图元如墙体等的水平偏移距离。比如，设置“水平偏移”值为1000mm后，捕捉墙体中心线绘制宽度为150mm的管段，这样实际绘制位置是按照“水平偏移”值偏移墙体中心线的位置。同时，该距离还与“水平对正”方式及画管方向有关，如果自左向右绘制管道，三种不同水平对齐方式下管道中性线到墙中心线的距离如图4.12所示。

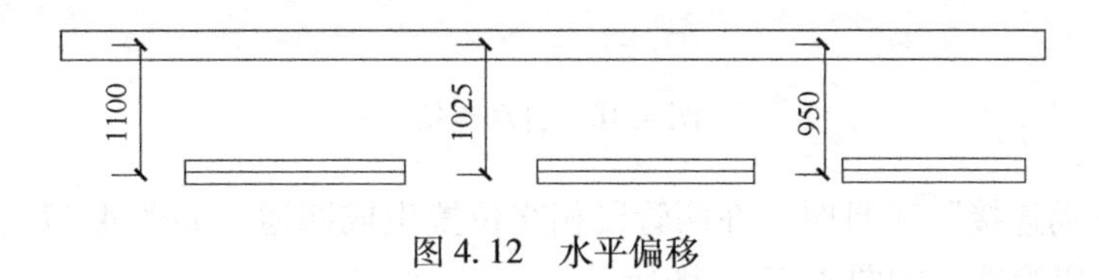

图4.12　水平偏移

垂直对正：用来指定当前视图下相邻管段之间的垂直对齐方式。“垂直对正”的方式有“底”“中心”“顶”三种，“垂直对正”的设置会影响“偏移量”，如图4.13所示。取偏移量为150mm时，公称直径为150mm的管道，设置不同的“垂直对正”方式，绘制完成后的管道偏移量会发生变化。

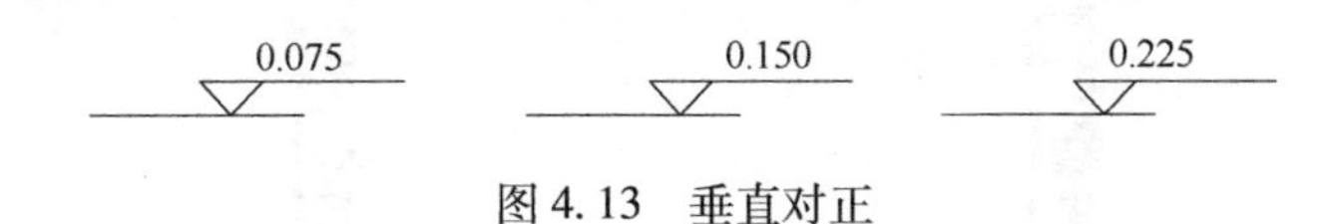

图4.13　垂直对正

（2）编辑管道

管道绘制完成后，每个视图中都可以使用“对正”命令修改管道的对齐方式。选中需要修改的管段，单击功能区中的“对正”工具，进入“对正编辑器”，根据需要选择相应的对齐方式和对齐方向，如图4.14、图4.15所示。

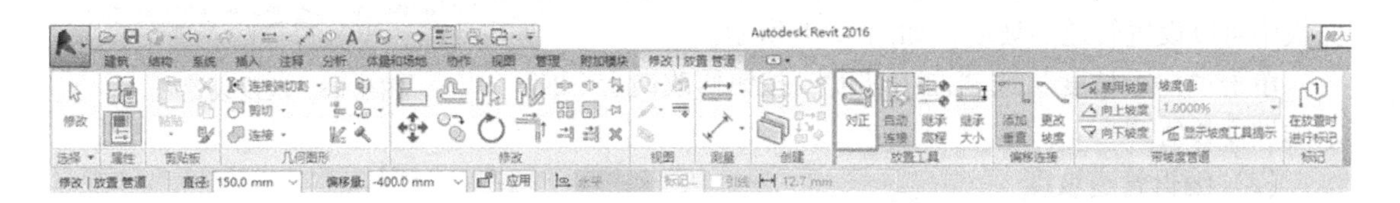

图4.14　单击“对正”工具

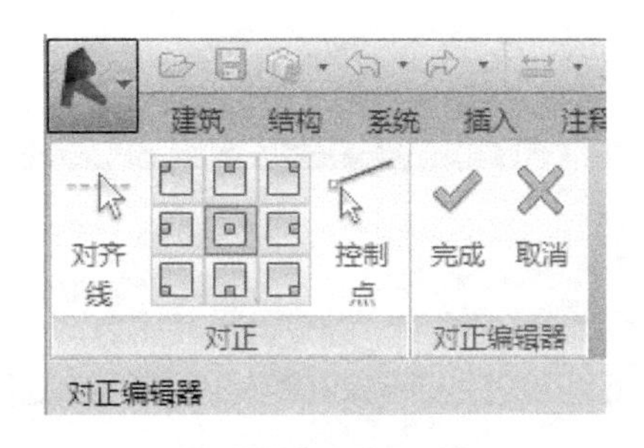

图4.15　对正编辑器

3. 自动连接

在“修改|放置管道”选项卡中的“自动连接”工具用于某一管道开始或结束时自动捕捉相交管道，并添加管件完成连接，如图 4.16 所示。默认情况下，这一工具是激活的。

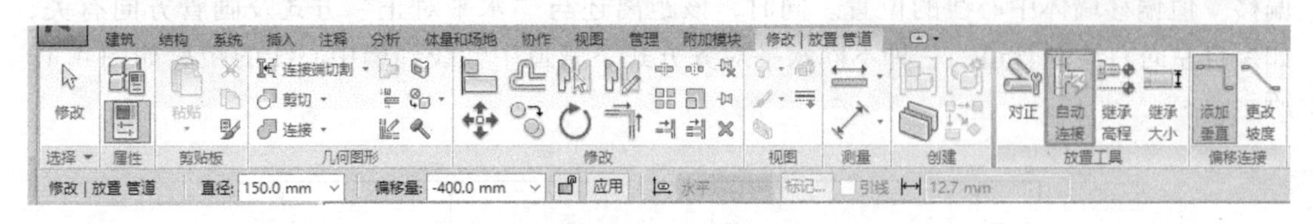

图 4.16　自动连接

当激活“自动连接”工具时，在两管段相交位置生成四通，如图 4.17 左图所示；如果不激活，则不生成管件，如图 4.17 右图所示。

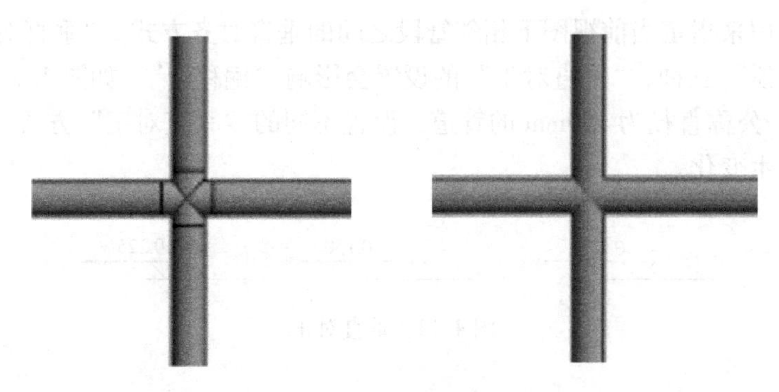

图 4.17　自动连接效果

4. 坡度设置

（1）直接绘制坡度

在“修改|放置 管道”选项卡上的“带坡度管道”面板中可以设置管道的坡度，如图 4.18 所示。

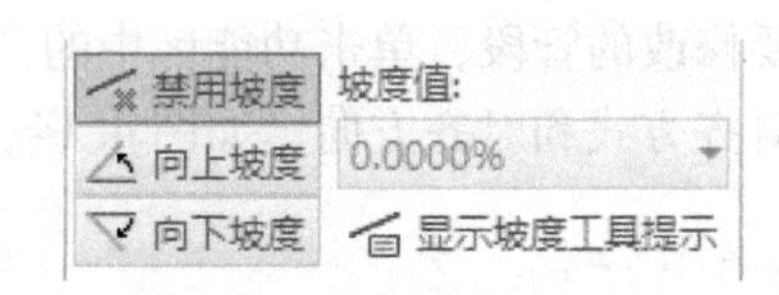

图 4.18　坡度设置

单击“向上坡度”或“向下坡度”按钮修改向上、向下的坡度数值。

（2）编辑管道坡度

选中某段管道，修改起点和终点的标高或者选中坡度符号并修改该数值来修改坡度值，如图 4.19 所示。

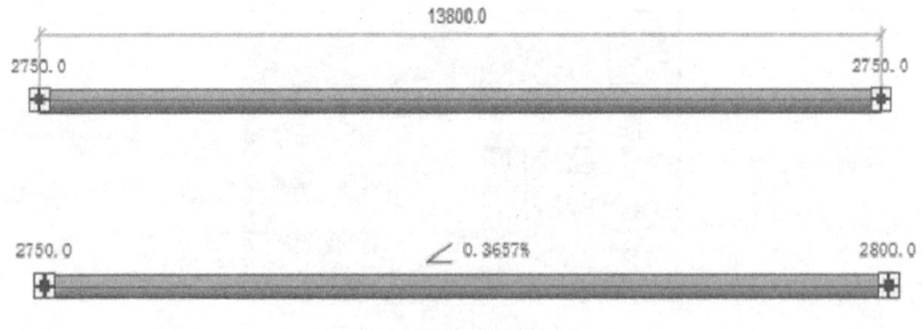

图 4.19　编辑坡度

选中某段管道，单击“修改 | 放置 管道”选项卡中的“坡度”面板，激活“坡度编辑器”选项，输入相应的坡度值，单击“坡度控制点”工具调整坡度方向，如图 4.20 所示。

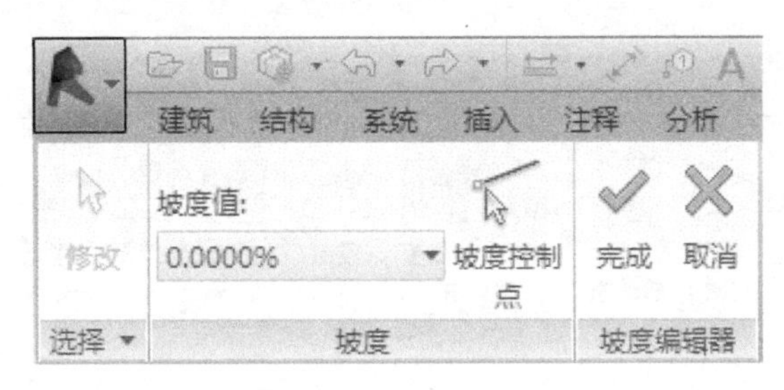

图 4.20　坡度编辑器

5. 软管绘制及修改

（1）软管绘制

进入软管绘制模式的方法有以下三种：

第一种：单击“系统”选项卡下“卫浴和管道”面板中的“软管”工具，如图 4.21 所示。

图 4.21　进入软管绘制模式

第二种：选中绘图区已布置构建族的管件连接件，单击鼠标右键，在弹出的快捷菜单中选中“绘制软管”命令。

第三种：直接键入软管快捷键“FP”。

软管的绘制方法与管道绘制方法类似，可做参考。

（2）软管修改

在软管上拖拽两端连接件、顶点和切点，可以调整软管路径，如图 4.22 所示。

连接件（⊞）：将出现在软管的各个端点处，可用来重新定位管的端点，亦可用来将软管连接到另一个机械构件，或断开软管与系统的连接。

图 4.22　调整软管路径

顶点（●）：允许修改软管的拐点。在关联菜单中包含了可用于添加或删除顶点的选项。使用顶点可在平面视图中以水平方向修改软管的形状，在剖面视图中以垂直方向修改软管的形状。

切点（○）：将出现在软管的起点和终点处，并允许调整首个弯曲处和末个弯曲处的切点。

6. 管路附件设置

绘制管路附件，如水流指示器、阀门、末端试水装置等。

进入“修改|放置管路附件”模式的方式有以下三种：

第一种：单击“系统”选项卡下“卫浴和管道”面板中的“管路附件”工具，如图 4.23 所示。

图 4.23　管路附件设置

第二种：在项目浏览器中，展开“族”>“管道附件”，将“管道附件”下所需的族直接拖拽到绘图区域进行绘制。

第三种：直接键入管路附件快捷键“PA”。

7. 添加隔热层

Revit 可为管道管路添加相应的隔热层。进入绘制模式，单击“修改|管道”选项卡下“管道隔热层”面板中的“添加隔热层”工具，在弹出的“添加管道隔热层”对话框中，输入隔热层的类型以及厚度，如图 4.24 所示；当设置视图样式为“线框”时，可以清楚地看到隔热层，如图 4.25 所示。

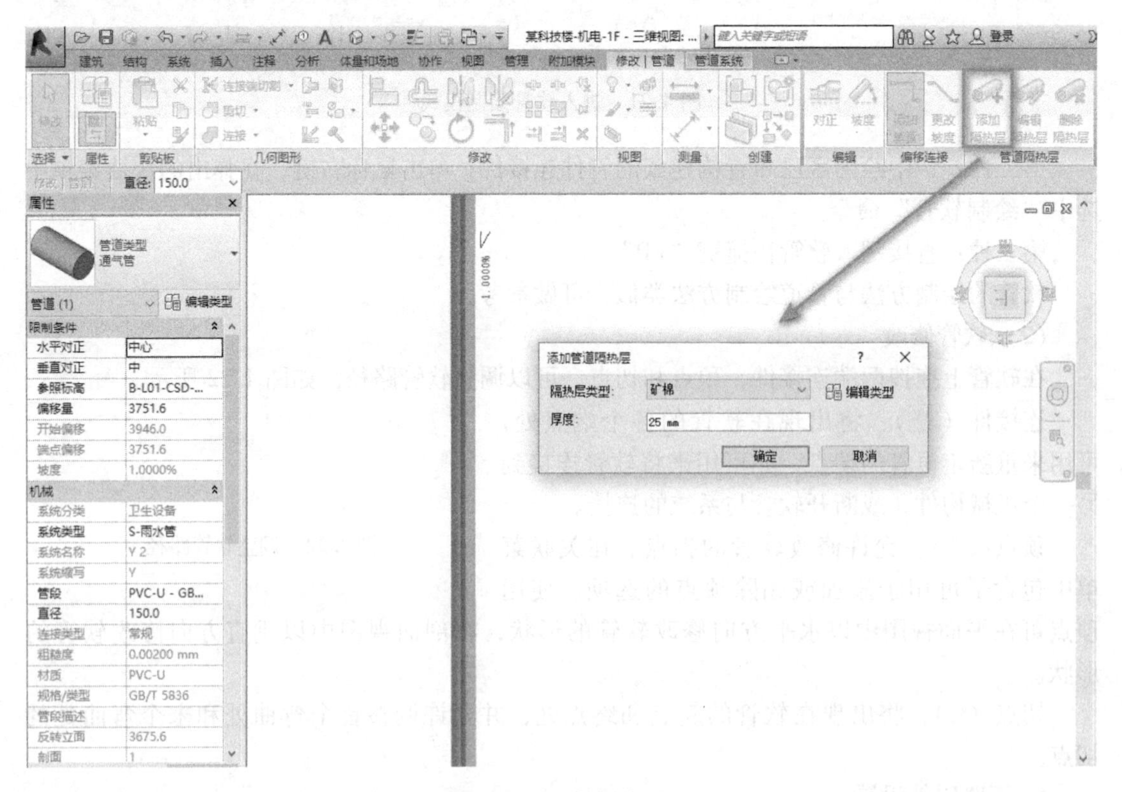

图 4.24　添加隔热层

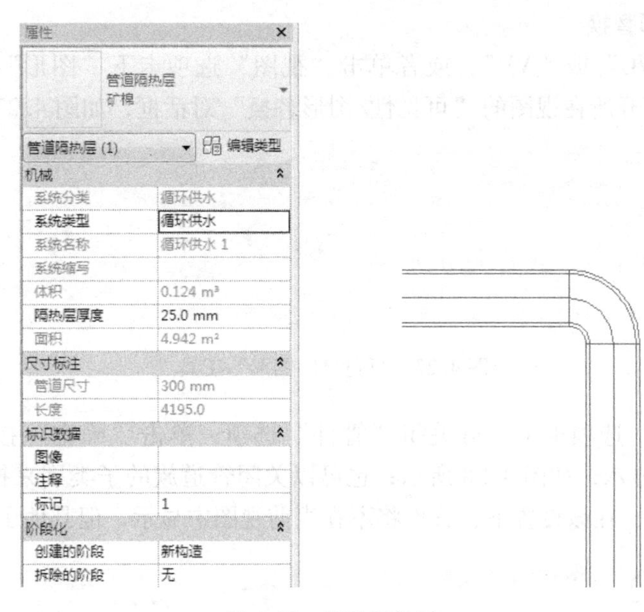

图 4.25　显示隔热层

4.1.3　管道显示设置

在 Revit 中，为了满足不同的设计和出图需要，可以通过以下几种方式来控制管道的显示。

1. 视图详细程度

在 Revit 中，有粗略、中等以及精细三种视图详细程度，如图 4.26 所示。

图 4.26　视图详细程度

当详细程度设定为粗略和中等时，管道在 Revit 中默认为单线显示；而在切换到精细视图时，管道将会默认为双线显示，见表 4.1。为了确保管路视觉上能够协调一致，在创建管件和管路附件等相关族时，应注意配合管道显示特性，使管件和管路附件在粗略和中等详细程度下单线显示，精细视图下双线显示。

表 4.1　管道在不同详细程度下的显示

详细程度	粗略	中等	精细
平面视图			

2. 可见性/图形替换

输入快捷键“VG”或“VV”，或者单击“视图”选项卡下“图形”面板中的“可见性/图形”工具，打开所在视图的“可见性/图形替换”对话框，如图4.27所示。

图4.27 “可见性/图形”工具

在“模型类别”选项卡下，可关闭“管件”选项，单击“确定”按钮，模型中“管件”在视图中不再显示，如图4.28所示；也可以关闭管道族的子类别来控制其可见性，对比图如图4.29所示，在该设置下，管件将不在当前视图中显示，但其他子类别依旧可见。

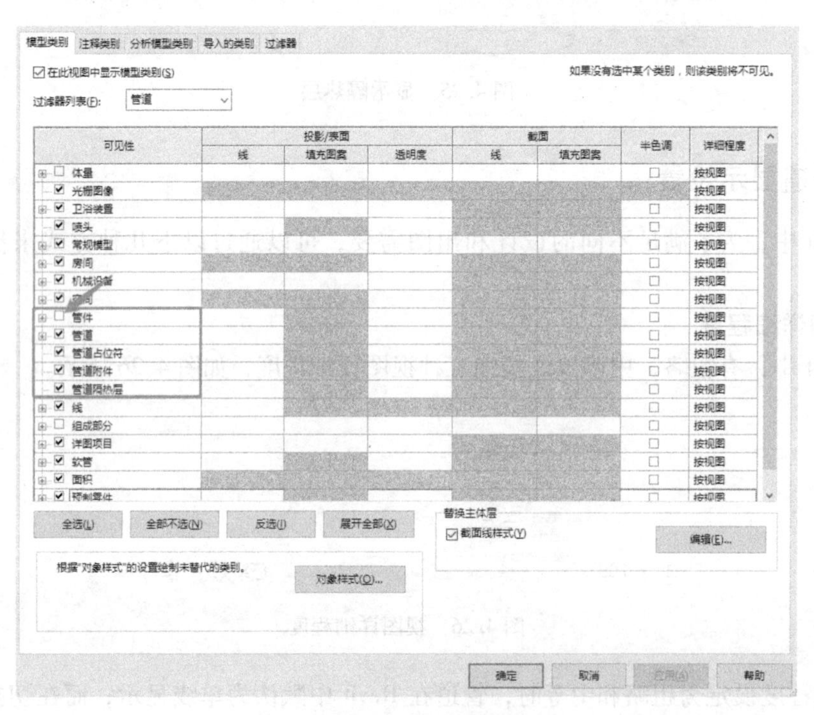

图4.28 控制“管道”可见性

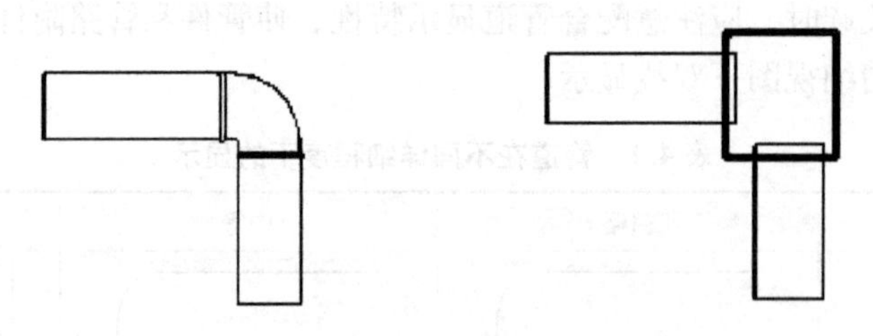

图4.29 控制“弯管”可见性

在Revit视图中，若需要依据某些原则使当前视图中的管道、管件和管路附件等隐藏或区别显示，则可通过“过滤器”来完成，如图4.30所示。

图 4.30　过滤器

单击“编辑/新建”按钮，打开“过滤器”对话框，如图 4.31 所示。“过滤器”的族类别可以选择一个或多个，同时可以勾选“隐藏未选中类别”复选框；“过滤条件”可以使用系统自带的参数，也可以使用创建项目参数或者共享参数。

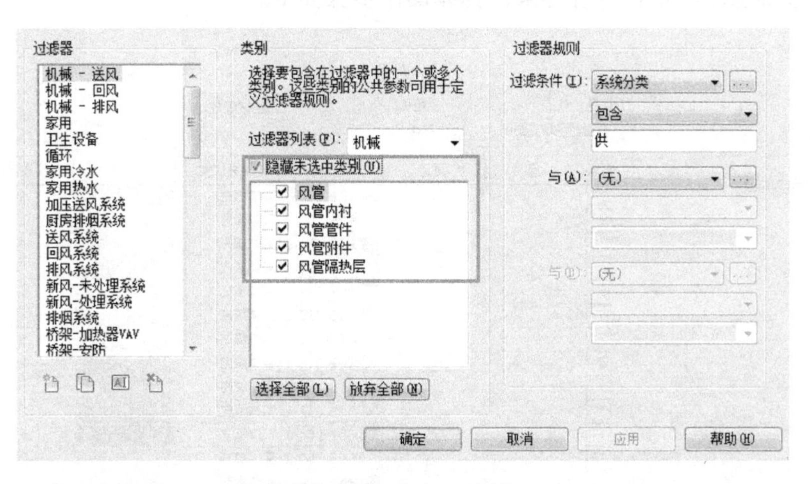

图 4.31　编辑过滤器

3. 管道图例

在平面视图中，为方便分析系统，可以根据管道的某一参数对管道着色。

单击“分析”选项卡下“颜色填充”面板中的“管道图例”工具，如图 4.32 所示，将图例移动到绘图区域，单击鼠标左键进行放置，即可创建一个管道图例。此外，还可对管道进行着色，选择其颜色方案，如图 4. 33 所示。

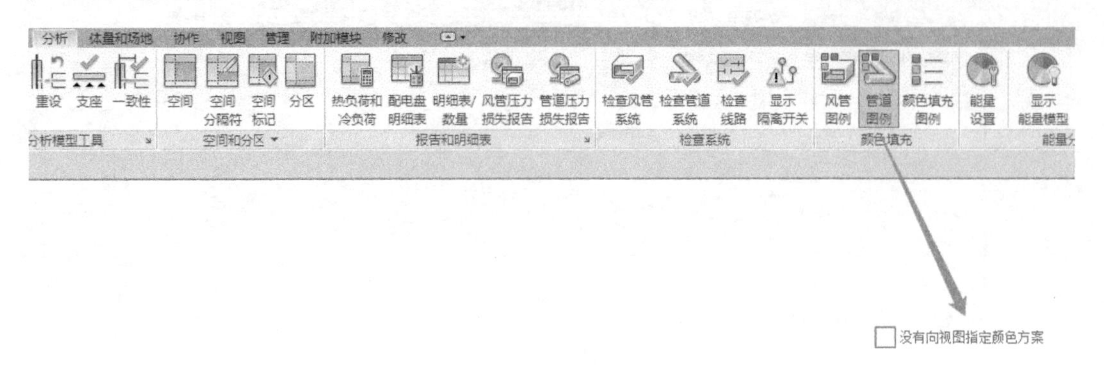

图 4. 32　管道图例

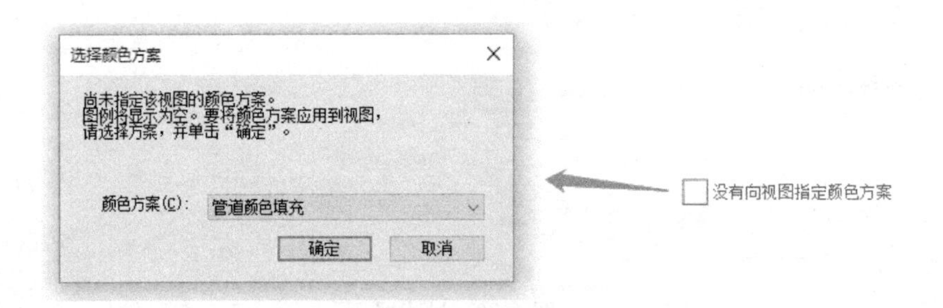

图 4. 33　选择颜色方案

创建管道图例之后，需要对其进行编辑，设计指定的颜色方案，以“管道颜色填充-尺寸”为例，Revit 将根据不同管道尺寸给当前视图中的管道配色，如图 4. 34 所示，根据图例颜色判断管道系统设计是否符合要求，具体操作步骤如下。

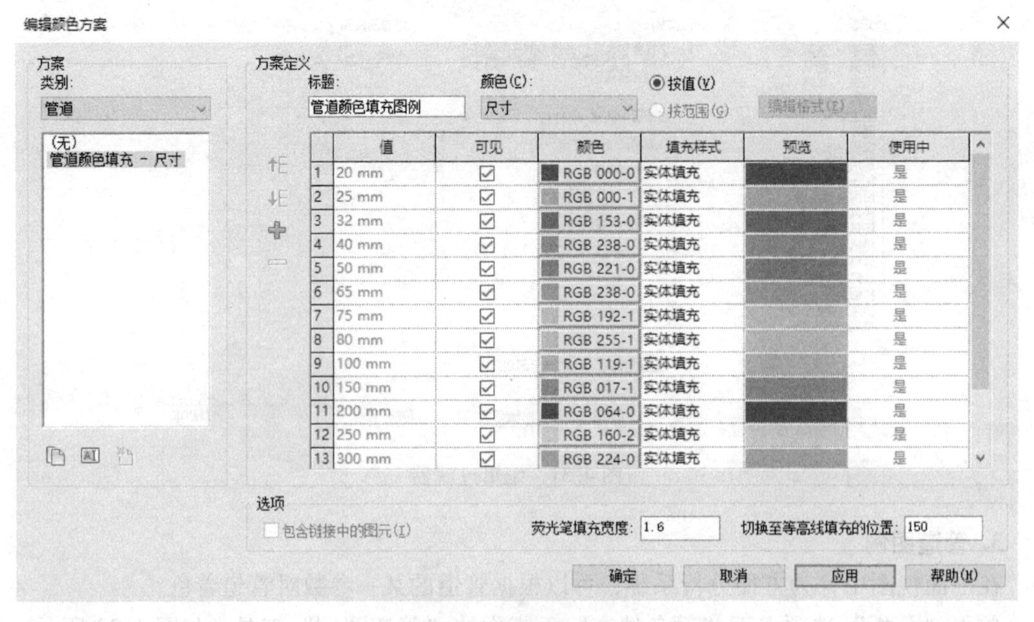

图 4. 34　编辑颜色方案

1）选中未编辑管道图例，单击“修改丨管道颜色填充图例”选项卡下“方案”面板中的“编辑方案”工具，打开“编辑颜色方案”对话框（在该对话框中可以进行方案命名、复制以及具体定义）。

2）在“颜色”下拉列表中选择相应的参数作为管道配色依据，如图 4. 35 所示。

3）定义好方案后，单击“确定”>“应用”按钮，该方案生成，管道将依据该方案着色。

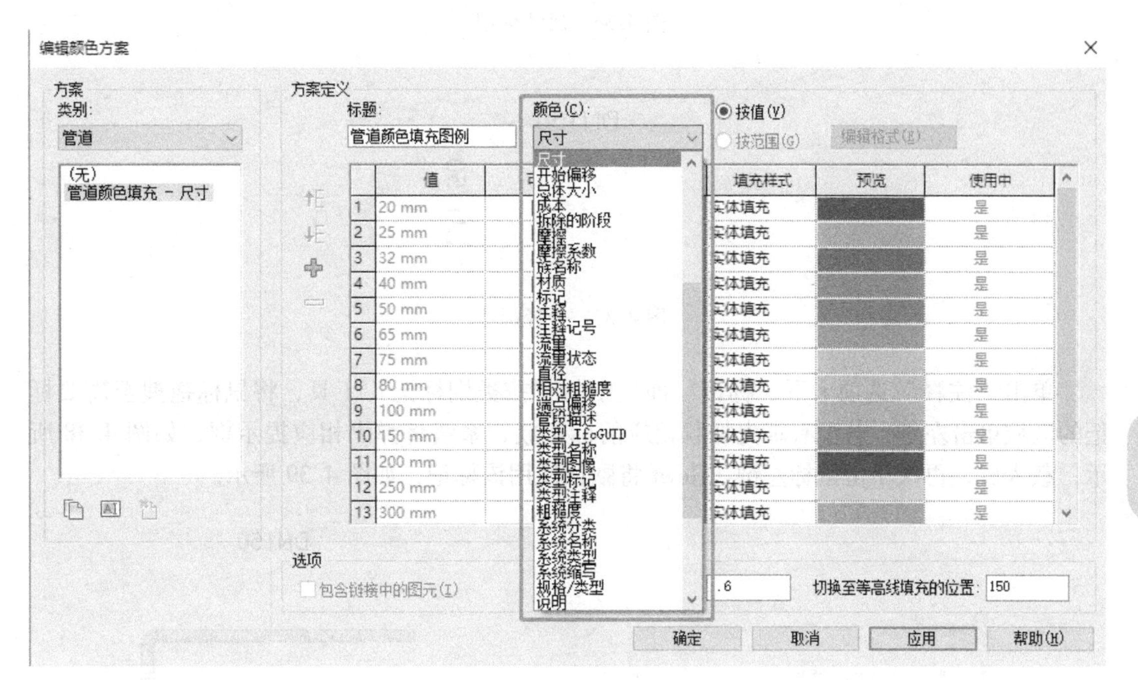

图 4. 35 选择管道配色依据

4. 1. 4 管道标注

管道尺寸是通过注释符号族来标注的，在平面、立面、剖面中都可以使用。而管道标高和坡度则是通过尺寸标注系统族来标注的，在平面、立面、剖面和三维视图中都可以使用。

1. 尺寸标注

（1）创建标记

Revit 中自带的管道注释符号族“M_管道尺寸标记”可以用来进行管道尺寸标记，有以下两种方式。

方式一：在管道绘制时进行标注。进入绘制管道模式后，单击“修改丨放置 管道”选项卡下“标记”面板中的“在放置时进行标记”工具，如图 4. 36 所示。在管道绘制完成时，系统将会自动完成管径标注，如图 4. 37 所示。

方式二：在管道绘制完成后进行标注。单击“注释”选项卡下“标记”面板下拉菜单中的“载入的标记”命令，查看当前项目文件中加载的所有标记族。单击“按类别标记”工具后，将默认使用“M_ 管道尺寸标记”对管道族进行管径标注。

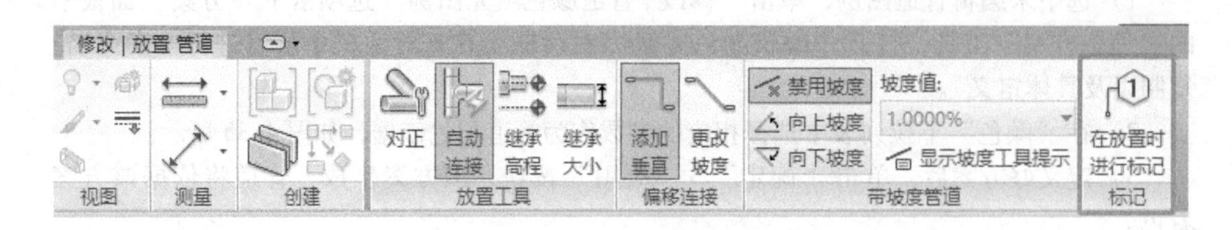

图 4.36　尺寸标记

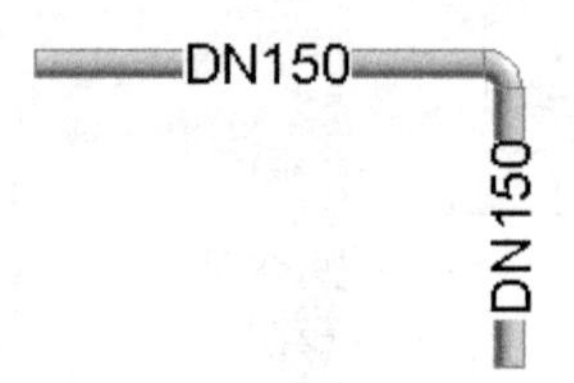

图 4.37　管径标注

单击“注释”选项卡下“标记”面板中的“按类别标记”工具，将鼠标拖拽至需要标记的区域单击左键，若没有事先加载相应的标记族，系统将弹出相应提示框，如图 4.38 所示；载入后，再次单击鼠标左键，Revit 将默认使用该标记，如图 4.39 所示。

图 4.38　提示框　　　　图 4.39　标注管道

(2) 修改标记

在放置标记后，Revit 仍可对标记进行修改，如图 4.40 所示。

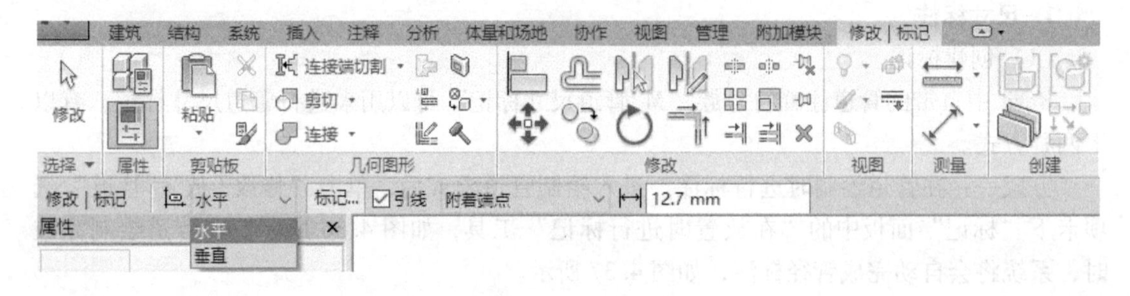

图 4.40　修改标记

“水平”和“垂直”可以控制标记放置的方式。通过勾选“引线”复选框，确认引线是否可见。若勾选了“引线”复选框，可选择引线为“附着端点”或“自由端点”。“附着端点”表示引线的一个端点固定在被标记图元上；“自由端点”表示引线的两个端点都不固定，可进行调整。

2. 标高标注

单击“注释”选项卡下“尺寸标注”面板中的“高程点”工具来标注管道标高，如图 4.41 所示。打开高程点族的“类型属性”对话框，在“类型”下拉列表中可以选择相应的高程点符号族，如图 4.42 所示。

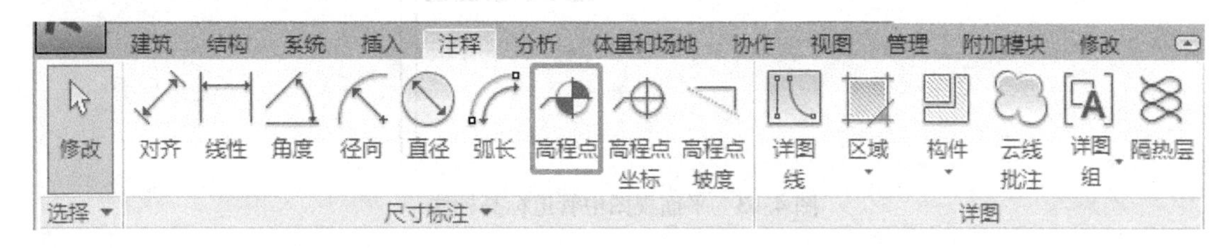

图 4.41　管道标高标注

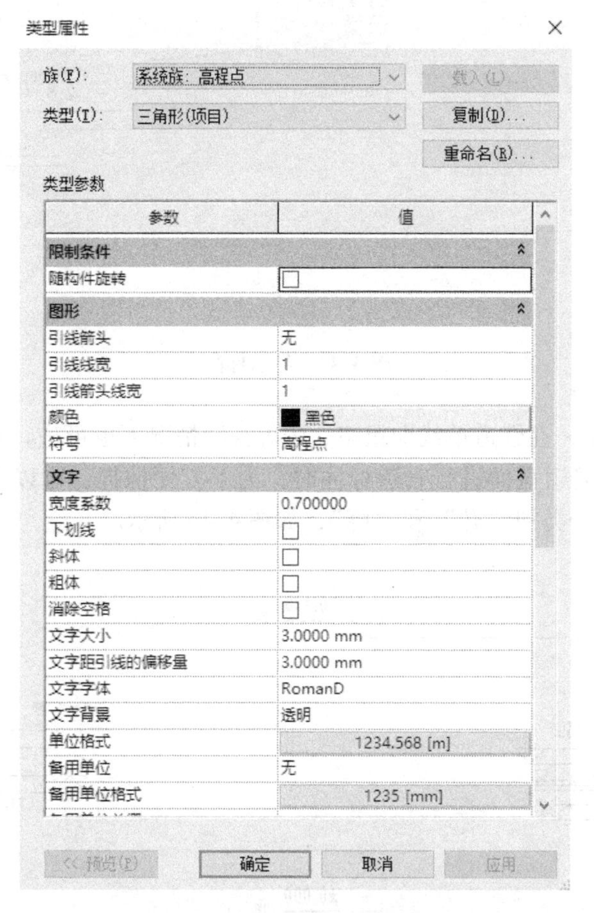

图 4.42　“高程点”族编辑

1）在平面视图中，管道标高注释在双线模式即精细模式下进行，如图 4.43 所示。标注管道两侧标高时，显示的是管中心标高 2.743m；标注管道中线标高时，默认显示的是管顶外侧标高 2.827m。在选中该标高标注后，可调整显示高程，其中在选择“顶部高程和底部高程”后，管顶和管底标高同时被显示出来，如图 4.44 所示。

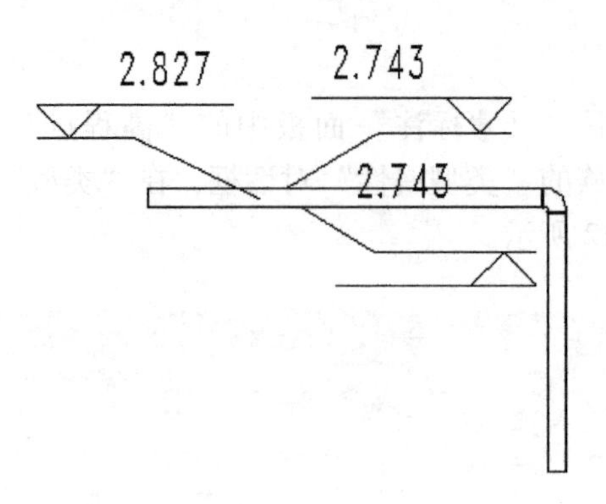

图 4.43　平面视图中管道标高标注

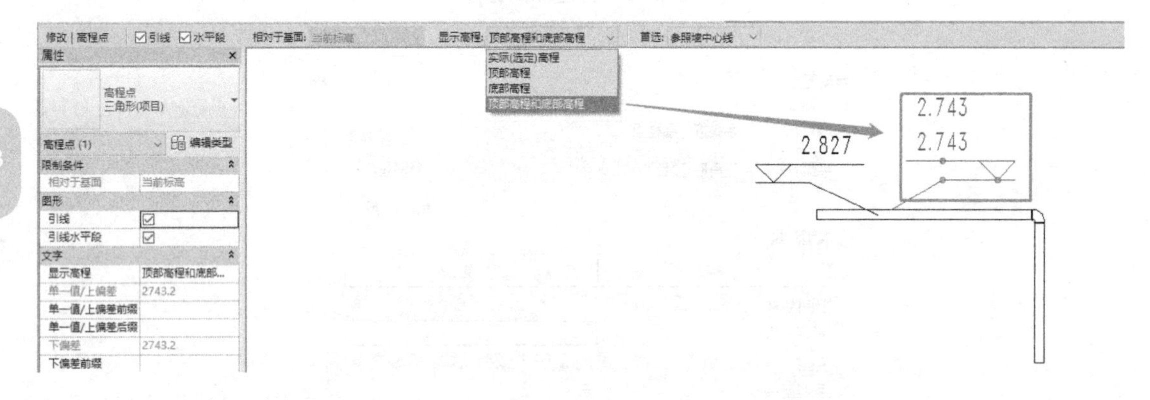

图 4.44　显示标高

2）在立面视图中，在管道单线即粗略、中等视图情况下也可进行标高标注，如图 4.45 所示。立面视图中对管道截面进行管道标注时，为了方便捕捉，可以在“模型类别”选项卡中关闭管道的两个子类别“升”和“降”，如图 4.46 所示。

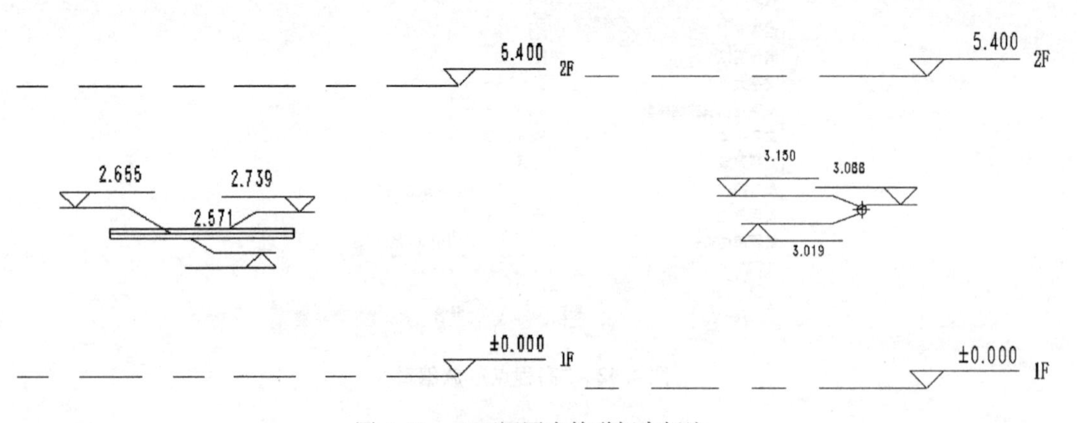

图 4.45　立面视图中管道标高标注

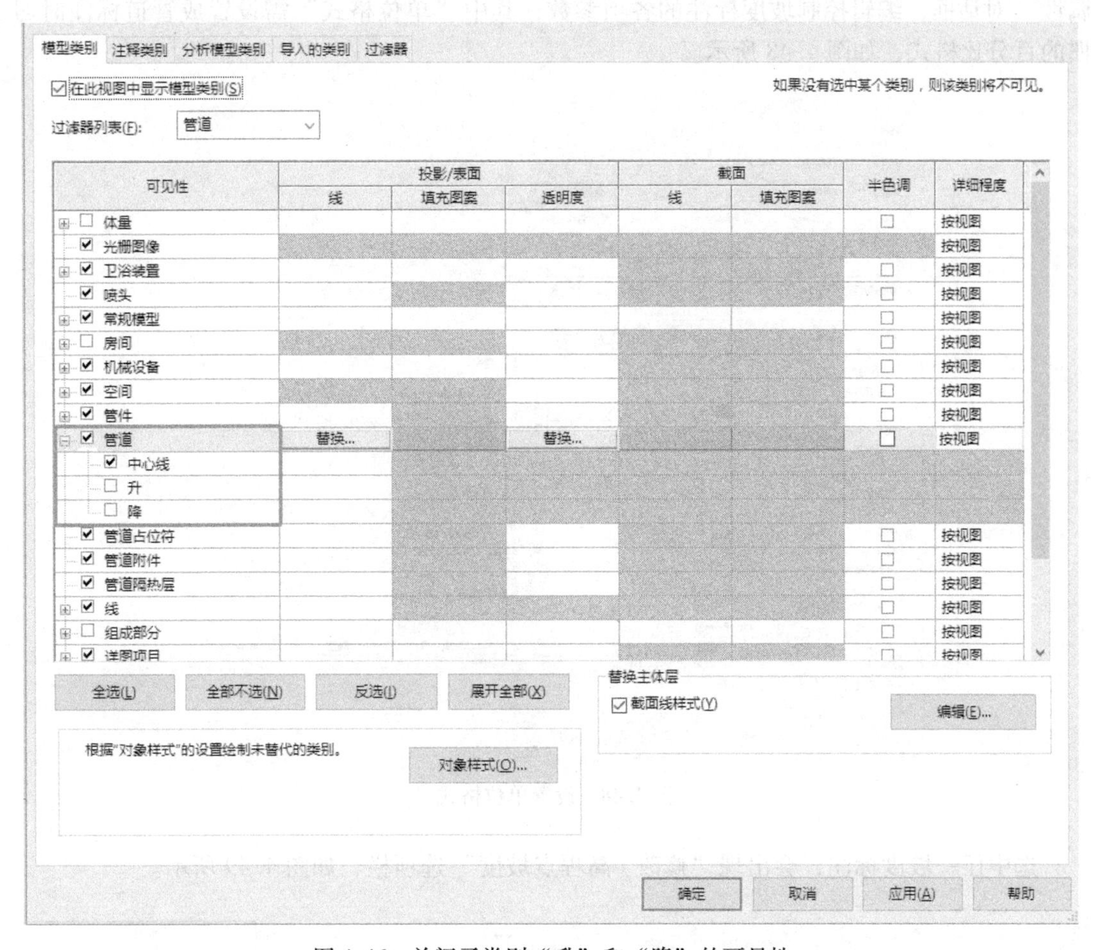

图 4.46　关闭子类别“升”和“降”的可见性

3）剖面视图中的管道标高与立面视图中的管道标高一致，此处不再展开。

4）在三维视图中，管道单线显示下，标注的为管道中心标高；双线显示下，标注的则为所捕捉的管道位置的实际标高。

3. 坡度标注

单击“注释”选项卡下“尺寸标注”面板中的“高程点 坡度”工具来标注管道坡度，如图 4.47 所示。

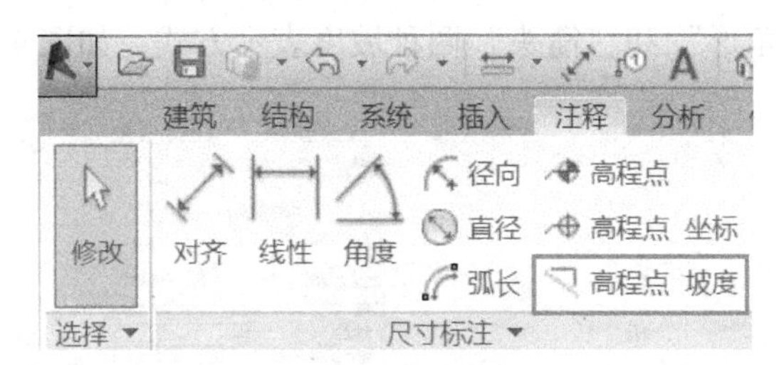

图 4.47　管道坡度标注

单击“属性”选项栏中的“编辑类型”按钮，弹出“系统族：高程点坡度”的“类型属性”对话框，编辑控制坡度标注的各项参数，其中“单位格式”需设置成管道标注时习惯的百分比格式，如图 4.48 所示。

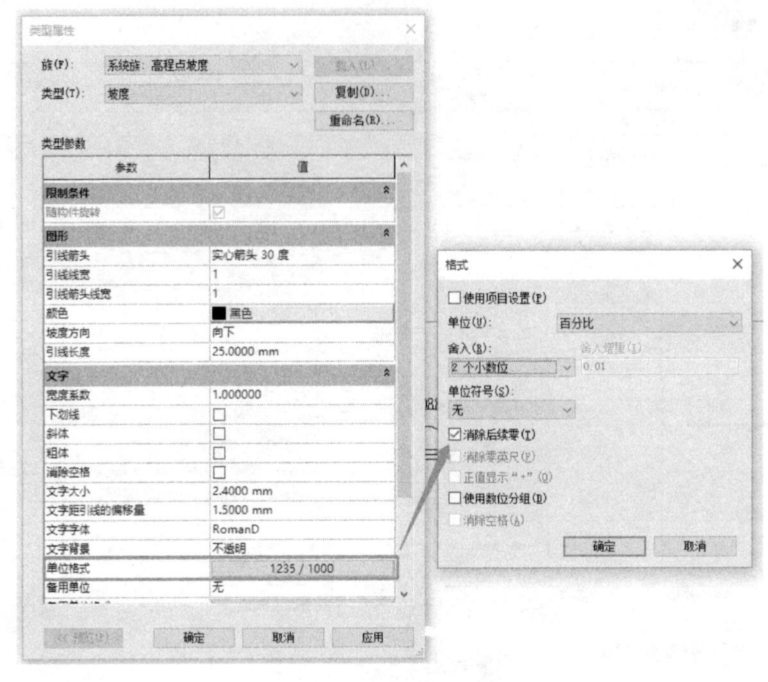

图 4.48 设置单位格式

选中任一坡度标注，会出现“修改 | 高程点坡度”选项栏，如图 4.49 所示。

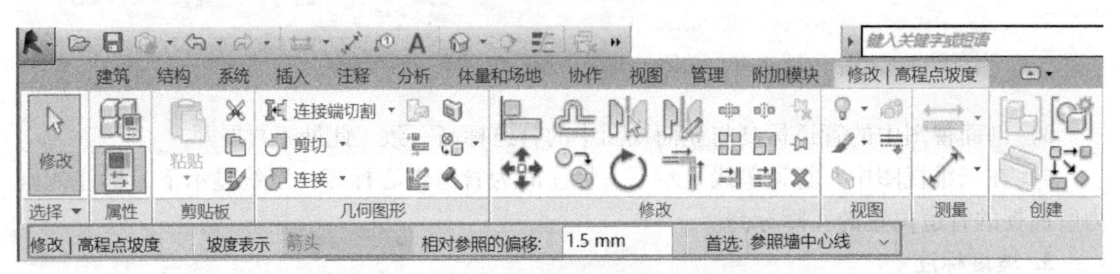

图 4.49 “修改 | 高程点坡度”选项栏

“相对参照的偏移”表示坡度标注线和管道外侧的偏移距离。“坡度表示”选项仅在立面视图中可选，有“三角形”和“箭头”两种坡度表示方式，如图 4.50 所示。

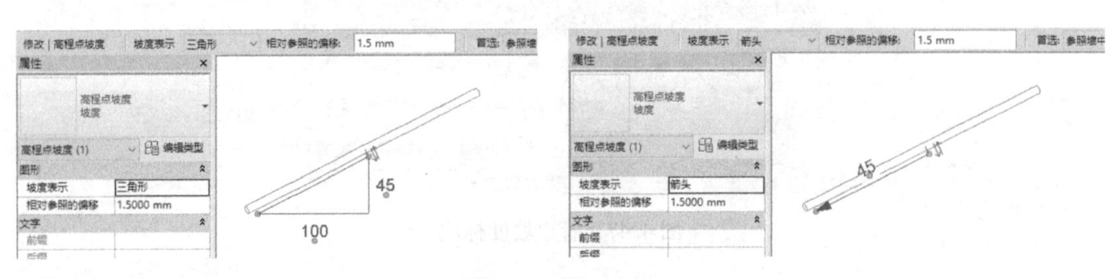

图 4.50 坡度表示

4.2　给水排水工程案例

本案例中给水系统主要包括生活给水管、加压生活给水管和市政直供给水管，采用 304 薄壁不锈钢水管，埋墙部分采用外覆 PE 塑料防腐蚀不锈钢管；排水系统主要包括污水管、废水管、雨水管、压力污水管、压力废水管和压力雨水管，其中污水管、废水管采用离心机制柔性铸铁排水管，压力流排水管采用内外热镀锌钢管（当管径 DN<80mm 时，采用螺纹连接；当管径 DN≥80mm 时，采用卡箍连接），雨水管采用 316 不锈钢管，氩弧焊接连接；消防水系统主要包括消火栓给水管和喷淋主管线。

本节通过创建“消防水系统”来介绍给水排水建模的方法。

4.2.1　项目准备

1. 新建项目样板

项目样板是整个项目创建的灵魂，有了完整的项目样板，才能使后续的建模工作顺利进行。创建项目样板的一般步骤如下：

1）打开 Revit 软件，单击“新建”>“项目”命令，打开“新建项目”对话框，在样板文件下拉列表中选中“机械样板”文件，然后单击“项目样板”单选按钮，最后单击“确定”按钮，以完成创建新项目样板，如图 4. 51 所示。

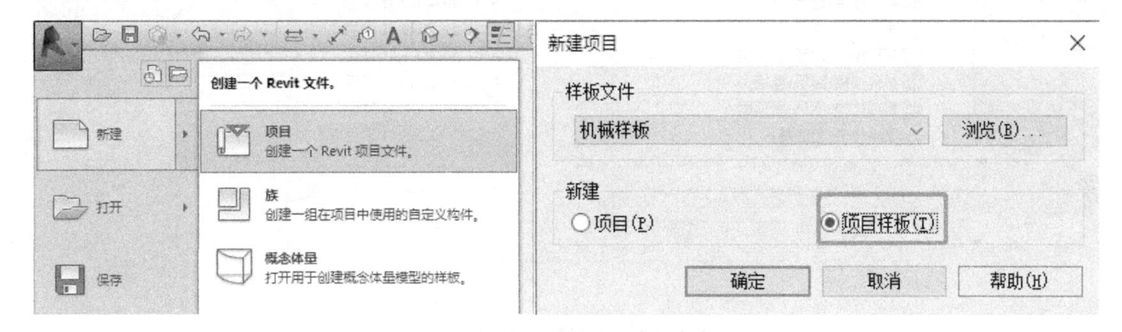

图 4. 51　新建项目样板

2）链接模型。新建项目样板后，将建筑结构模型链接到本项目样板文件中，建筑结构模型在第 3 章中已创建，文件名为“某科技楼-土建整合 . rvt”，存放在文件夹“某科技楼-模型”中。

单击功能区“插入”选项卡下“链接”面板中的“链接 Revit”工具，打开“导入/链接 RVT”对话框，如图 4. 52 所示，在“名称”列表中选择要链接的建筑模型“某科技楼-土建整合 . rvt”，并在“定位”下拉列表中选择“自动-原点到原点”，然后单击“打开”按钮，如图 4. 53 所示。

3）创建标高。链接建筑模型后，切换到某个立面视图，如图 4. 54 所示。在绘图区域中有两套标高，一套是项目样板文件自带的标高，一套是链接模型的标高。

为了共享建筑模型设计信息，先删除自带的平面和标高，然后使用“复制”工具复制并监视建筑模型的标高。具体操作步骤如下：

切换到某一立面视图，将原有的标高删除，并且忽略其警告信息。

图 4.52　链接建筑模型

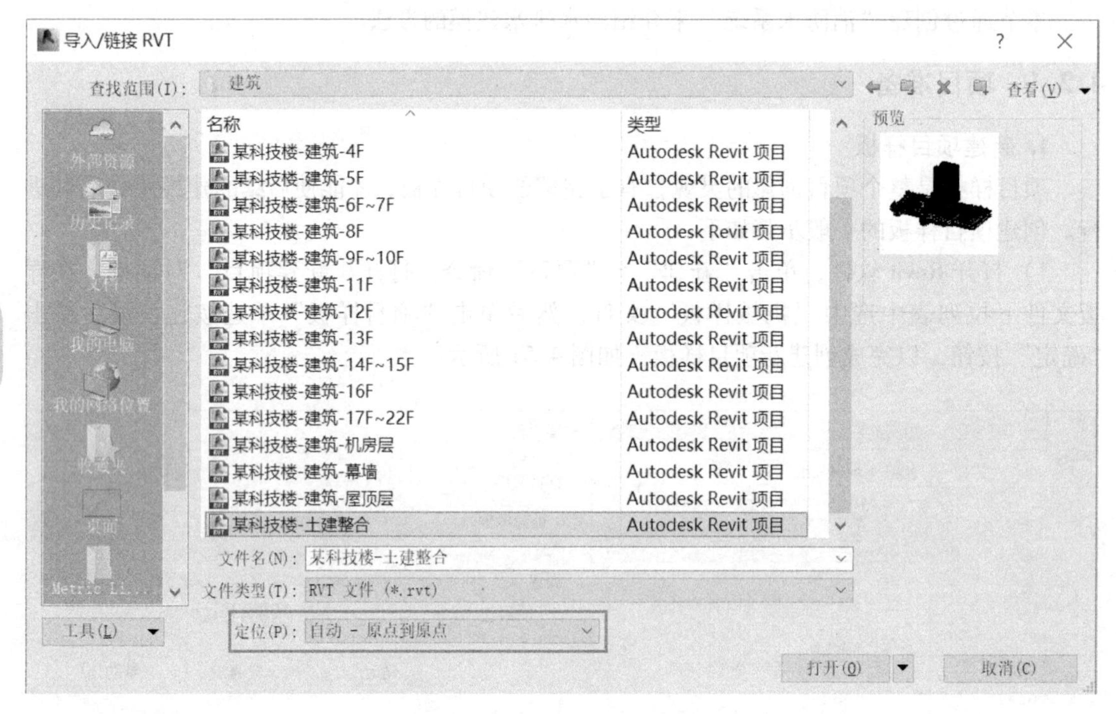

图 4.53　选择链接模型定位

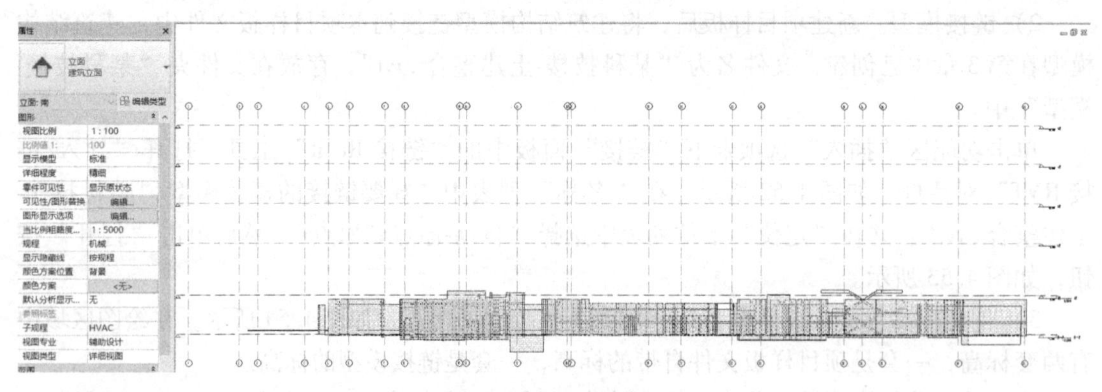

图 4.54　立面视图

单击功能区“协作”选项卡下“坐标”面板中的“复制/监视”工具，选择“选择链接”功能，如图 4. 55 所示。

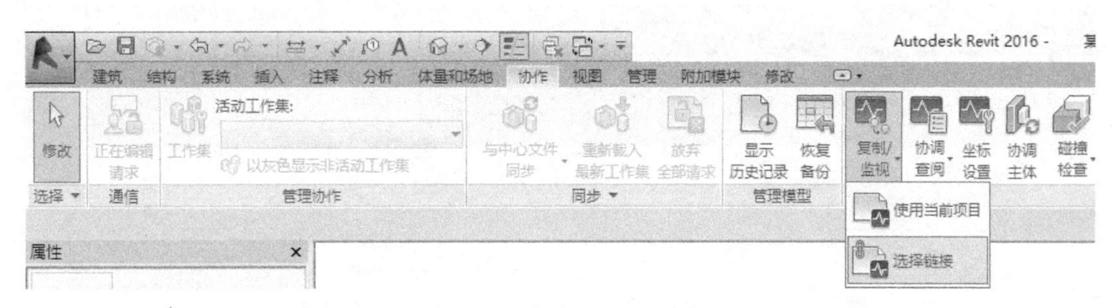

图 4. 55　“复制/监视”功能

在绘图区域中拾取链接模型后，激活“复制/监视”选项卡，单击“复制”工具激活“复制/监视”选项栏，如图 4. 56 所示。

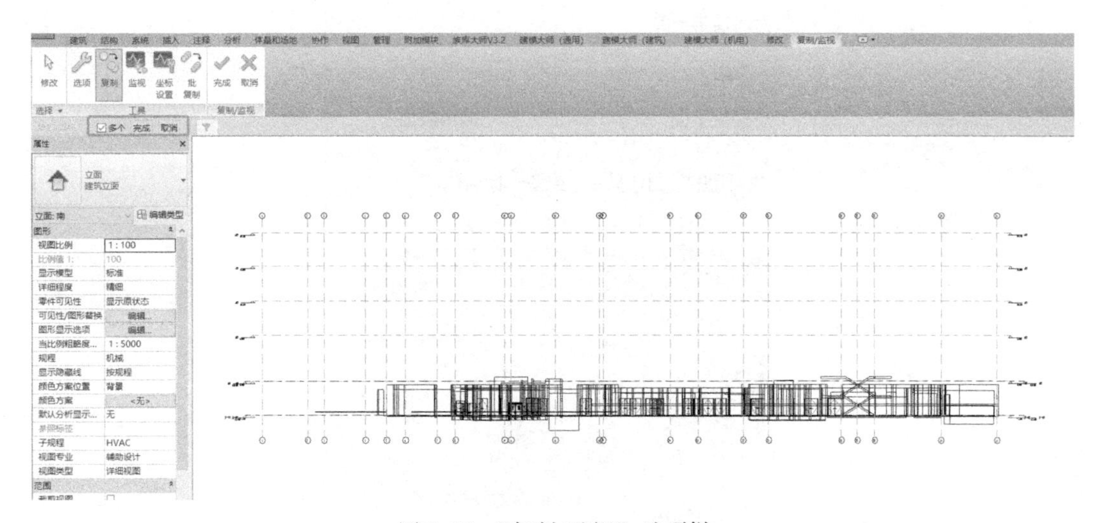

图 4. 56　“复制/监视”选项栏

勾选“复制/监视”选项栏中的“多个”选项，在立面视图中选择所需复制的标高，单击“确定”按钮后，在选项栏中单击“完成”按钮，链接模型标高的副本创建完成，并在复制的标高和原始标高之间建立监视关系。如果所链接的建筑模型中标高有变更，打开该 MEP 项目文件时，会提出警告。同样，复制/监视轴网，项目中其他图元如墙、卫浴装置等均可通过此步骤复制/监视。

直接将链接模型锁定，则模型将不可更改，如图 4. 57 所示。

4）创建平面视图。删除项目文件中自带的标高后，项目文件中自带的楼层平面及天花板平面也会被删除，需要创建与建筑模型标高相对应的平面视图。其步骤如下：

单击功能区“视图”选项卡下“创建”面板中的“平面视图”工具，选择“楼层平面”功能，打开“新建楼层平面”对话框，如图 4. 58 所示。

选择所需要的标高，单击“确定”按钮，平面视图即可创建，可在项目浏览器中查看。

打开某层平面视图，由于建筑模型是以“原点对原点”的方式链接的，导致链接的模型平面图不在四个立面视图的中间，需要调整四个立面视图，使建筑模型位于平面视图中间。

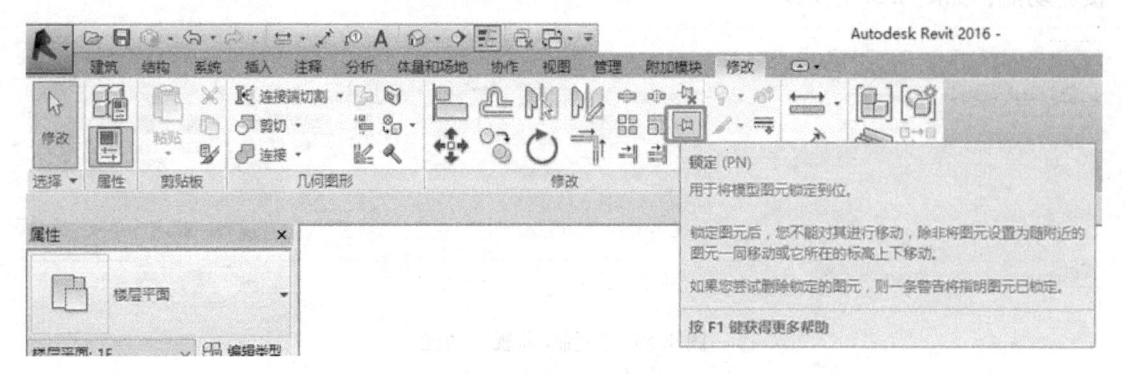

图 4.57　锁定链接模型

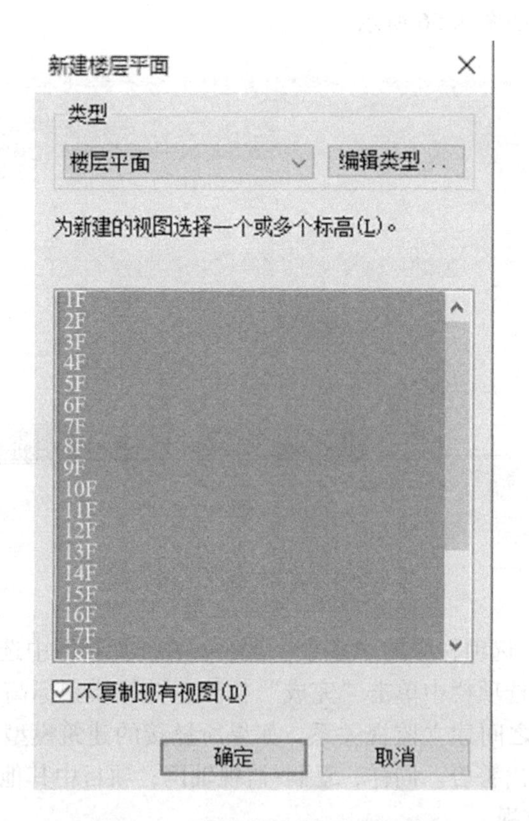

图 4.58　“新建楼层平面”对话框

5）创建轴网。单击项目浏览器中的“卫浴”>“楼层平面”>“1F”，进入 1F 楼层平面视图。详细操作参考第 3 章创建轴网部分内容，所创轴网如图 4.59 所示。

6）项目样板。首先单击按钮，选择“保存”>“样板”命令，在“另存为”对话框中的“文件类型”下拉列表中选择保存成“样板文件”；然后单击“选项”按钮，在“文件保存选项”对话框中调整最大备份数；最后单击“保存”按钮，完成项目样板的创建。三个项目样板分别命名为“某科技楼-给水排水系统样板”“某科技楼-暖通空调系统样板”和“某科技楼-电气系统样板”。

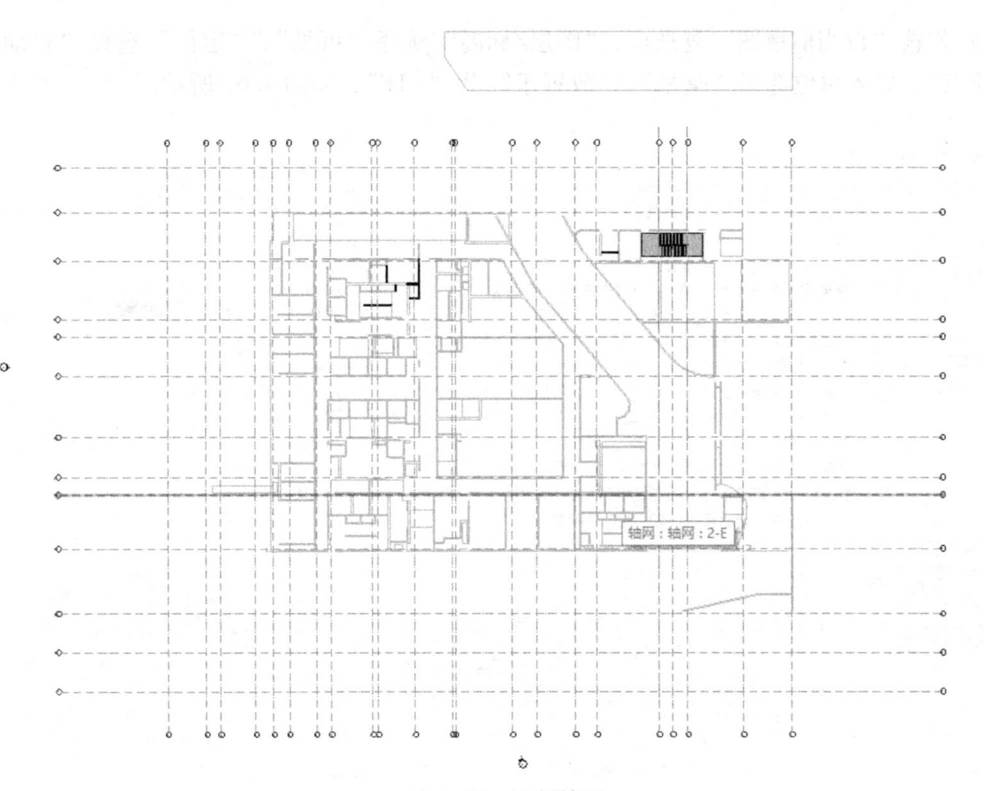

图 4.59　绘制轴网

2. 新建项目文件

重新启动 Revit 2016，单击按钮，选择“新建”>“项目”命令，打开“新建项目”对话框，在“样板文件”下拉列表中选择本项目建立的“某科技楼-给排水系统样板”，然后单击“项目”单选按钮，最后单击“确定”按钮，建立新项目，如图 4.60 所示。

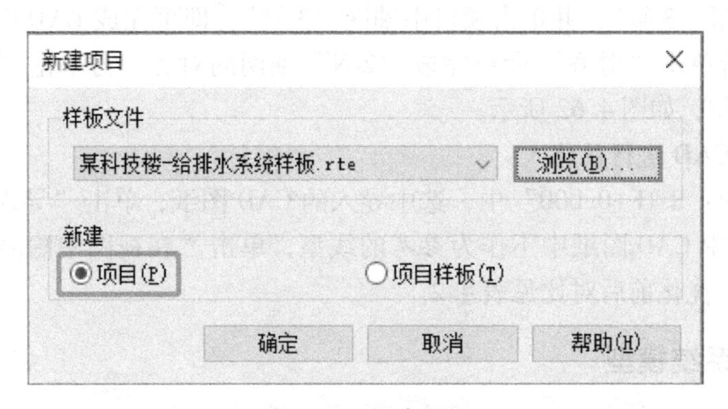

图 4.60　新建项目

进入项目后，单击“保存”按钮，项目文件保存为“某科技楼-给排水专业模型”。

3. 导入 CAD

单击“插入”选项卡下“导入”面板中的“导入 CAD”工具，打开“导入 CAD 格式”

对话框，选择图纸文件“某科技楼-消防水施-地下1、2F自动喷水给水平面图”，具体设置如下：

1）勾选“仅当前视图”复选框，“图层/标高”选择“可见”，“定位”选择“自动-原点到原点”，导入单位选择“毫米”，“放置于”为“-1F”，如图4.61所示。

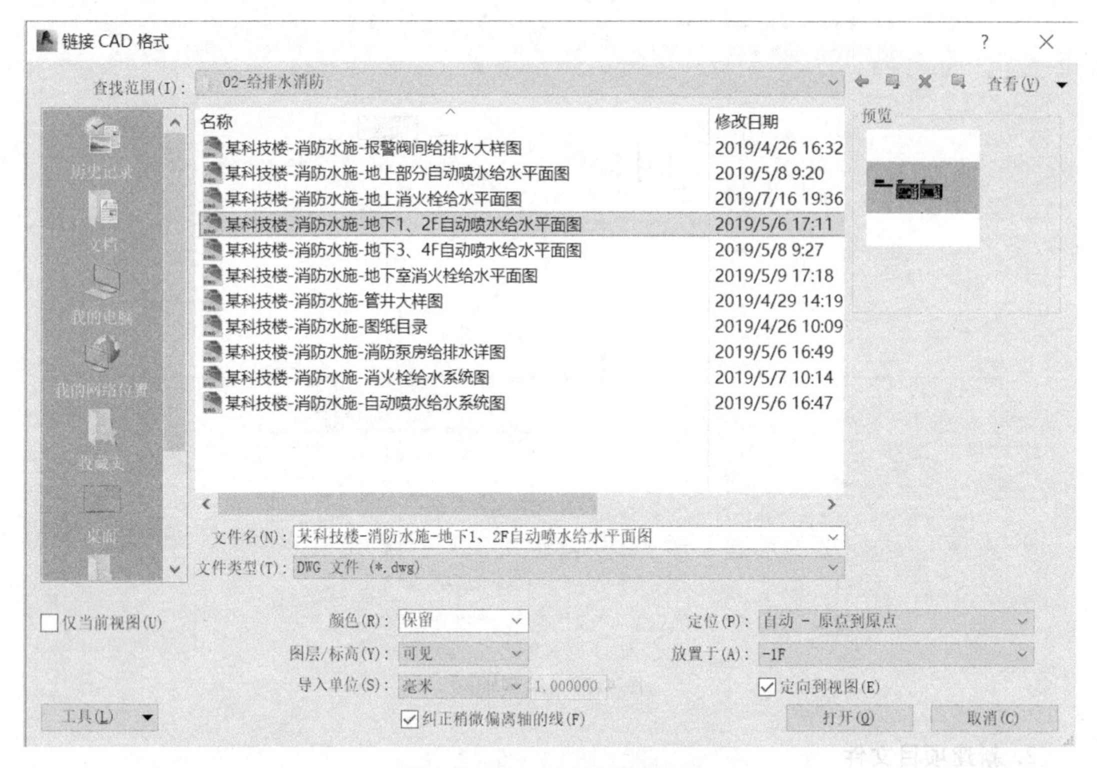

图4.61　导入CAD图纸设置

2）完成设置后，单击“打开”按钮，完成CAD图纸的导入。

3）选择导入的CAD图纸，单击“修改”面板下的“解锁”命令，再单击“对齐”命令，选中CAD图纸“3轴”，并单击项目中轴网“3轴”，即可完成CAD图纸与项目中纵向轴网的对齐，接着单击“对齐”命令完成“2-N”轴网的对齐，再单击“锁定”命令，完成CAD图纸的定位，如图4.62所示。

4. 对导入的CAD进行优化

在“楼层平面：B-1F+0.000”中，选中导入的CAD图纸，单击“导入实例”面板中的“查询”工具，选中CAD图纸中不作为参考的线型，单击“在视图中隐藏”按钮，完成对CAD图纸的优化，优化前后对比见表4.2。

4.2.2　创建水系统模型

1. 绘制给水管道

单击“属性”选项栏内的“编辑类型”按钮，在打开的“属性”对话框中用复制的方法为消防水系统创建两个新的管道类型：喷淋主管线与消火栓给水管，如图4.63所示。

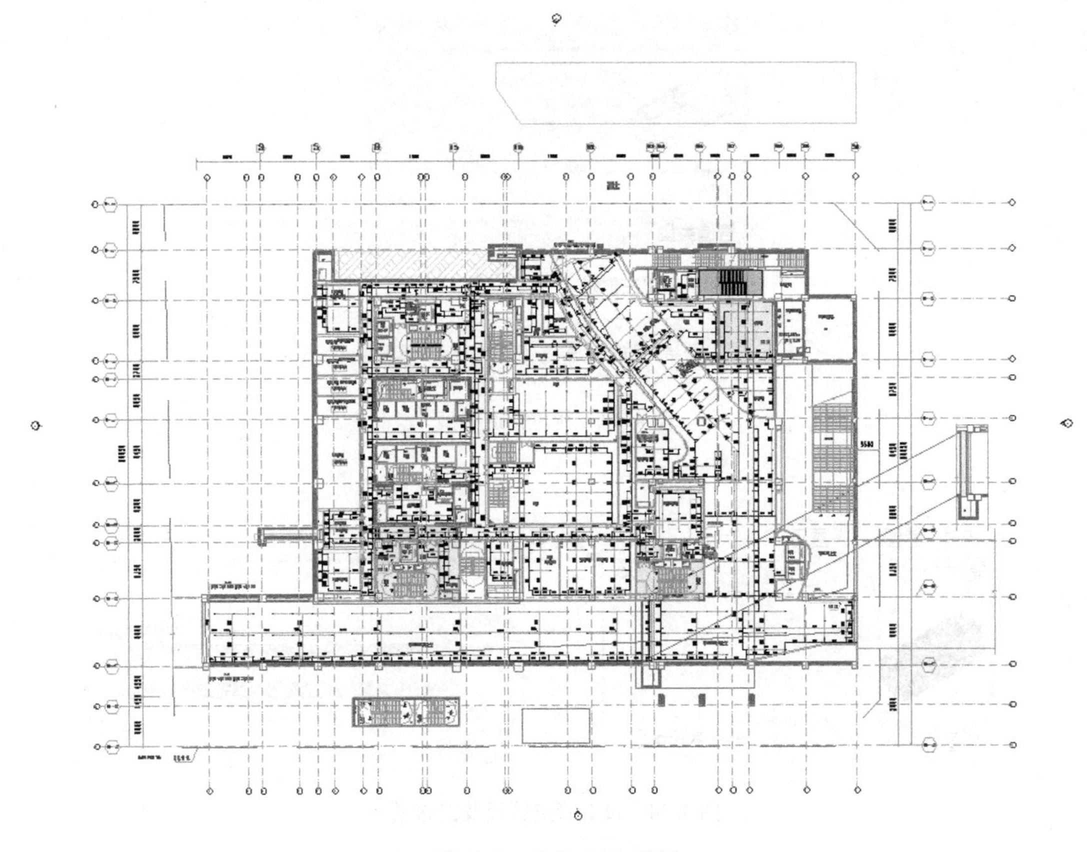

图 4.62　定位 CAD 图纸

表 4.2　CAD 图纸优化前后对比图

优 化 前	优 化 后
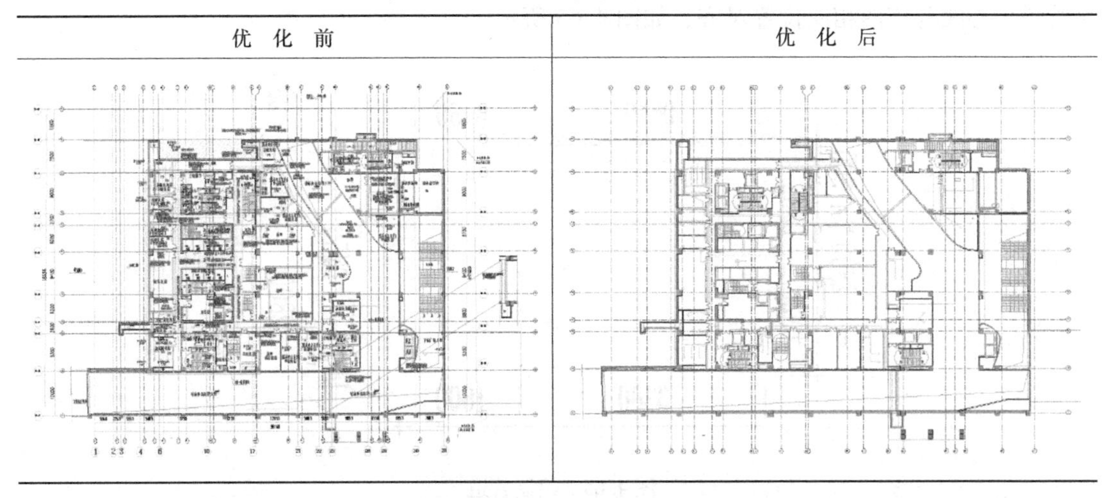	

单击“系统”选项卡下“卫浴和管道”面板中的“管道”工具，或键入快捷键“PI”，在弹出的“修改｜管道”选项栏中设置该管道的管径以及偏移量，此处的偏移量为相对于所在楼层标高的高度，如图 4.64 所示的消防管道，其管道直径为 80.0mm，偏移量为 3000.0mm。

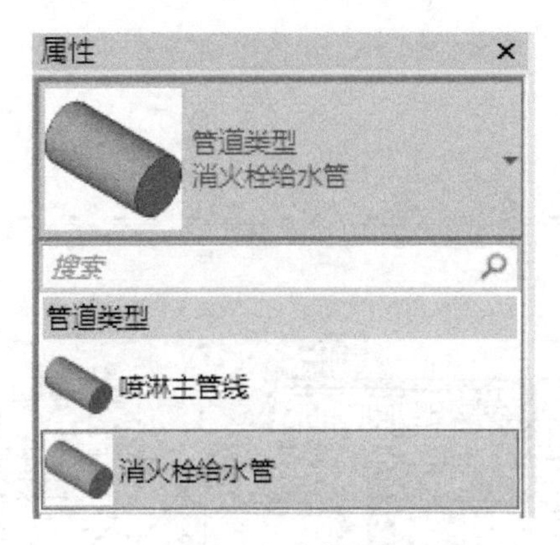

图 4.63　新建管道类型

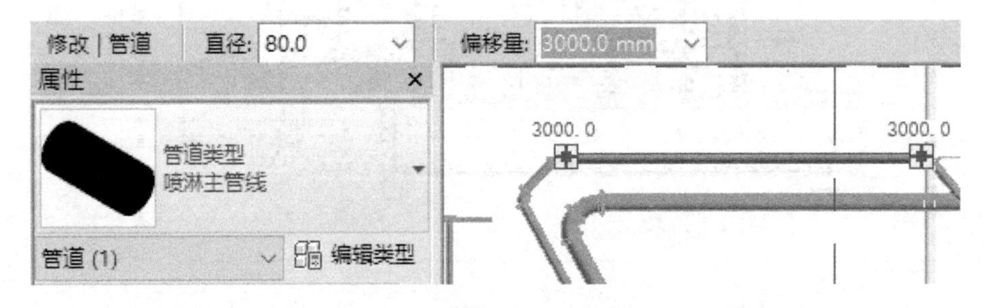

图 4.64　设置管道管径及偏移量

在绘制时，Revit 会自动识别导入的 CAD 底图，根据 CAD 底图上管线的起点和终点绘制出对应的管道，或者在绘制出对应长度的管道之后使用“对齐”命令（快捷键“AL”）将管道中心线与底图相应位置对齐，如图 4.65 所示。

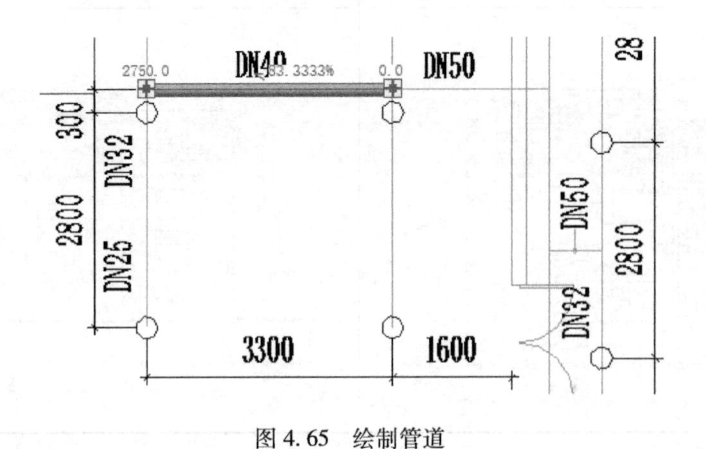

图 4.65　绘制管道

2. 绘制管道弯头、三通、四通

(1) 载入弯头、三通和四通管件

选中管道，单击“编辑类型”按钮，在打开的“类型属性”对话框中单击“编辑”按钮，进而在打开的“布管系统配置”对话框中载入相应的管件并设置参数，如图 4.66所示。

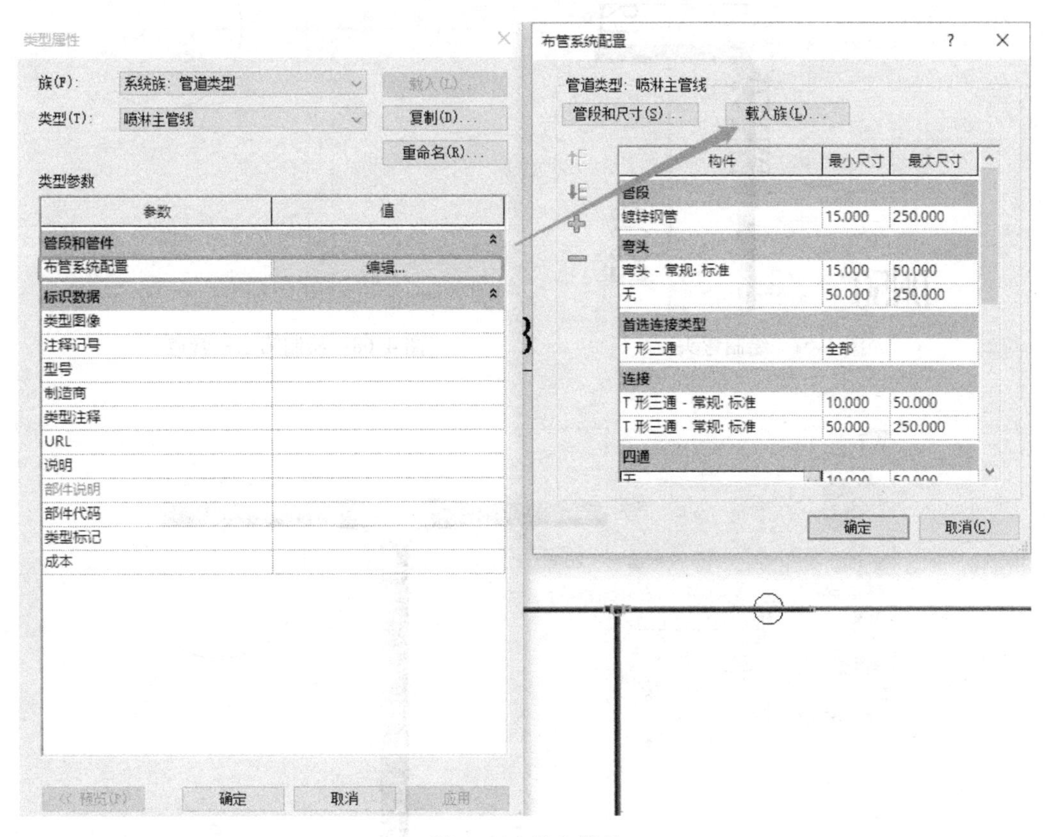

图 4.66　载入管件

（2）绘制管道弯头

绘制一根管道，改变方向绘制另一根管道，改变方向处会自动生成弯头，如图 4.67所示。

（3）绘制管道三通

绘制一根管道，再绘制与其相交的另一管道，将第二根管道的终点移动到第一根管道的中心线处，单击确定，两根管道就会由自动生成的三通连接起来，或者在第一根管道的中心线处先确定第二根管道的起点，再确定第二根管道的终点，单击生成三通，如图 4.68、图 4.69所示。

（4）绘制管道四通

单击三通处的➕图标，三通会变成四通，在新生成的接口处即可连接新的管道，如图 4.70、图 4.71 所示。同理，弯头也可以通过上述操作变成三通。

3. 绘制水管立管

管道高度不一致时，需要用立管将两段标高不同的管道连接起来，如图 4.72 所示加粗方框中的圆。单击“管道”工具（快捷键“PI”），在平面视图中输入管道的管径、标高值，绘制一段管道，在“偏移量”文本框中输入变高程后的标高值，继续绘制另一段管道，在高程改变的地方会自动生成一段管道的立管，进入三维视图中查看建模效果，如图 4.73 所示。

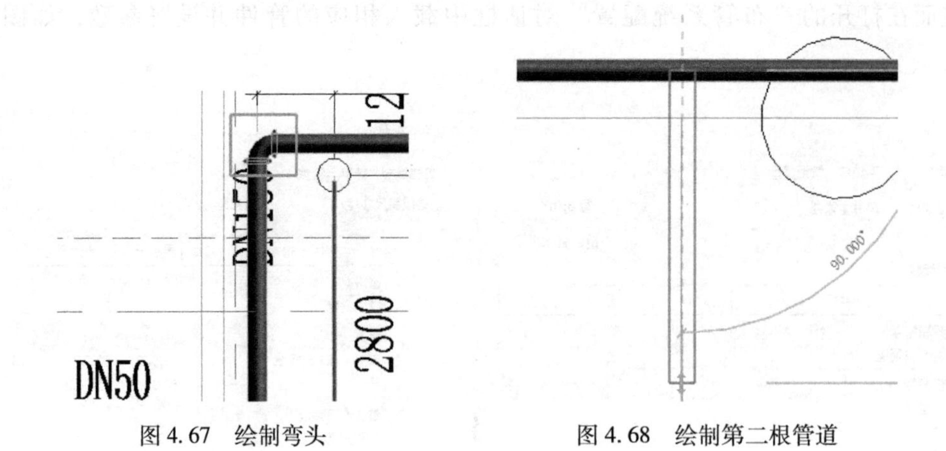

图 4.67　绘制弯头

图 4.68　绘制第二根管道

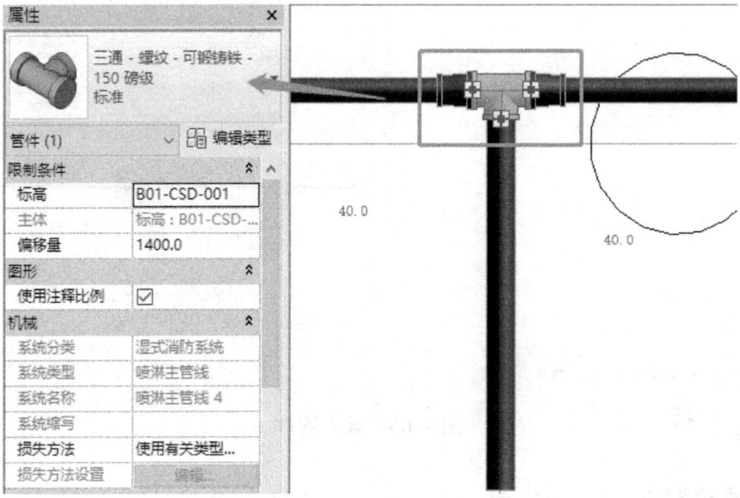

图 4.69　自动生成三通

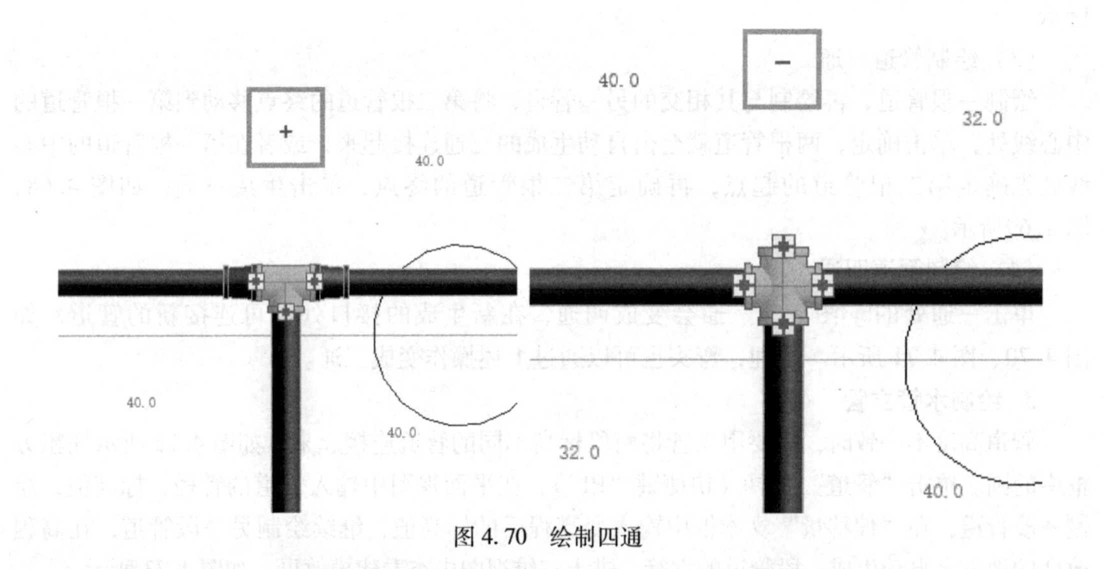

图 4.70　绘制四通

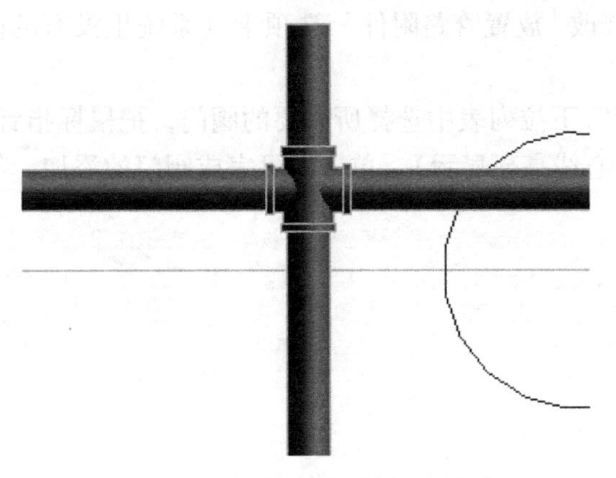

图 4.71　新接口处连接新的管道

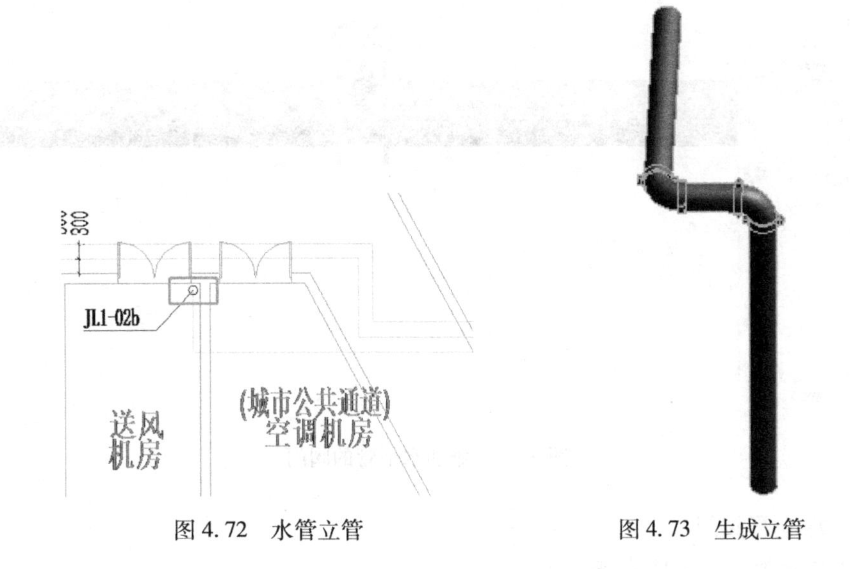

图 4.72　水管立管　　　　图 4.73　生成立管

4. 绘制坡度管道

在“修改|放置管道”选项卡上的“带坡度管道”面板中可设定管道的坡度方向以及坡度值，如图 4.74 所示，依据设定值可绘制带相应坡度的管道。

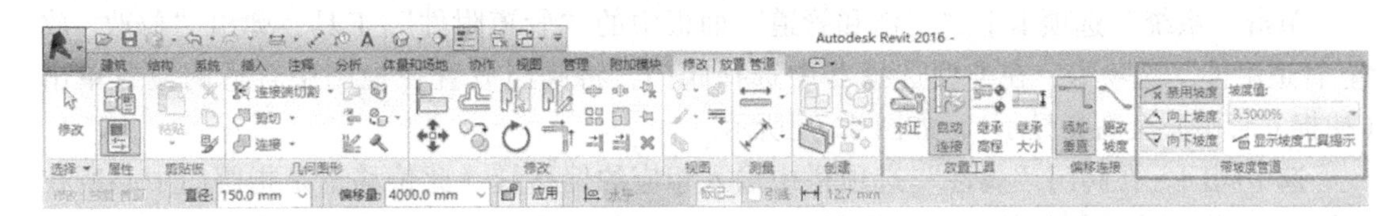

图 4.74　坡度选择

4.2.3　布置水系统设备

1. 添加阀门

(1) 添加水平水管上的阀门

单击“系统”选项卡下“卫浴和管道”面板中的“管路附件”工具，或键入快捷键

“PA”，则自动弹出“修改|放置管路附件”选项卡（系统里没有的阀门类型需从族文件夹里载入阀门族）。

在“修改图元类型”下拉列表中选择所需要的阀门，把鼠标指针移动到管道中心线处，捕捉到中心线（此时中心线高亮显示），单击即可完成阀门的添加，如图 4.75 所示。

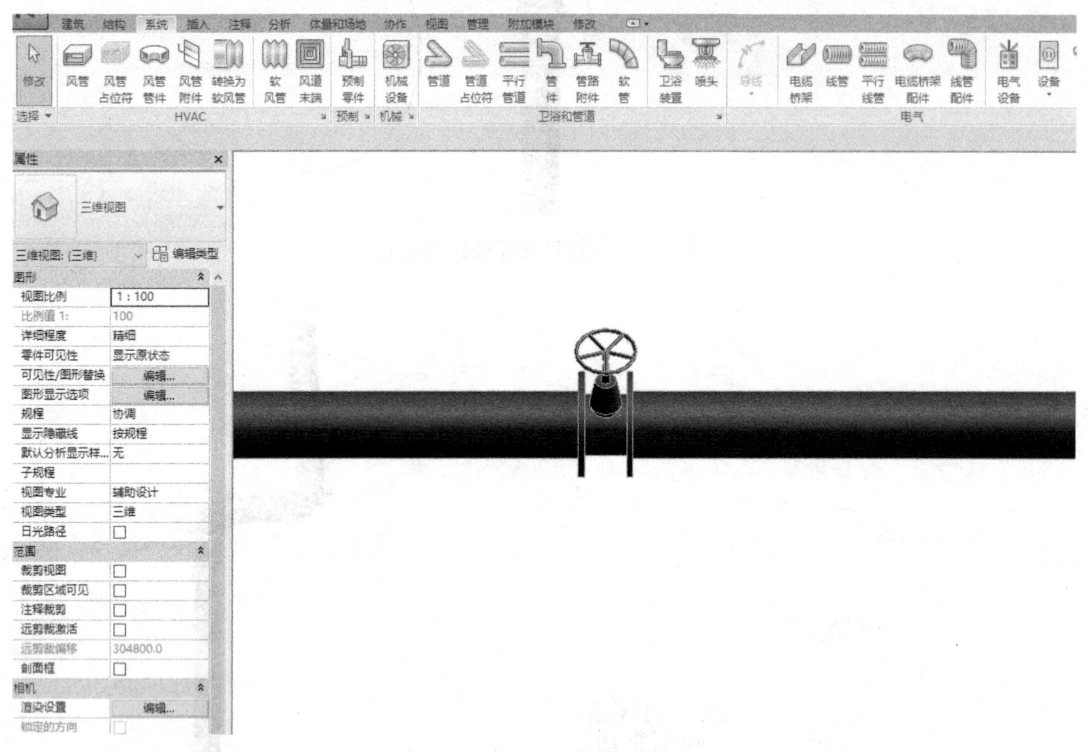

图 4.75　添加水平管的阀门

（2）添加立管阀门

以添加闸阀为例，具体步骤如下：

单击“插入”选项卡下“从库中载入”面板中的“载入族”工具，在打开的“载入族”对话框中，选择族文件中的“阀门项目用族”，单击“打开”按钮，将该族载入到项目中。

单击“系统”选项卡下“卫浴和管道”面板中的“管道附件”工具，弹出“修改|放置 管道附件”选项卡，在类型选择器中选择阀门，将阀门放置在视图中合适的位置单击（捕捉立管中心会高亮显示），如图 4.76 所示。

选中阀门，在阀门“属性”选项栏中输入相应的偏移量（此偏移量是指阀门中心所在的标高），即可完成阀门的添加，如图 4.77 所示。在三维视图中查看建模效果，如图 4.78 所示。

2. 连接消防栓

消防栓的连接口与水管接口相连，具体步骤如下：

1）载入消防栓项目用族。单击“插入”选项卡下“从库中载入”面板中的“载入族”工具，在打开的“载入族”对话框中，选择族文件中的“消防栓项目用族”，单击“打开”按钮，将该族载入到项目中。

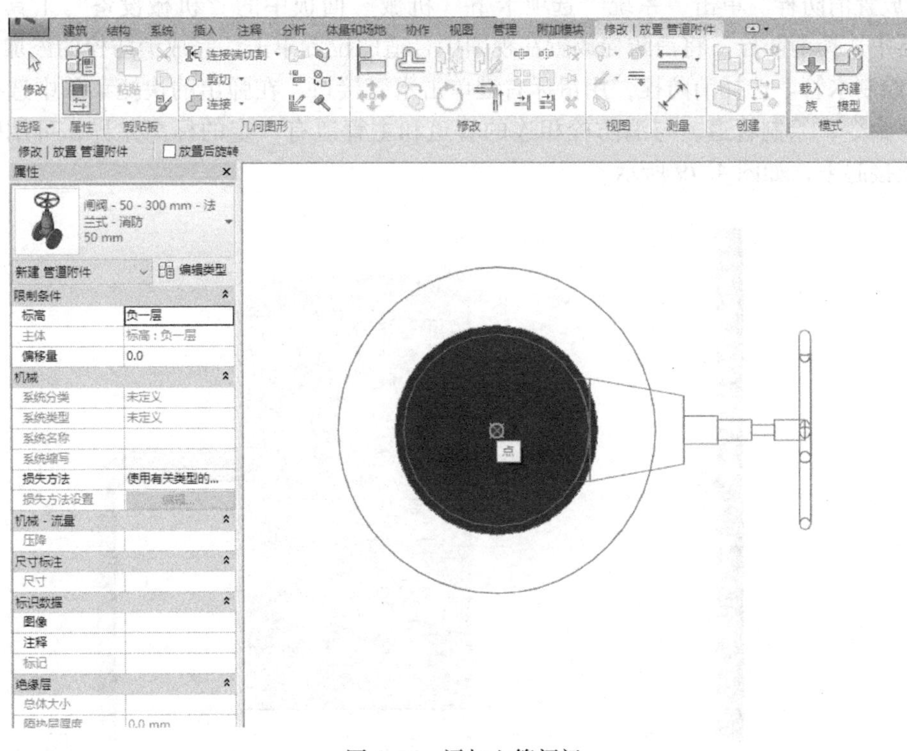

图 4.76　添加立管阀门

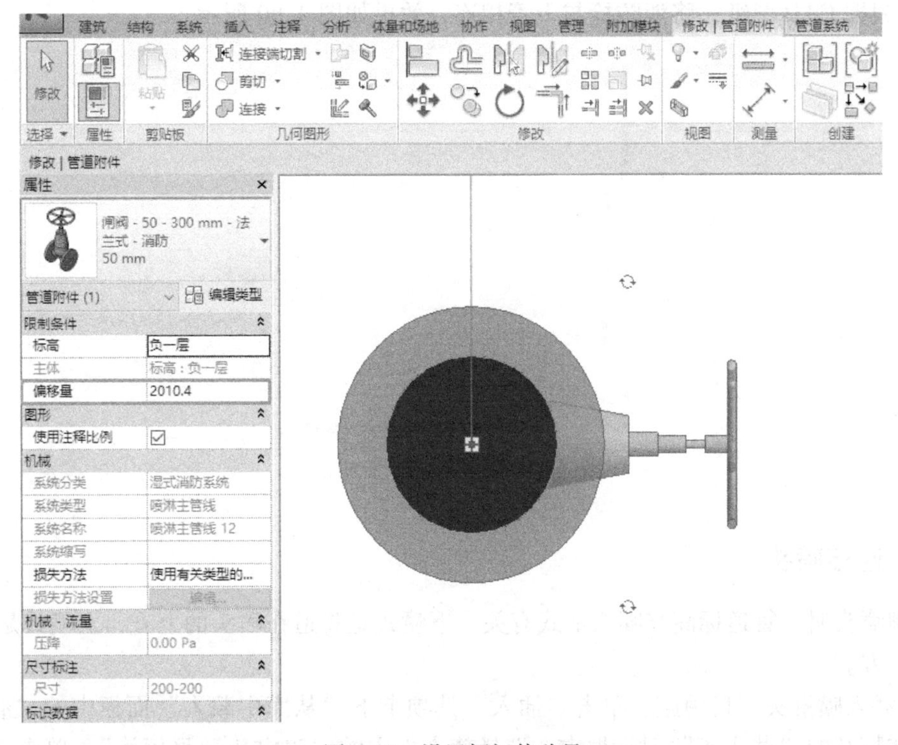

图 4.77　设置阀门偏移量

2）放置消防栓。单击“系统”选项卡下“机械”面板中的“机械设备”工具，在类型选择器中选择消防栓，将消防栓放置在视图中合适的位置单击，完成消防栓的添加。

3）绘制水管。选择消防栓，用鼠标右键单击水管接口，在弹出的快捷菜单中选择“绘制管道”命令，绘制管道。与消防栓相连的管道和主管道有一定的标高差异，可用竖直管道将其连接起来，如图 4.79 所示。

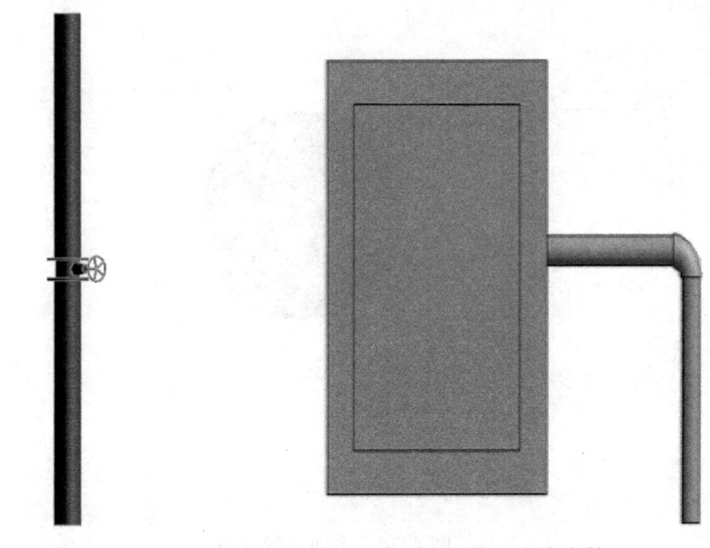

图 4.78　完成立管阀门的添加　　　　图 4.79　连接水管

4）根据 CAD 图纸，将消防栓与干管相连，效果如图 4.80 所示。

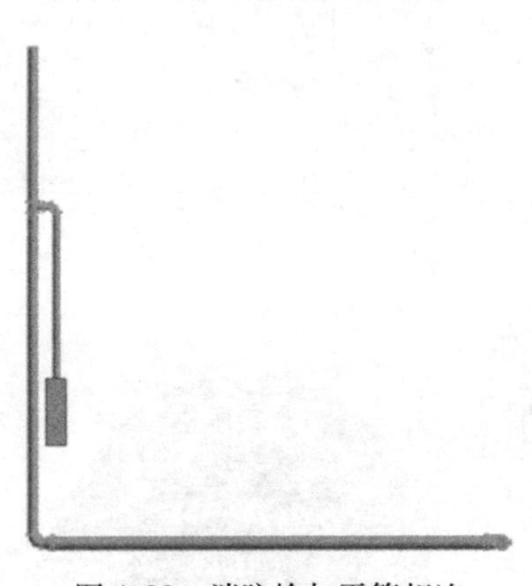

图 4.80　消防栓与干管相连

4.2.4　连接喷头

绘制喷头时，管道标高与喷头形式有关，下喷式是管道在喷头的上方，上喷式是管道在喷头的下方。

1）载入喷淋头项目用族。单击“插入”选项卡下“从库中载入”面板中的“载入族”工具，在打开的“载入族”对话框中，选择族文件中的“喷淋头项目用族”，单击“打开”按钮，将该族载入到项目中。

2）放置喷头。单击“系统”选项卡下“卫浴与管道”面板中的“喷头”工具，在类型选择器中选择喷头，调整喷头的偏移量，将喷头放置在视图中合适的位置单击，即可完成喷头的添加，如图 4.81 所示。

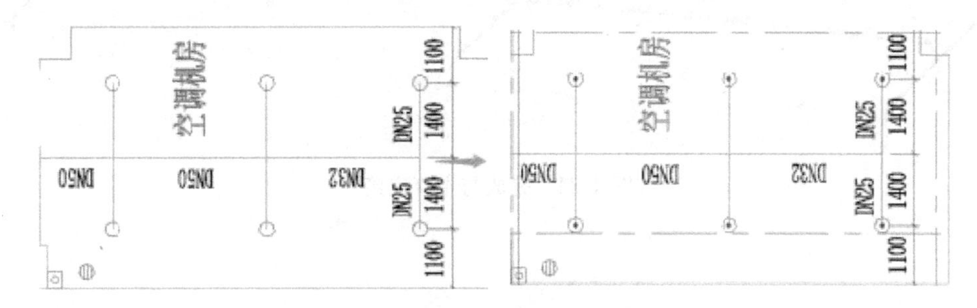

图 4.81　添加喷头

3）连接喷淋管道。选择喷头，单击“连接到”工具，再选择所要连接到的喷淋管道进行连接，如图 4.82 和图 4.83 所示。

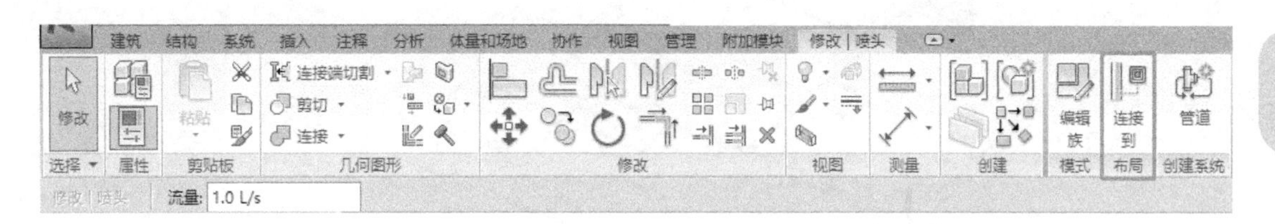

图 4.82　“连接到”工具

图 4.83　连接喷淋管道

4）绘制多段支管后，可对管道管件进行修改。例如，将“普通-四通”替换为“变径-四通”，将“普通-三通”替换为“变径-三通”等，并利用“修剪”工具来完成与主管的连接，如图 4.84 所示。

按照上述方法，根据给水排水平面图纸的要求，可完成案例中消防水系统的绘制，再逐步将给水系统、排水系统绘制完成后，某科技楼地下 1F 给水排水模型如图 4.85 所示。

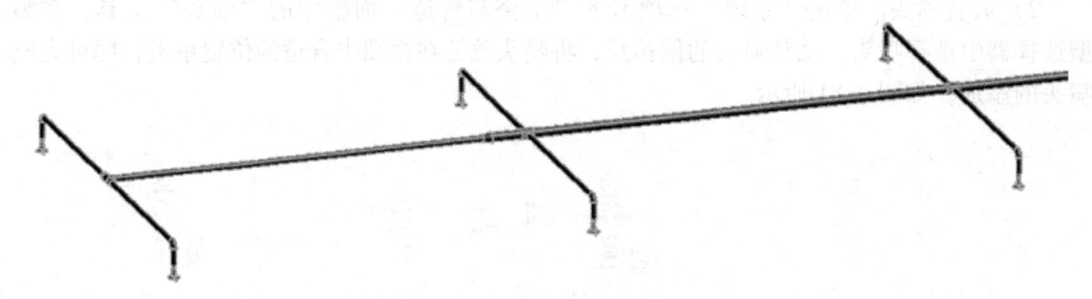

图 4.84　完成与主管连接

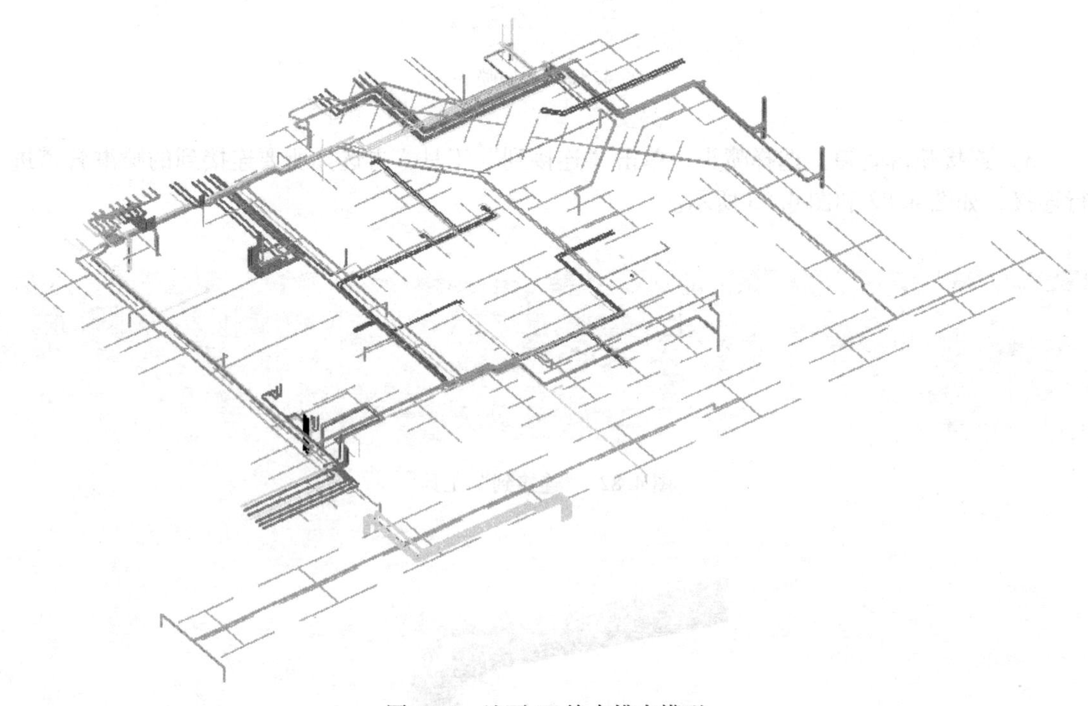

图 4.85　地下 1F 给水排水模型

习　题

1. 在机电模型中，若管道显示为一条线，而非三维实体，则需（　　）。

A. 修改视图样式　　B. 修改视图详细程度

C. 修改管道大小　　D. 修改管道类型

2. 针对导入的“＊.dwg”图纸，Revit 软件可对其进行（　　）编辑。

A. 线宽　　B. 线颜色　　C. 线长度　　D. 线型

3. 请简述在 Revit 中可以通过哪些方式对管道的颜色进行设置。

4. 请列出线样式可以实现哪些设置？

5. 在创建管道系统过程中，怎样实现自动连接管件？

第5章 暖通空调模型创建

Revit 暖通空调系统主要是以满足建筑要求的供热和制冷需求的前提来设计风管系统的。本章主要介绍暖通空调专业的建模基础，包括风管、附件、连接件、空调设备的创建、编辑、修改，并通过一个实际工程项目案例，介绍暖通空调模型的创建流程。

暖通空调专业包括采暖、通风、空气调节三个方面。一般建筑物的暖通空调系统包括新风系统、通风系统、排风系统以及空气调节系统等。

5.1 风管功能介绍

在设计初期，根据设计要求对风管、管道等进行设置，能有效提高效率及准确性。本节主要介绍 Revit 的风管功能及其基本设置。

5.1.1 风管参数设置

绘制风管前，应先设置风管的参数：风管类型、风管尺寸及风管系统。

1. 风管类型设置

单击“系统”选项卡下“HVAC”面板中的“风管”工具，在绘图区左侧的“属性”选项栏中就可选择、编辑风管的类型，如图 5.1 所示。Revit 提供的“机械样板”项目样板文件中自配了矩形风管、圆形风管及椭圆形风管，配置的风管类型与风管连接方式有关。

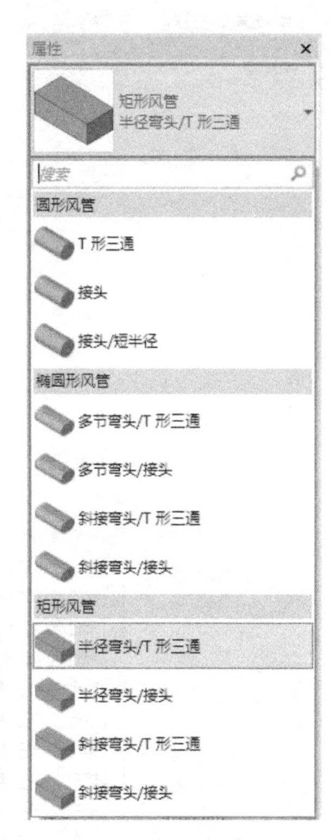

图 5.1 编辑风管类型

单击“编辑类型”按钮，打开“类型属性”对话框，对风管类型进行设置，如图 5.2 所示。

单击“复制”按钮，在已有模板基础上添加新的风管类型。

单击“管件”列表中的“编辑”按钮，在打开的“布管系统配置”对话框中，配置各类型风管管件族，指定绘制风管时自动添加到风管管路中的管件。更改过程中，若构件下拉栏中没有相应的管件，则需要单击“布管系统配置”对话框中的“载入族”按钮，打开“载入族”对话框，如所需的构件为“T 形三通-斜接-法兰”，在系统自带族库目录“机电\风管管件\矩形\T 形三通”下，选择需要的连接件形式，单击“打开”按钮载入，如图 5.3 所示。载入后，在“布管系统配置”对话框中更换管件，如图 5.4所示。

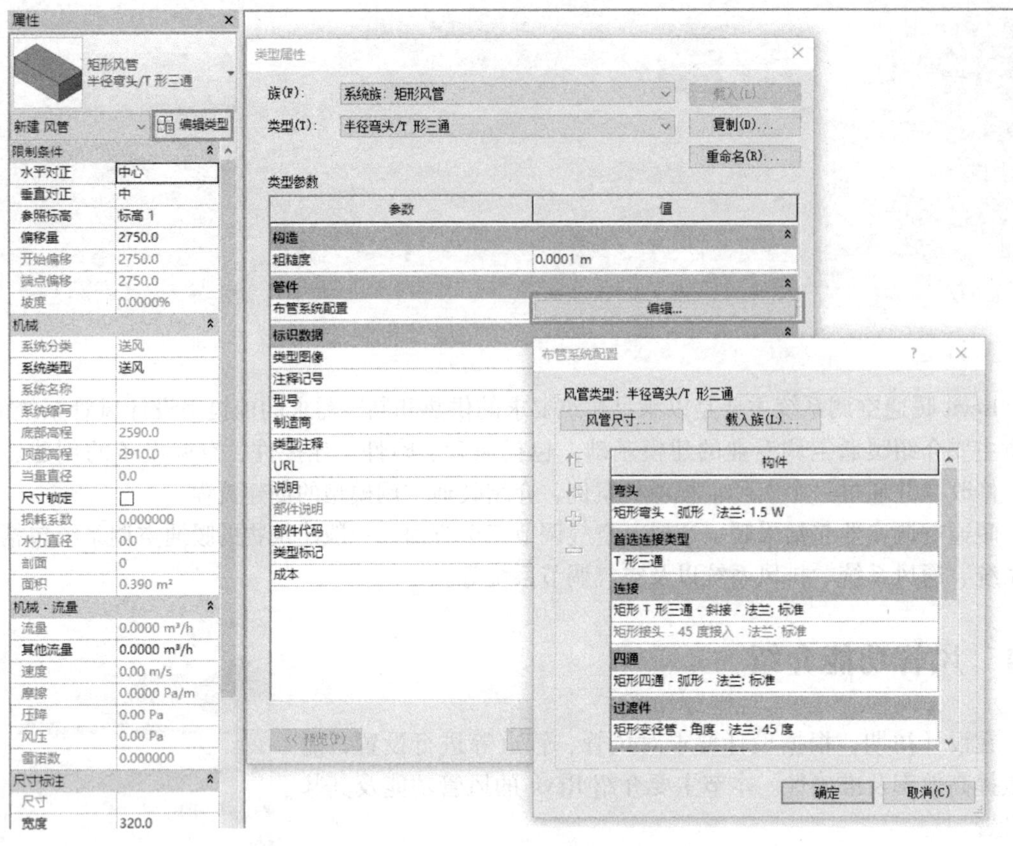

图 5.2　类型属性

图 5.3　选择需要的连接件形式

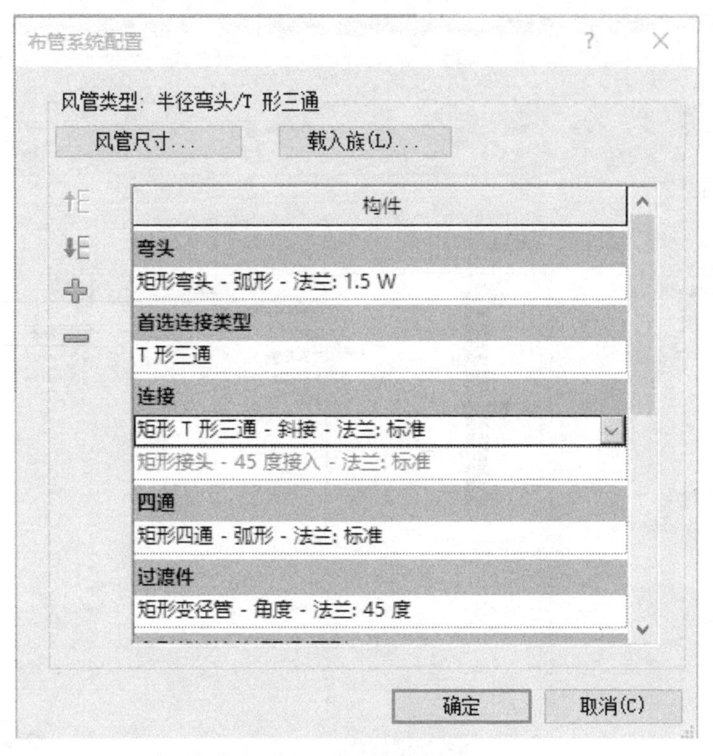

图 5.4　布管系统配置

编辑“标识数据”列表中的参数可为风管添加标识。

2. 风管尺寸设置

在 Revit 中，通过“机械设置”对话框可编辑当前项目文件中的风管尺寸。

单击功能区“管理”选项卡下“设置”面板中的“MEP 设置”下拉列表，选择“机械设置”功能，打开“机械设置”对话框，如图 5.5 所示；或单击功能区“系统”选项卡下的“机械”面板（快捷键“MS”），如图 5.6 所示。

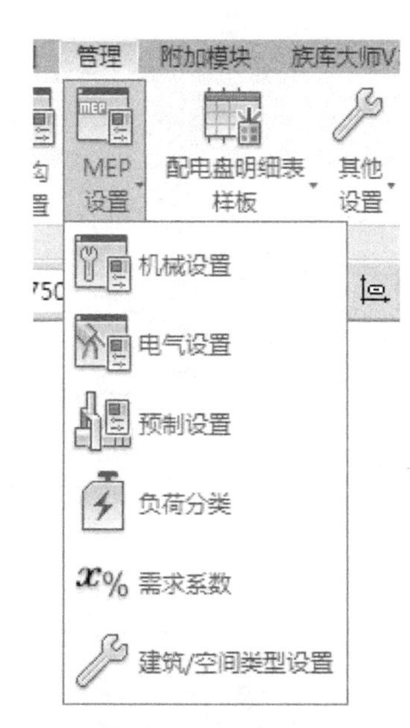

图 5.5　机械设置

打开“机械设置”对话框后，根据设计要求单击“矩形”“椭圆形”或“圆形”可分别定义对应形状的风管尺寸。右侧面板将列出项目可用的风管尺寸，并显示出可以从选项栏指定的尺寸。

通过“删除尺寸”按钮可从表中删除选定的尺寸，单击“新建尺寸”按钮可以打开“风管尺寸”对话框，用以指定要添加到项目中的新风管尺寸。如果在绘图区域中已绘制了某尺寸的风管，则该尺寸在尺寸列表中将不能删除，需先删除项目中的风管，才能删除其对应的在“机械设置”中的尺寸。添加尺寸方法及尺寸列表如图 5.7 所示。

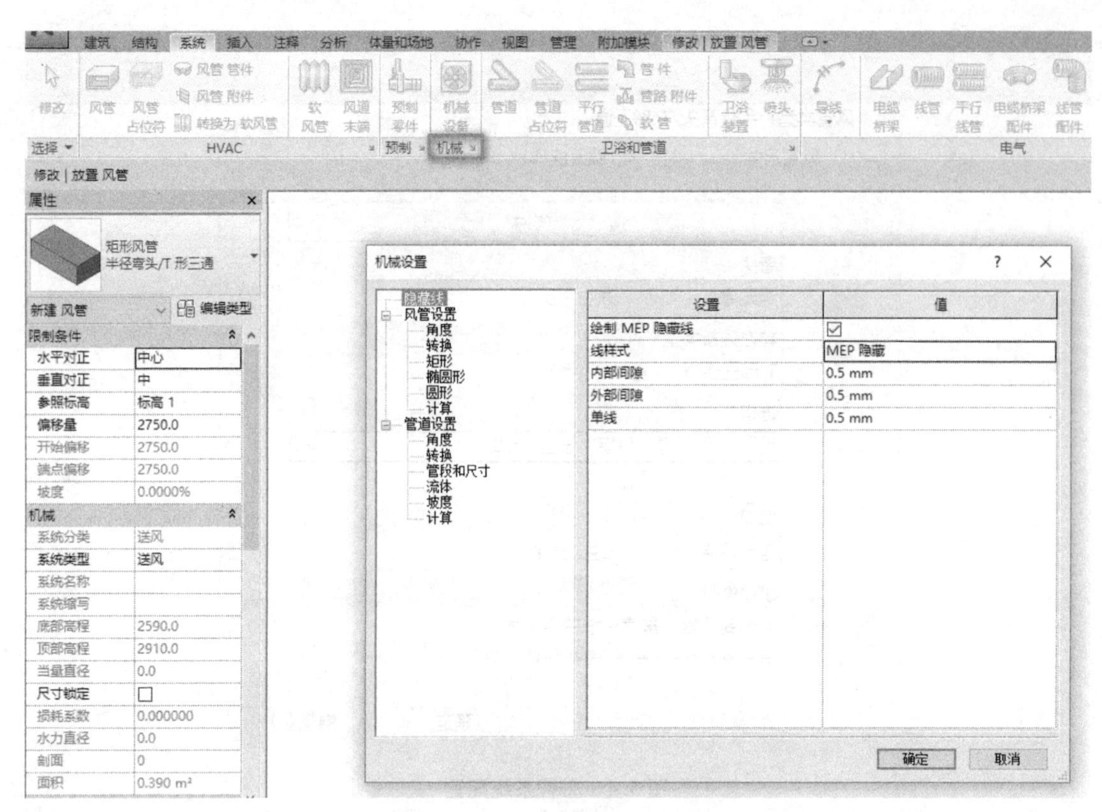

图 5.6　打开“机械设置”对话框

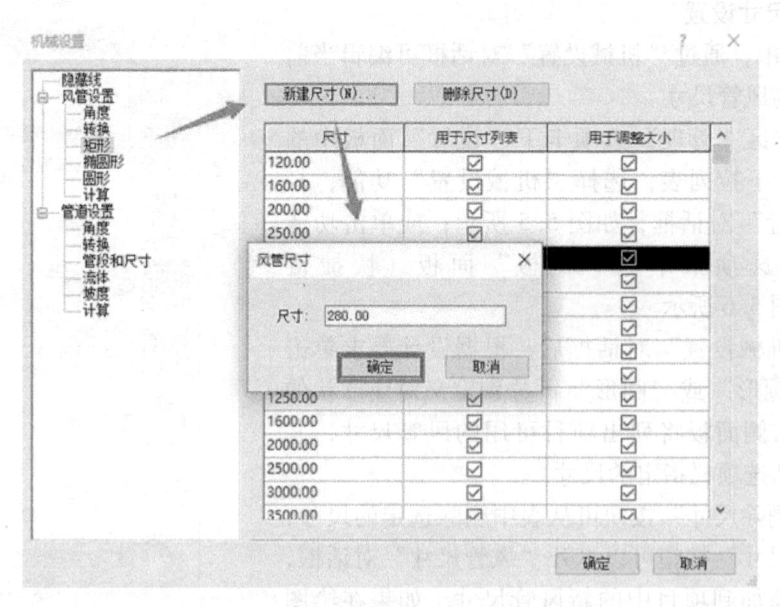

图 5.7　添加尺寸

3. 其他设置

在“机械设置”对话框中单击“风管设置”，右侧窗格会显示项目中所有风管系统共用的一组参数，如图 5.8 所示。

机械设置

隐藏线
风管设置
角度
转换
矩形
椭圆形
圆形
计算
管道设置
角度
转换
管段和尺寸
流体
坡度
计算

设置	值
为单线管件使用注释比例	☑
风管管件注释尺寸	3.0 mm
空气密度	1.2026 kg/m³
空气动态粘度	0.00002 Pa-s
矩形风管尺寸分隔符	x
矩形风管尺寸后缀	
圆形风管尺寸前缀	
圆形风管尺寸后缀	ø
风管连接件分隔符	-
椭圆形风管尺寸分隔符	/
椭圆形风管尺寸后缀	
风管升/降注释尺寸	3.0 mm

确定　取消

图 5.8　风管设置

在“风管设置”的下拉栏中单击“角度”，可以指定 Revit 在添加或修改风管时将使用的管件角度，如图 5.9 所示。一般选择默认的“使用任意角度”，施工现场都可实现。

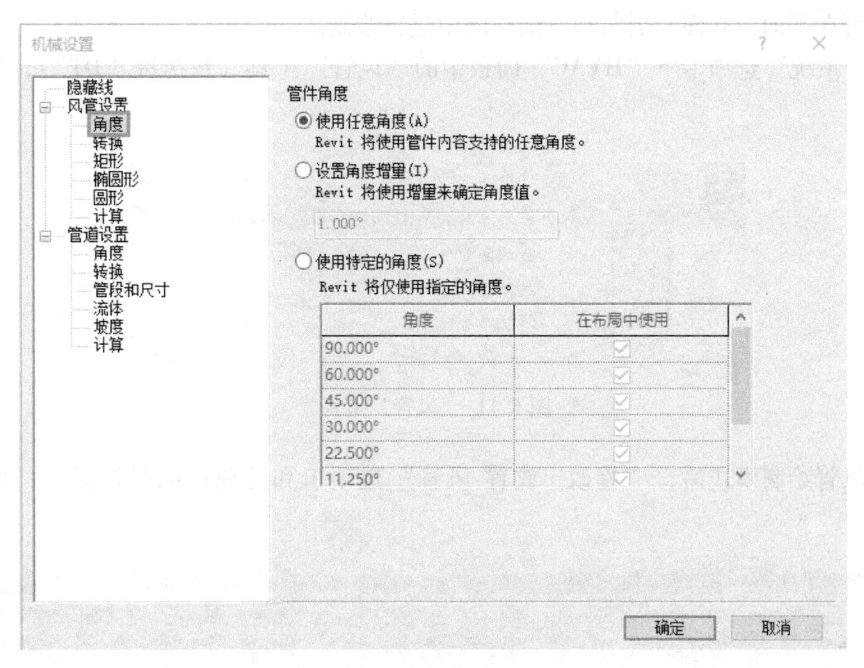

图 5.9　管件角度

单击“转换”，可以定义应用于项目的送风、回风和排风风管系统的默认参数，在使用

“生成布局”工具时，这些参数用来控制为“干管”和“支管”管段所创建的高程、风管尺寸和其他特征，如图 5. 10 所示。

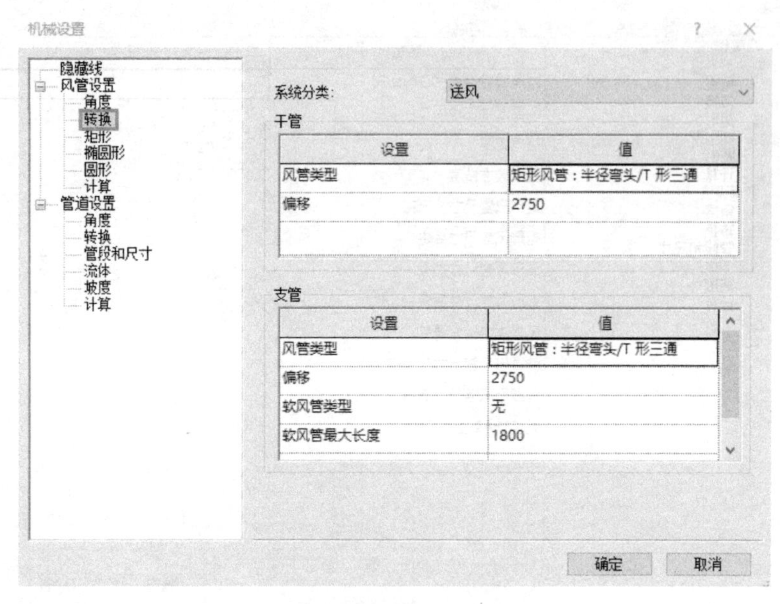

图 5. 10 “转换”设置

5. 1. 2 风管绘制方法

1. 基本操作

风管可在平面、立面、剖面和三维视图中进行绘制。

单击“系统”选项卡下“HVAC”面板中的“风管”工具（快捷键“DT”），如图 5. 11 所示。

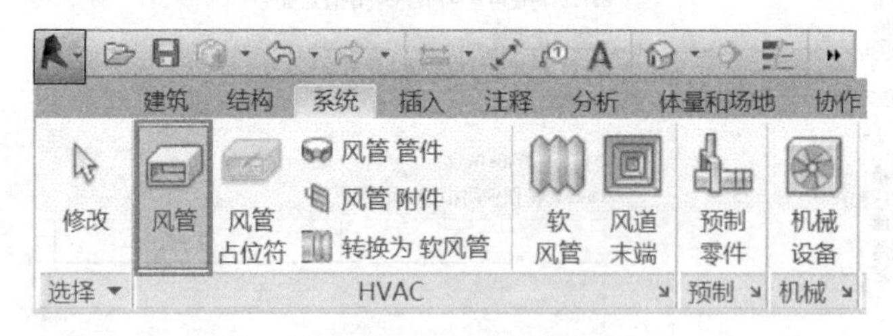

图 5. 11 “风管”工具

进入风管绘制模式后，“修改 | 放置 风管”选项卡和选项栏同时被激活，如图 5. 12 所示。

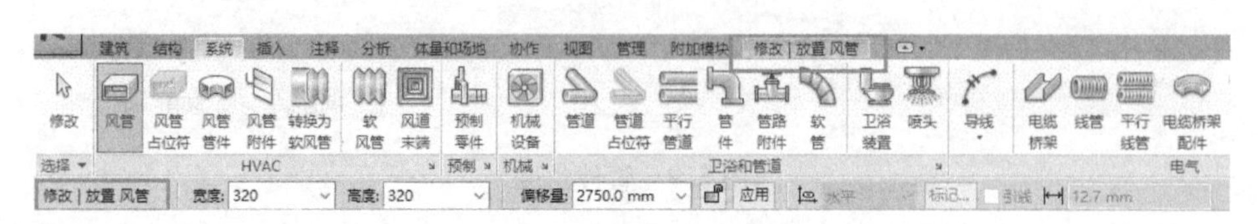

图 5. 12 修改 | 放置 风管

绘制风管步骤如下：

1）选择风管类型。在“属性”选项栏中选择设计要求的风管类型

2）选择风管尺寸。在“修改｜放置风管”选项栏的“宽度”和“高度”下拉列表中选择风管尺寸，也可以直接在“宽度”和“高度”输入框中输入尺寸。

3）指定风管偏移量。“偏移量”默认是指风管中心线相对于当前平面标高的距离。在“偏移量”下拉列表中可以选择项目中已经用到的风管偏移量，也可以直接输入自定义的偏移量数值，默认单位为mm。

4）指定风管起点和终点。在绘图区域单击指定风管的起点，再将光标移到所需的风管终点位置，然后再次单击指定风管的终点。

2. 风管对正

(1) 绘制风管

在平面视图和三维视图中绘制风管时，可以通过“修改｜放置 风管”选项卡中的“对正”工具设置风管的对齐方式。单击“对正”工具，打开“对正设置”对话框，如图5.13所示。三种对正形式可参照第4章。

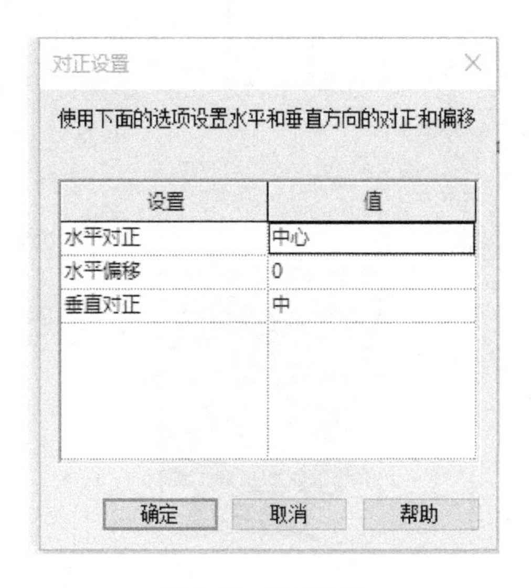

图5.13　对正设置

(2) 编辑风管

风管绘制完成后，可在任意视图中使用“对正”命令再次修改风管的对齐方式。选中要修改的风管，单击“编辑”面板中的“对正”工具，进入对正编辑器，选择所需要的对齐方式和对齐方向，如图5.14所示。

图5.14　对正编辑器

3. 风管管件

风管管路中包含大量连接风管的管件。绘制风管时管件的使用方法如下：

（1）放置风管管件

绘制某一类型风管时，风管“类型属性”对话框的“管件”列表中指定的风管管件，可以根据风管自动布局加载到风管管路中。在“类型属性”对话框中可指定弯头、T形三通、接头、四通、过渡件（变径）、活接头等类型的管件。

在“类型属性”对话框的“管件”列表中无法指定的管件类型，如偏移、Y形三通、斜T形三通、斜四通，使用时需要手动插入到风管中或者将管件放置到所需位置后手动绘制风管。

（2）编辑风管管件

单击绘图区域的某一管件，管件周围会显示一组管件控制炳，可用于修改管件尺寸、调整管件方向和进行管件升级或降级。

在所有连接件都没有连接风管时，可单击尺寸标注改变管件尺寸，如图5.15所示。

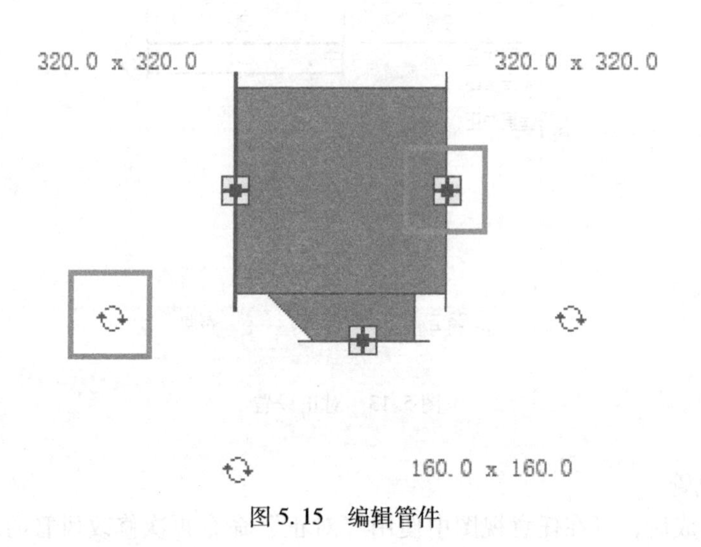

图5.15　编辑管件

单击⇆符号可以实现管件水平或垂直翻转180°。

单击⟳符号可以旋转管件。当管件连接风管后，该符号不再出现，如图5.16所示。

如果管件的所有连接件都连接风管，则可能出现⊞图标，表示该管件可以升级。例如，弯头可升级为T形三通，T形三通可升级为四通。

如果管件有一个未使用连接风管的连接件，则可能出现“-”符号，表示该管件可以降级，如图5.17所示。

4. 绘制软风管

单击“系统”选项卡下HVAC面板中的“软风管”工具，如图5.18所示。

所示。

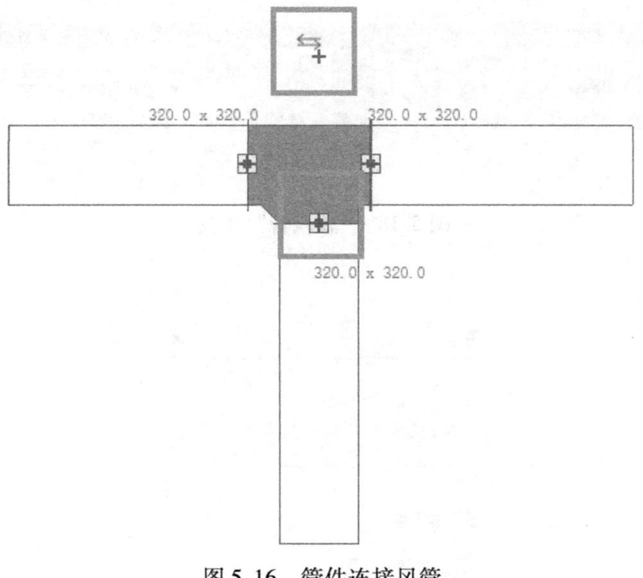

图 5.16　管件连接风管

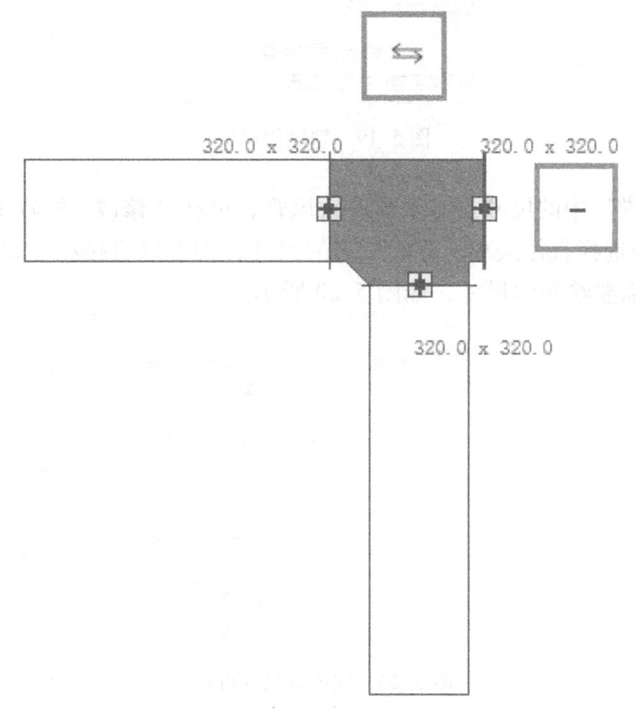

图 5.17　管件降级

(1) 选择类型

在“属性”选项栏中选择要绘制的软风管类型：圆形软风管和矩形软风管，如图 5.19 所示。

(2) 选择尺寸

对于矩形软风管，可在“修改 | 放置 软风管”选项栏的“宽度”或“高度”下拉列表

图 5.18 “软风管”工具

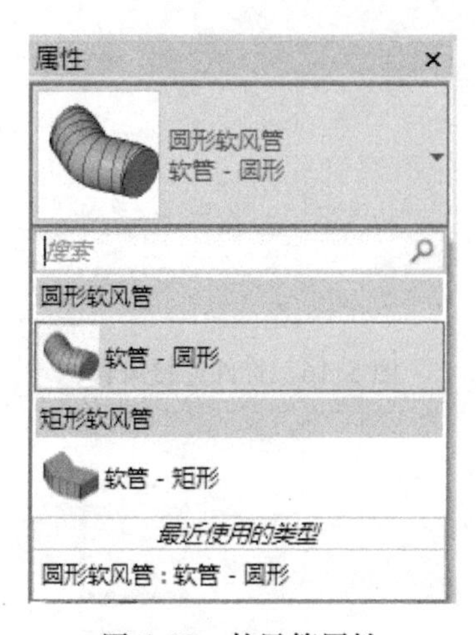

图 5.19 软风管属性

中选择在“机械设置”中的尺寸。对于圆形软风管，可在“修改|放置 软风管”选项栏的“直径”下拉列表中选择直径大小。若无所需的尺寸，均可以直接在“高度”“宽度”“直径”输入框中输入需要绘制的尺寸，如图 5.20 所示。

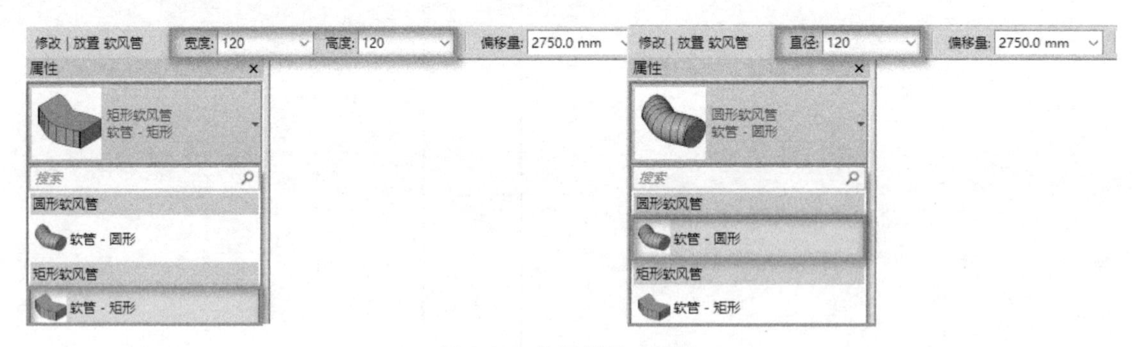

图 5.20 软风管尺寸设置

(3) 指定偏移量

“偏移量”是指软风管中心线相对于当前平面标高的距离。在“偏移量”下拉列表中，可以选择项目中已使用的偏移量，也可以自定义输入，“偏移量”的默认单位为 mm。

(4) 指定软风管起点和终点

在绘图区域中，单击指定软风管的起点，沿着软风管的路径在每个拐点单击，最后在终点按下 Esc 键，或单击鼠标右键，在弹出的快捷菜单中选择“取消”命令。

（5）修改软风管

在软风管上拖拽两端的连接件、顶点和切点，可以调整软风管的路径，如图 5.21 所示。

图 5.21　调整软风管路径

连接件（）：在软风管两端，允许重新定位软风管的端点。通过连接件，可以将该风管连接件与另一构件的风管连接件连接起来，或断开与该风管连接件的连接。

顶点（）：沿软风管的走向分布，允许修改软风管的拐点。在软风管上单击鼠标右键，在弹出的快捷菜单中可以选择“插入顶点”或“删除顶点”命令。在平面视图中可以以水平方向修改软风管的形状，剖面或立面视图则以垂直方向修改形状。

切点（）：出现在软风管的起点和终点，允许调整软风管的首个或末个拐点处的连接方向。

5. 设备接管

设备的风管连接件可以连接风管和软风管。两种风管的连接方式相似，下面将以连接风管为例，介绍三种连接方法。

方法一：选中设备，右键单击设备的风管连接件，在出现的快捷菜单中选择“绘制风管”命令，如图 5.22 所示。

方法二：直接拖拽已绘制完成的风管到相应设备的风管连接件，风管会自动捕捉设备风管连接件，完成连接。

方法三：单击“修改 | 机械设备”选项卡中的“连接到”工具为设备连接风管。当设备包含一个以上的连接件时，将打开“选择连接件”对话框，选择需要连接风管的连接件，单击“确定”按钮，再单击该连接件所连接到的风管，完成设备与风管的自动连接，如图 5.23 所示。

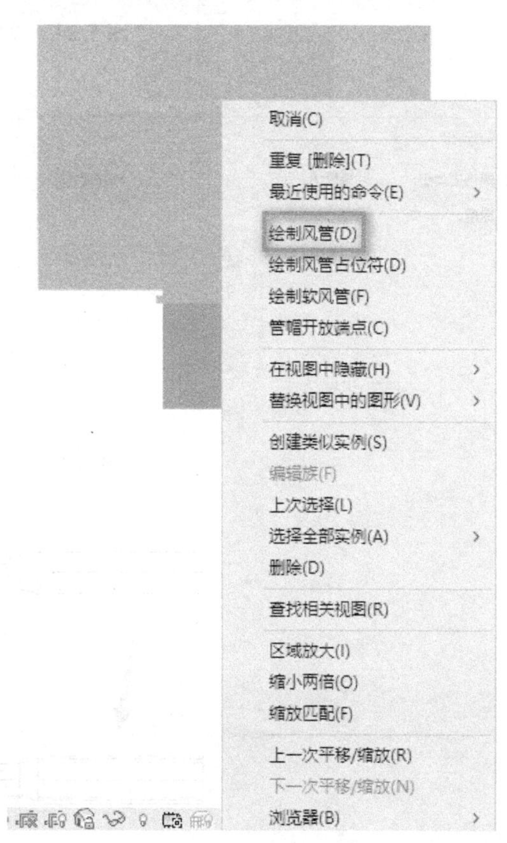

图 5.22　连接风管

6. 风管的隔热层和衬层

风管可添加隔热层和内衬，如图 5.24 所示。

通过“编辑类型”按钮，可设置隔热层和内衬的类型属性和厚度，如图 5.25 所示。

当视觉样式设置为“线框”时，可以清晰看到隔热层和衬层，如图 5.26 所示。

5.1.3　风管显示设置

1. 视图详细程度

Revit 的视图有三种详细程度：精细、中等和粗略，见表 5.1。

在粗略程度下，风管默认为单线显示；

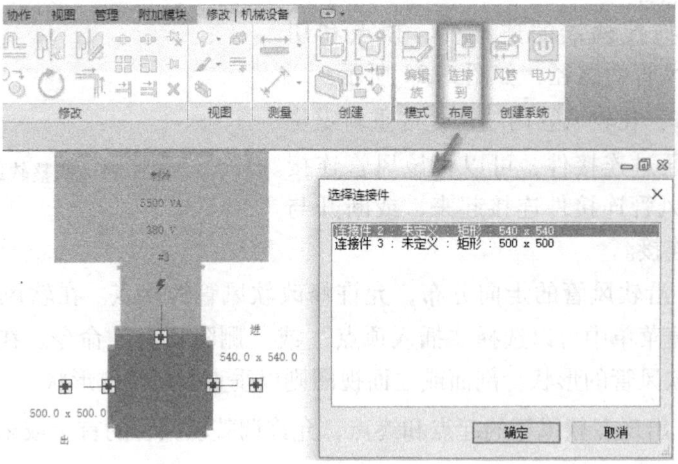

图 5.23　设备与风管连接

图 5.24　添加隔热层和内衬

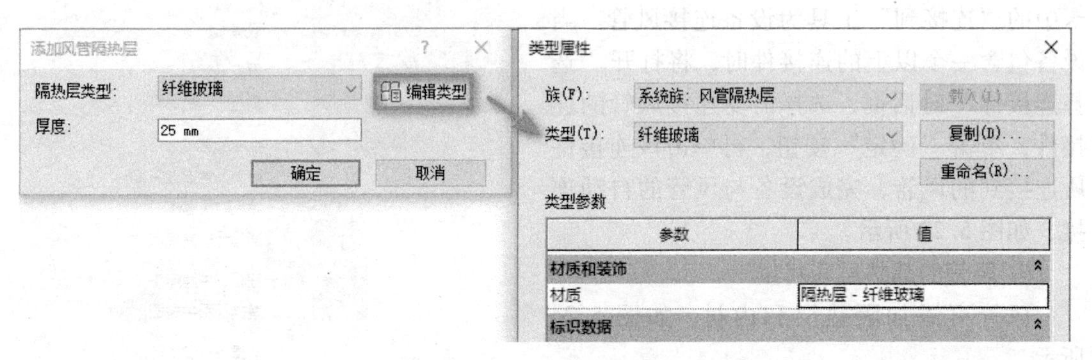

图 5.25　设置隔热层属性

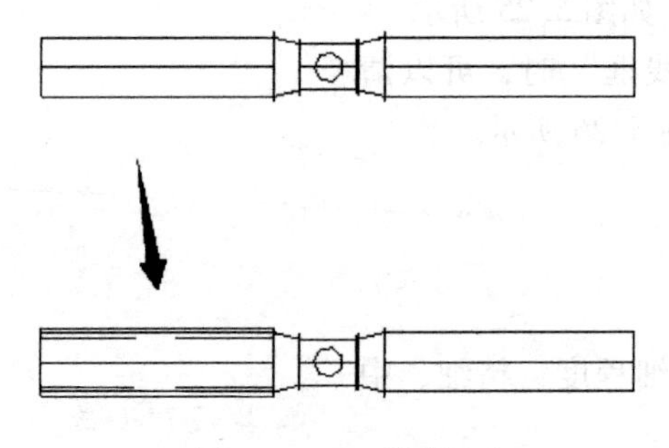

图 5.26　显示隔热层

在中等和精细程度下，风管默认为双线显示。

表 5.1　精细、中等、粗略对比

详细程度	平　　面	三　　维
精细/中等		
粗略		

2. 可见性/图形替换

单击功能区“视图”选项卡下“图形”面板中的“可见性/图形”工具（快捷键“VV”），打开当前视图的“可见性/图形替换”对话框，在“模型类别”选项卡中设置风管的可见性。

设置风管族类别可以整体控制风管的可见性，亦可设置风管族子类别的可见性，如图 5. 27所示。

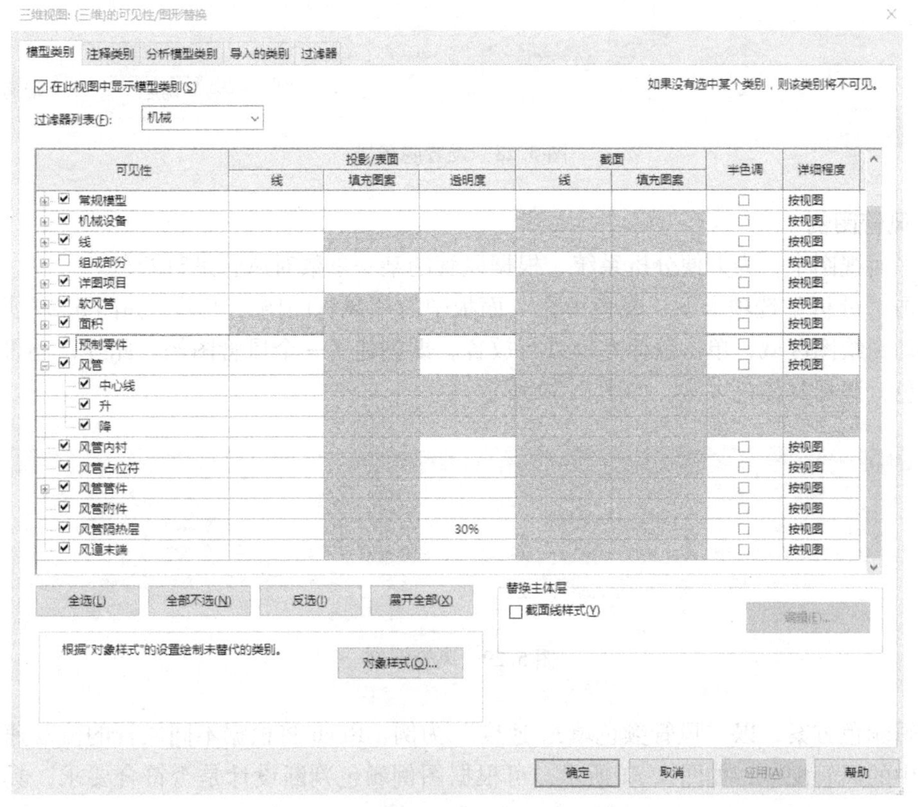

图 5. 27　设置风管族子类别的可见性

3. 隐藏线

在“机械设置”对话框中，“隐藏线”可用来设置图元之间交叉、发生遮挡时的显示，如图 5. 28 所示。

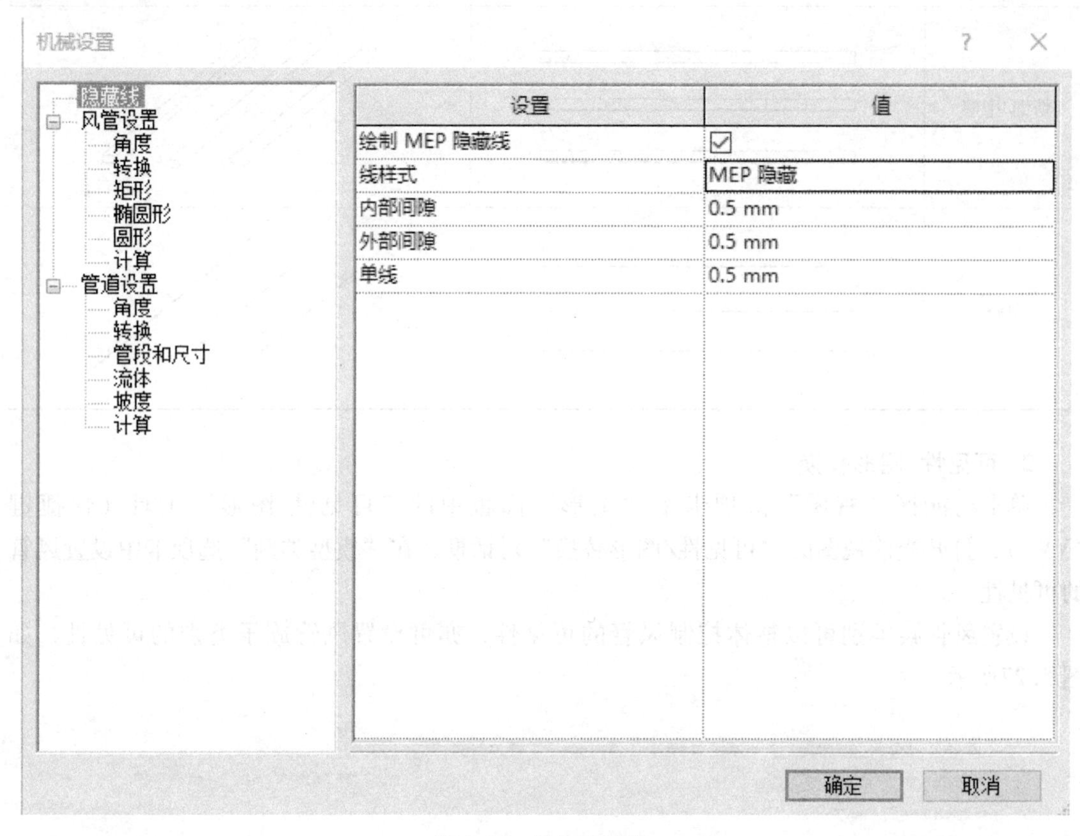

图 5. 28　设置隐藏线

4. 风管图例

在平面视图中，为方便分析系统，根据风管的某一参数对风管进行着色。

单击“分析”选项卡下“颜色填充”面板中的“风管图例”工具，如图 5. 29 所示，将图例移动到绘图区域，单击鼠标左键进行放置，即创建了一个风管图例。此外，还可对风管进行着色，选择其颜色方案，如图 5. 30 所示。

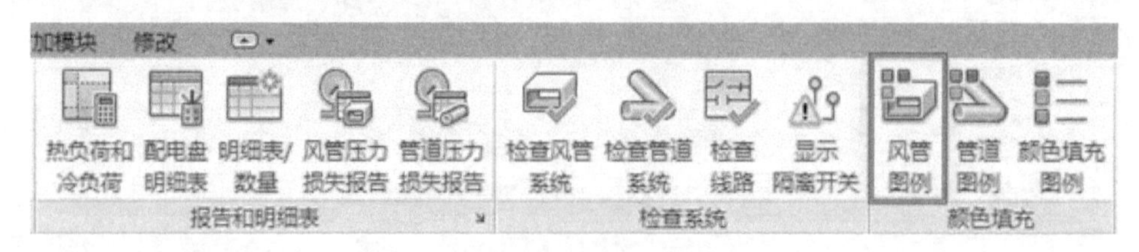

图 5. 29　风管图例

编辑颜色方案，以“风管颜色填充-速度”为例，Revit 将根据不同风管的流动速度给当前视图中的风管配色，如图 5. 31 所示，可根据图例颜色判断设计是否符合要求，具体操作步骤如下。

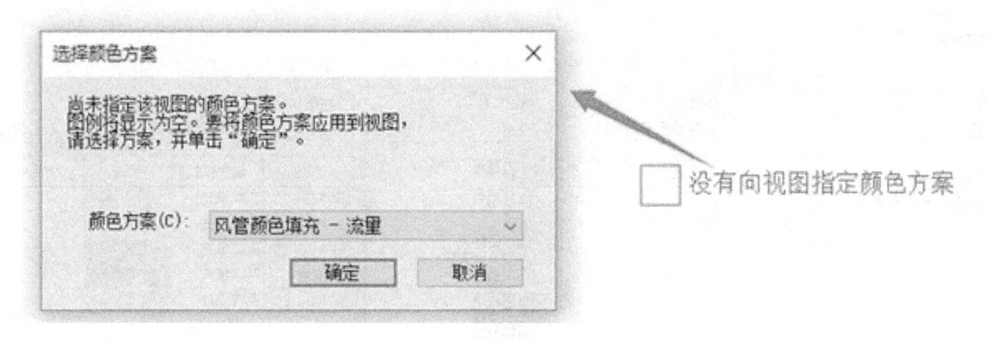

图 5.30　选择颜色方案

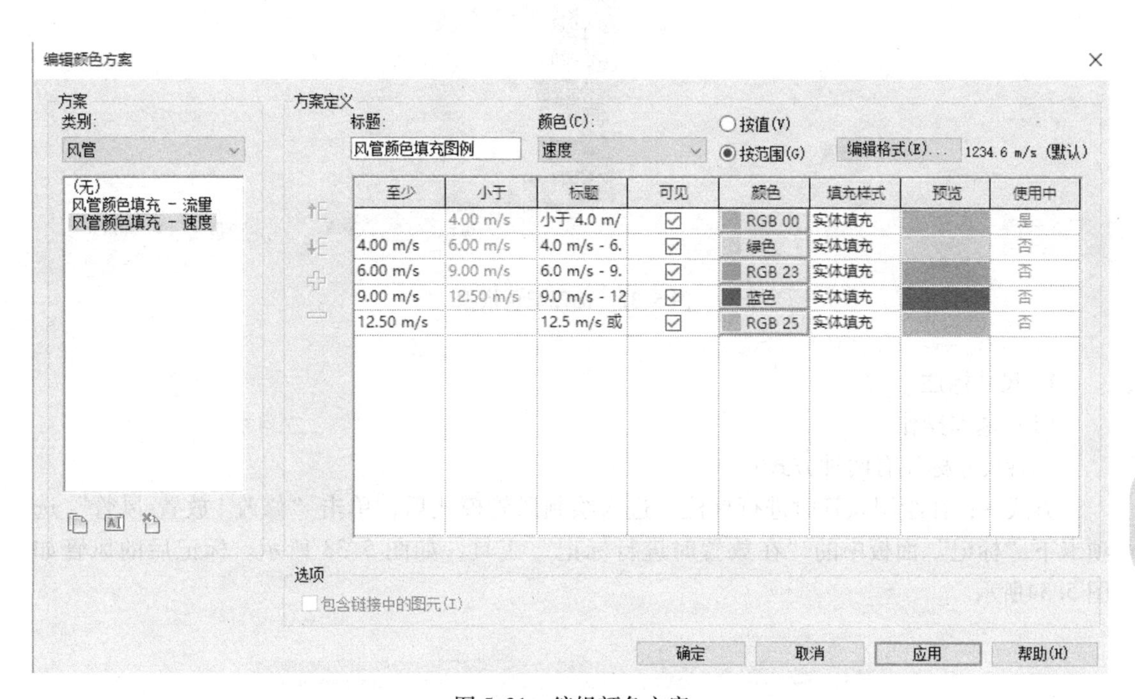

图 5.31　编辑颜色方案

1）选中未编辑风管图例，单击“修改 | 风管颜色填充图例”选项卡下“方案”面板中的“编辑方案”工具，打开“编辑颜色方案”对话框。

2）在“颜色”下拉列表中有多种参数可供选择，都可作为风管配色依据，如图 5.32 所示。

3）定义好方案后，单击“确定”>“应用”按钮，该方案生成，风管将依据该方案着色。

5.1.4　风管标注

管线标注有三种类型，包括尺寸标注、标高标注和坡度标注。风管部分只介绍尺寸标注和标高标注。

风管尺寸是通过注释符号族来标注的，可在平面、立面、剖面视图中使用。而风管标高和坡度则是通过尺寸标注系统族来标注的，可在平面、立面、剖面和三维视图中使用。

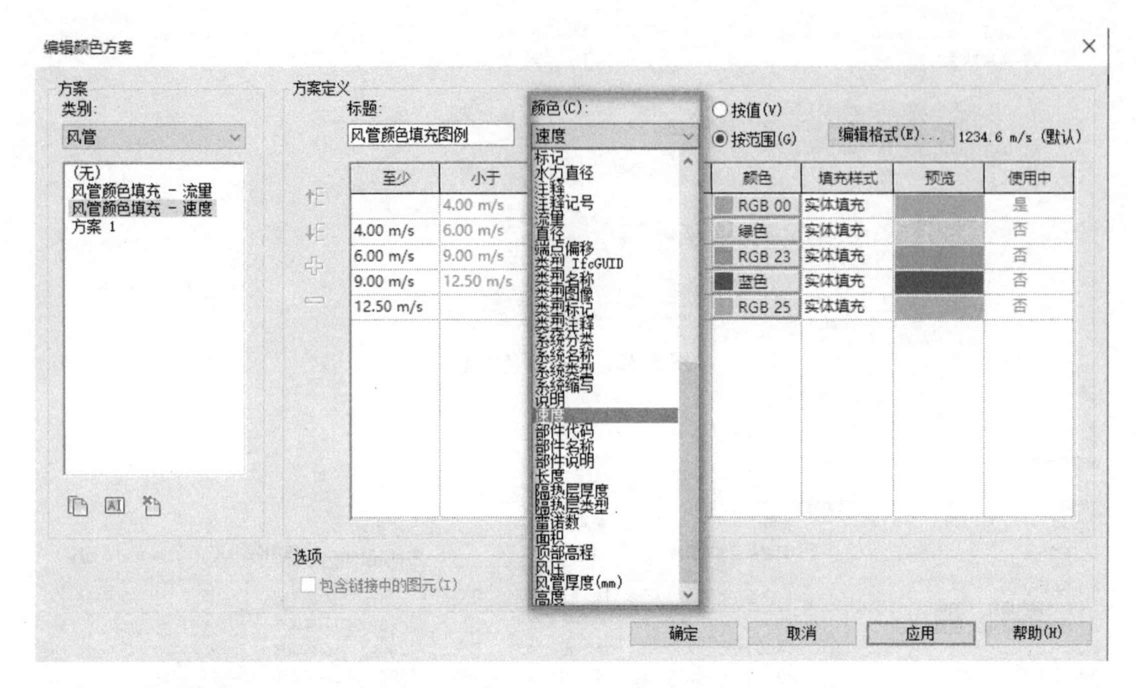

图 5.32　选择配色依据

1. 尺寸标注

(1) 基本操作

风管尺寸标注有两种方式:

方式一: 在绘制风管时进行标注。进入绘制风管模式后, 单击“修改 | 放置 风管”选项卡下“标记”面板中的“在放置时进行标记”工具, 如图 5.33 所示。标记后的风管如图 5.34所示。

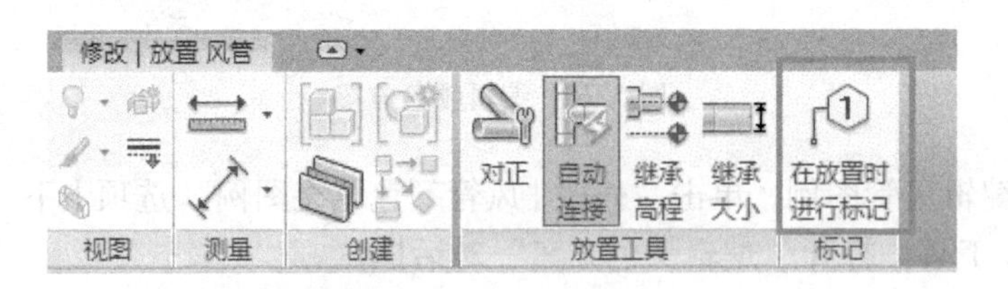

图 5.33　在放置时进行标记

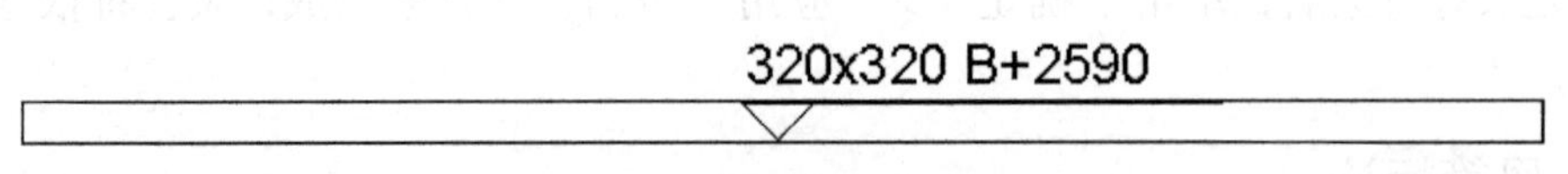

图 5.34　风管尺寸标注方式一

方式二: 在风管绘制完成后再进行标注。单击“注释”选项卡下“标记”面板中的“按类别标记”工具, 如图 5.35 所示。将鼠标放置在所要标注的风管上, 上下移动鼠标指针可以选择标注在风管上方或下方, 单击确认完成标注, 如图 5.36 所示。

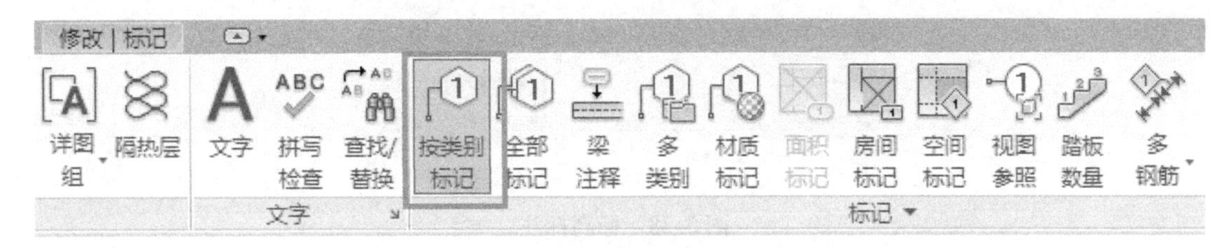

图 5.35　按类别标记

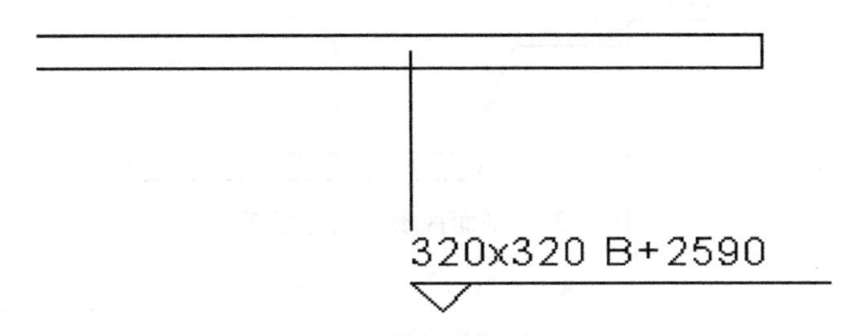

图 5.36　风管尺寸标注方式二

（2）修改标记

单击要修改的标记，标记有两种放置方式可供更改，一般默认为“水平”，可更改为“垂直”，如图 5.37 所示。

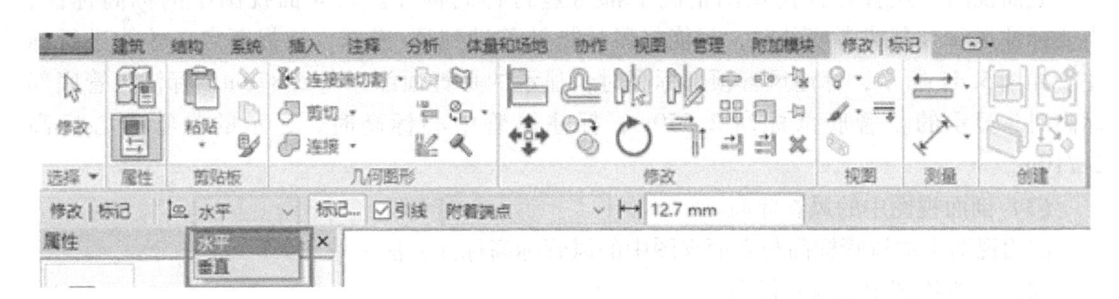

图 5.37　修改标记

通过勾选“引线”复选框，可以选择引线是否可见。若勾选了“引线”复选框，可选择引线为“附着端点”或“自由端点”。“附着端点”表示引线的一个端点会固定在被标记图元上；而“自由端点”表示引线的两个端点都不固定，可自由调节。

2. 标高标注

单击“注释”选项卡下“尺寸标注”面板中的“高程点”工具来标注风管标高，如图 5.38所示。

（1）平面视图中的风管标高

平面视图中的风管标高需在精细模式下进行标注，图 5.39 所示为一根直径为 320mm、偏移量为 2750mm 的风管在平面视图中的标高标注。

单击“显示高程”选择框，有四种高程可供选择，即“实际（选定）高程”“顶部高程”“底部高程”及“顶部和底部高程”，如图 5.40 所示。选择“顶部和底部高程”后，可将风管的顶、底标高同时显示出来。

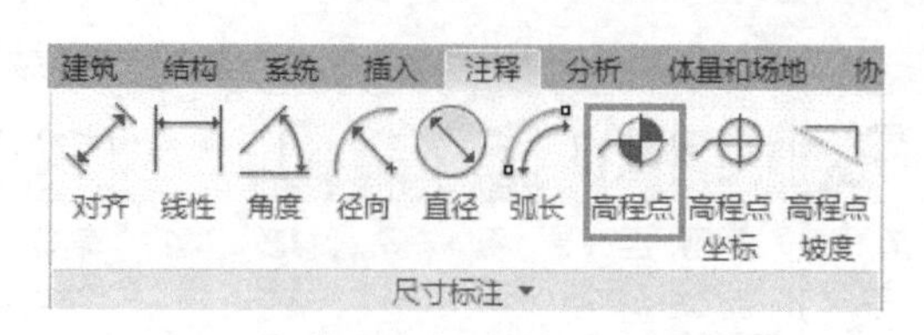

图 5.38　标高标注

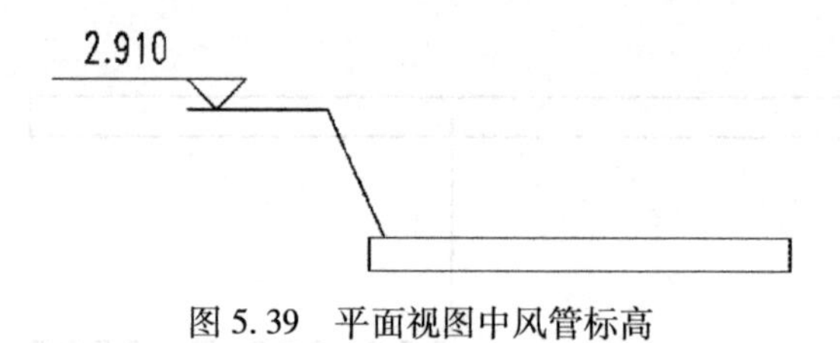

图 5.39　平面视图中风管标高

图 5.40　显示高程

（2）立面视图中的风管标高

立面视图中风管在任何视图情况下都可进行标高标注。在立面视图中的标高标注，当要标注风管顶部或者底部时，只能将鼠标指针移动到顶/底部，捕捉断点，才能进行标注。如图 5.41 所示，标注风管顶部标高时，显示的是管顶部标高 2.870m；标注风管底部标高时，显示的是管底部标高 2.550m；标注风管中心标高时，显示的是管中心标高 2.710m。

（3）剖面视图中的风管标高

剖面视图中的风管标高与立面视图中的风管标高标注方法一致。

（4）三维视图中的风管标高

三维视图中，当详细程度为粗略时，风管为单线显示，所标注的标高为风管中心标高，如图 5.42 所示；当详细程度为中等、精细时，风管为双线显示，标注的则为捕捉到的风管位置的实际标高，如图 5.43 所示。

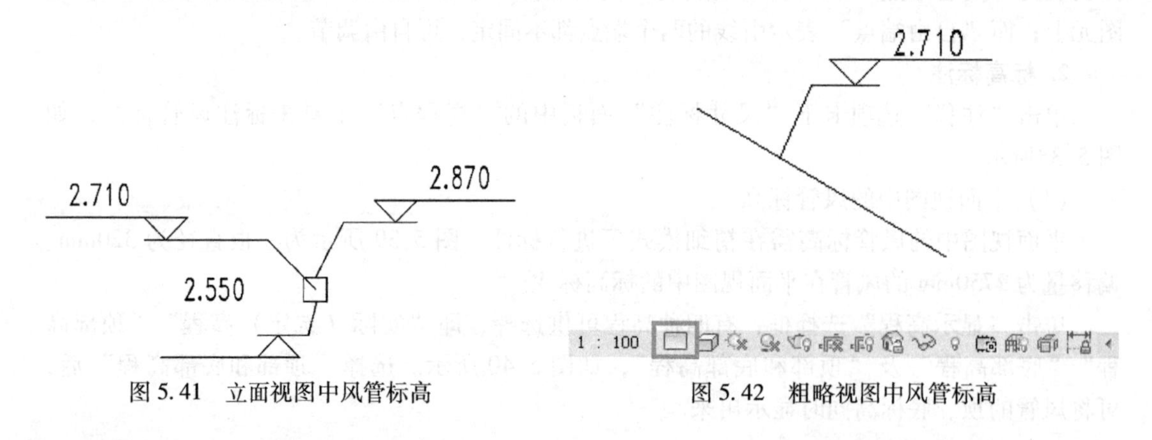

图 5.41　立面视图中风管标高

图 5.42　粗略视图中风管标高

3. 风管附件标识

此处以风管附件排烟阀为例进行说明。

单击“注释”选项卡下“标记”面板中的“按类别标记”工具，再单击标记的区域，若没有事先加载相应的标记族，系统将弹出相应提示框，如图 5.44 所示，单击“是”按钮，打开“载入族”对话框，选择对应的“风管附件标识”族，再将鼠标拖拽至要标注的附件处，如图 5.45、图 5.46 所示。

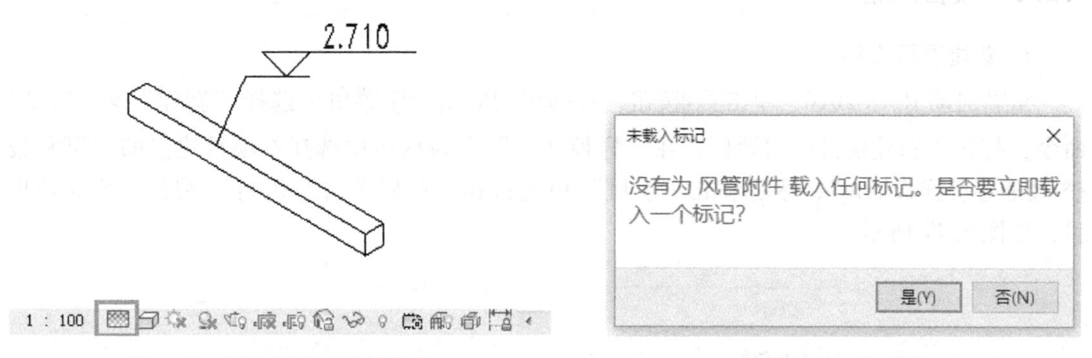

图 5.43　精细视图中风管标高　　　　图 5.44　提示框

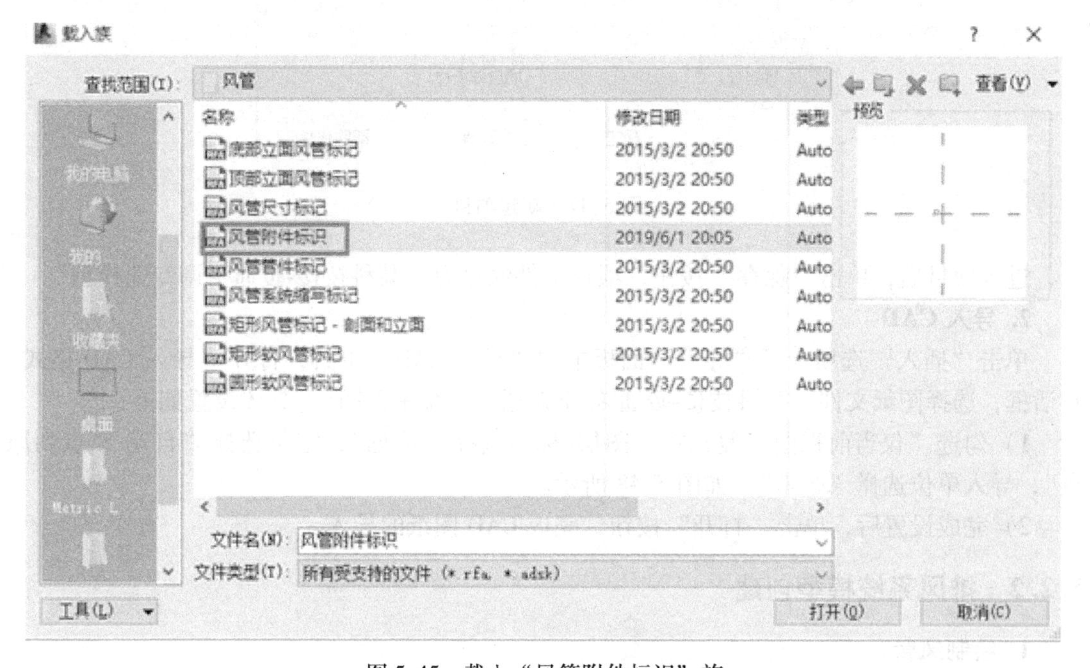

图 5.45　载入“风管附件标识”族

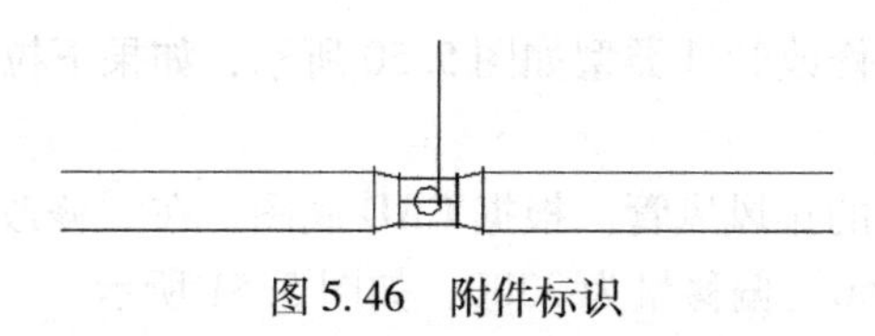

图 5.46　附件标识

5.2 暖通空调工程案例

本案例的暖通空调系统包括空调送风系统、空调回风系统以及排风系统。本节将通过创建“空调排风系统”和“空调送风系统”来介绍暖通空调建模的方法。

5.2.1 项目准备

1. 新建项目文件

重新启动 Revit 2016，单击按钮，在弹出的应用程序菜单中选择“新建” > “项目”命令，打开“新建项目”对话框，在“样板文件”下拉列表中选择本项目建立的“某科技楼-暖通系统样板 . rte”，然后单击“项目”单选按钮，最后单击“确定”按钮，建立新项目，如图 5. 47 所示。

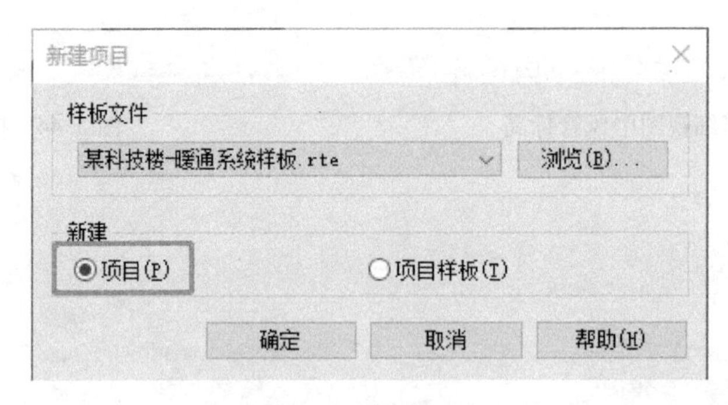

图 5. 47　新建项目

进入项目后，单击“保存”按钮，项目文件保存为“某科技楼-暖通空调专业模型”。

2. 导入 CAD

单击“插入”选项卡下“导入”面板中的“导入 CAD”工具，打开“导入 CAD 格式”对话框，选择图纸文件“某科技楼-暖通施-空调通风系统平面图”，具体设置如下：

1）勾选“仅当前视图”复选框，图层/标高选择“可见”，定位选择“自动-原点到原点”，导入单位选择“毫米”，如图 5. 48 所示。

2）完成设置后，单击“打开”按钮，完成 CAD 图纸的导入。

5.2.2 排风系统模型创建

1. 绘制风管

1）首先创建排风系统的主风管。单击“系统”选项卡下 HVAC 面板中的“风管”工具，或键入快捷键“DT”，在“属性”选项栏中单击“编辑类型”按钮，打开“类型属性”对话框，单击“复制”按钮弹出“名称”对话框，输入“排风管 P”，单击“确定”按钮，如图 5. 49 所示。

2）设置风管的参数。修改管件类型如图 5. 50 所示，如果下拉列表中没有所需类型的管件，可以从族库中导入。

3）绘制楼梯间左下方的排风风管。根据 CAD 底图，在“修改 | 风管”选项栏中设置风管的宽度为 500，高度为 250，偏移量为 3300，如图 5. 51 所示。

图 5.48　导入 CAD 图纸

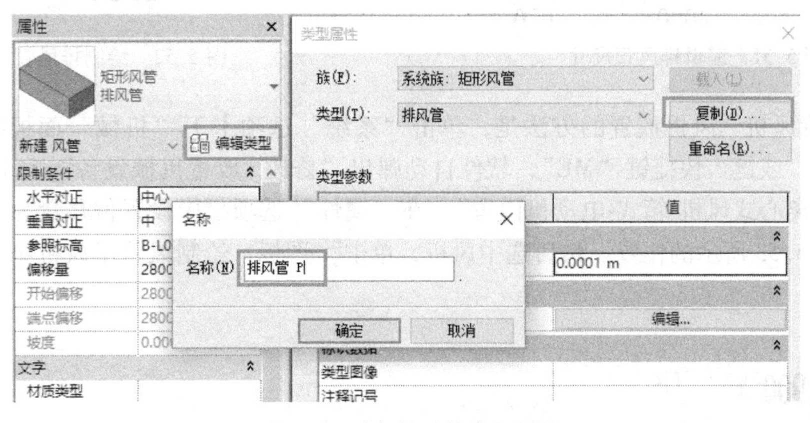

图 5.49　编辑排风管类型属性

4）绘制如图 5.52 所示的一段风管，风管的绘制需要单击两次，第一次确认风管的起点，第二次确认风管的终点。

2. 添加风机

1）载入风机族。单击“插入”选项卡下“从库中载入”面板中的“载入族”工具，打开“载入族”对话框，选择本书配套的风机族文件，单击“打开”按钮，将该族载入到项目中。

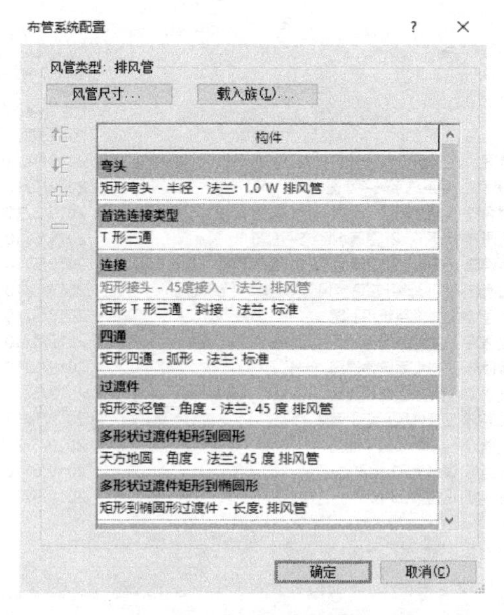
布管系统配置
风管类型：排风管
风管尺寸...
载入族(L)...
构件
弯头
矩形弯头 - 半径 - 法兰: 1.0 W 排风管
首选连接类型
T 形三通
连接
矩形接头 - 45度接入 - 法兰: 排风管
矩形 T 形三通 - 斜接 - 法兰: 标准
四通
矩形四通 - 弧形 - 法兰: 标准
过渡件
矩形变径管 - 角度 - 法兰: 45 度 排风管
多形状过渡件矩形到圆形
天方地圆 - 角度 - 法兰: 45 度 排风管
多形状过渡件矩形到椭圆形
矩形到椭圆形过渡件 - 长度: 排风管
确定
取消(C)

图 5.50　布管系统配置

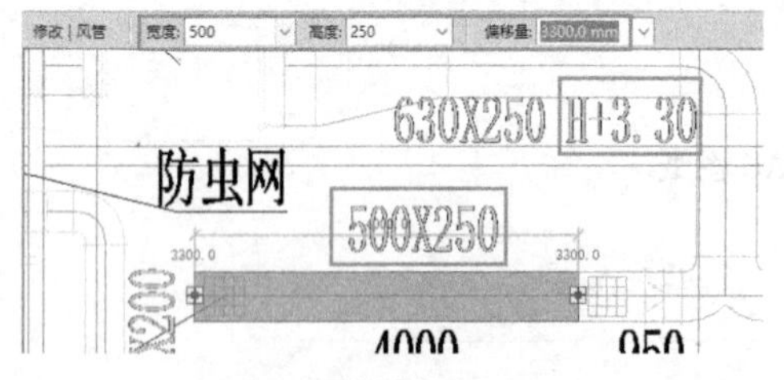

图 5.51　编辑排风管尺寸

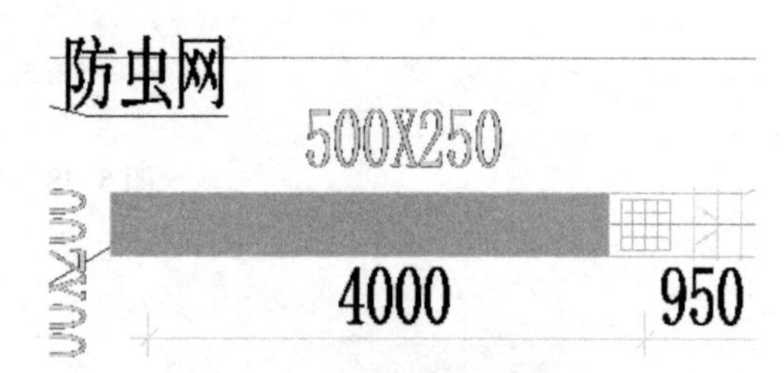

图 5.52　绘制排风管

2）放置风机。风机放置的方法是，单击“系统”选项卡下“机械”面板中的“机械设备”工具，或键入快捷键“ME”，软件自动弹出“修改 | 放置机械设备”上下文选项卡，选择类型“离心式风机-箱式-电动机内置”，在“属性”选项栏中设置偏移量为 3200，并将风机置于图 5.53 所示的位置。然后选中风机，单击图标，绘制风管至风机箱，如图 5.54 所示。

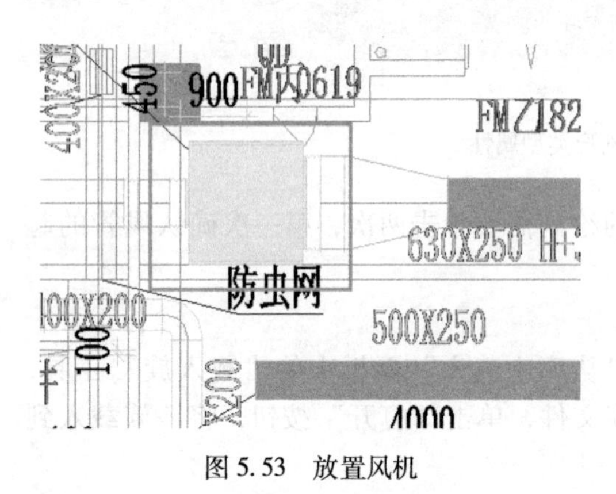

图 5.53　放置风机

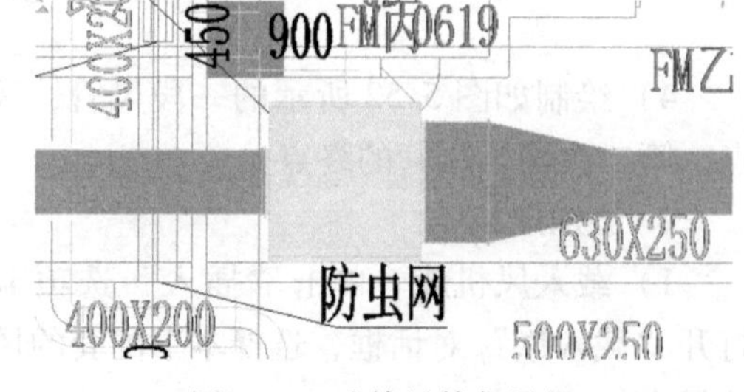

图 5.54　连接风管与风机

5.2.3　送风系统模型创建

1. 绘制风管

1）首先创建空调送风系统的送风管。单击“系统”选项卡下“HVAC”面板中的“风管”工具，或键入快捷键“DT”，在“属性”选项栏中单击“编辑类型”按钮，打开“类型属性”对话框，单击“复制”按钮弹出“名称”对话框，输入“送风管 S”，单击“确定”按钮，如图 5.55 所示。

2）绘制楼梯间右下方的送风风管。根据 CAD 底图，在“修改｜风管”选项栏中设置风管的宽度为 1600，高度为 400，偏移量为 3200，如图 5.56 所示。

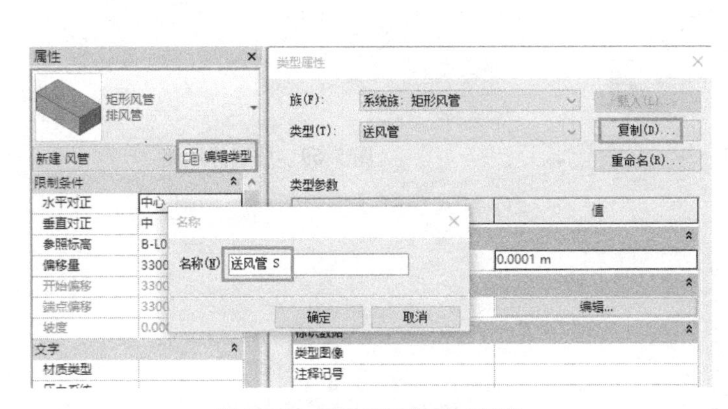

图 5.55　编辑送风管类型属性

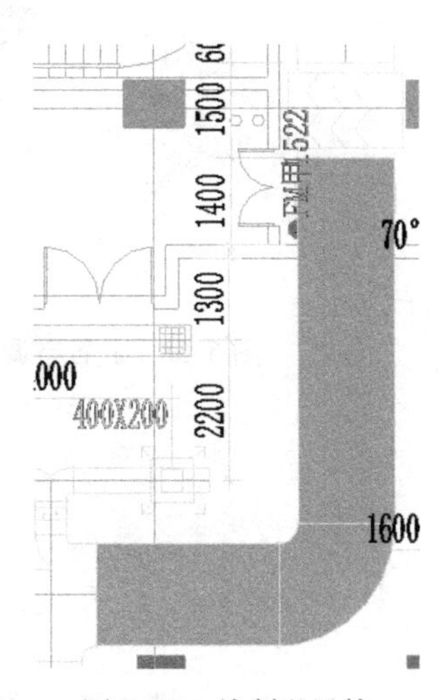

图 5.56　绘制送风管

对于比较复杂的风管连接处，如图 5.57 所示。例如，案例中不同管径的风管要进行连接，需要对管件的族进行设置，设置其最小尺寸和最大尺寸，系统则会根据设置自动选用不同的管件。

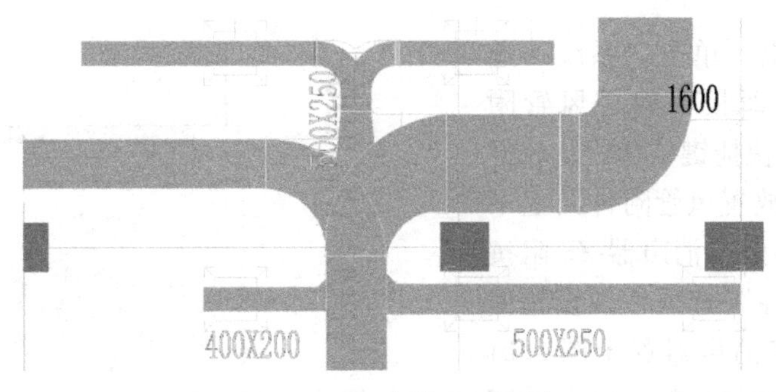

图 5.57　复杂管段的绘制

2. 添加空调机组

1）添加空调机组。单击“系统”选项卡下“机械”面板中的“机械设备”工具，或键入快捷键“ME”，软件自动弹出“修改｜放置机械设备”上下文选项卡，选择类型“空调机组”（若系统没有，则需从族文件夹里载入组合式空调机组族），在“属性”选项栏中设置偏移量为0，并将空调机组置于图5.58所示的位置。

2）添加静压箱。单击“系统”选项卡下“机械”面板中的“机械设备”工具，选择“消音静压箱”，设置其偏移为2900，放置在CAD底图所示的位置，如图5.59所示。选择静压箱，单击⊠图标，绘制风管至机组连接口，选择“送风管S”，如图5.60所示。

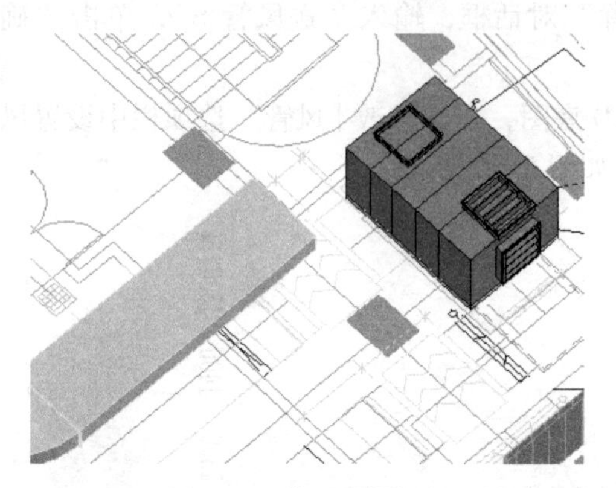

图5.58　放置空调机组

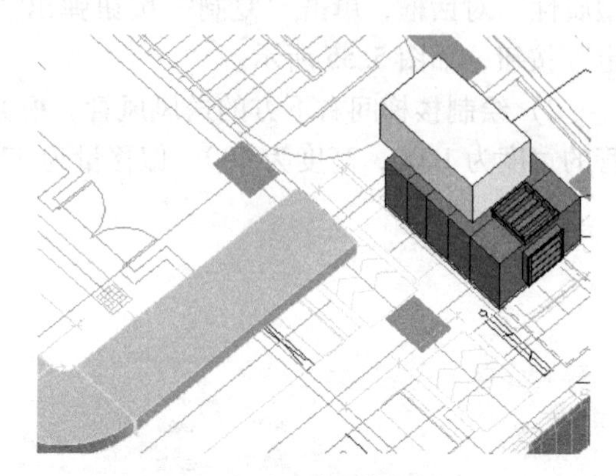

图5.59　放置静压箱

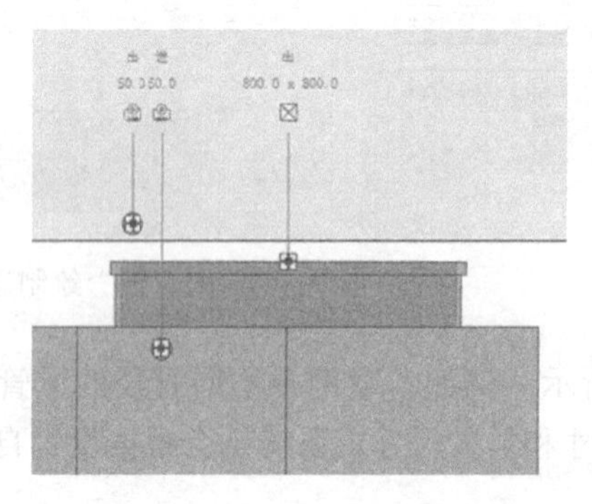

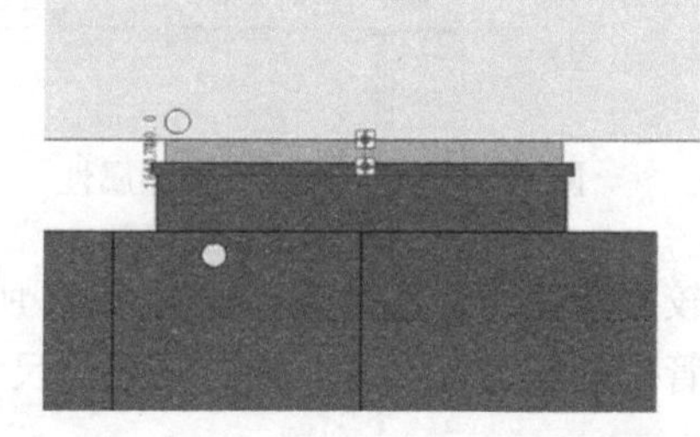

图5.60　连接风管与机组

3）添加消声器。单击“系统”选项卡下“HVAC”面板中的“风管附件”工具，或键入快捷键“DA”，软件自动弹出“修改|放置风管附件”上下文选项卡，选择类型“消声器-ZF阻抗复合式”，在“属性”选项栏中设置偏移量为2600，并将消声器置于图5.61所示的位置。然后选择风管，单击图标，绘制风管至消声器连接口，选择“送风管S”，如图5.62所示。最后重复此操作将消声器与静压箱相连，如图5.63所示。

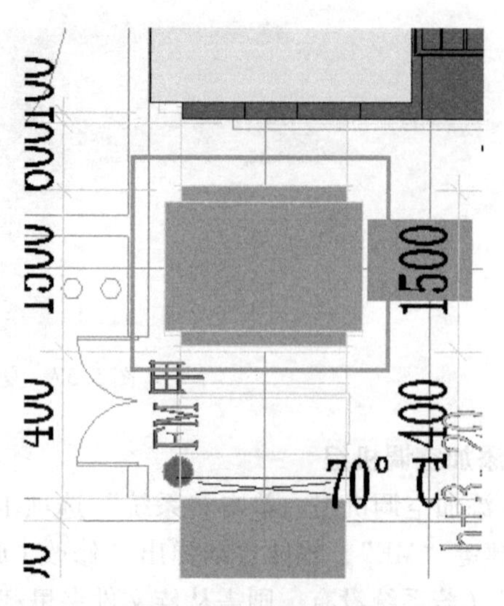

图5.61　放置消声器

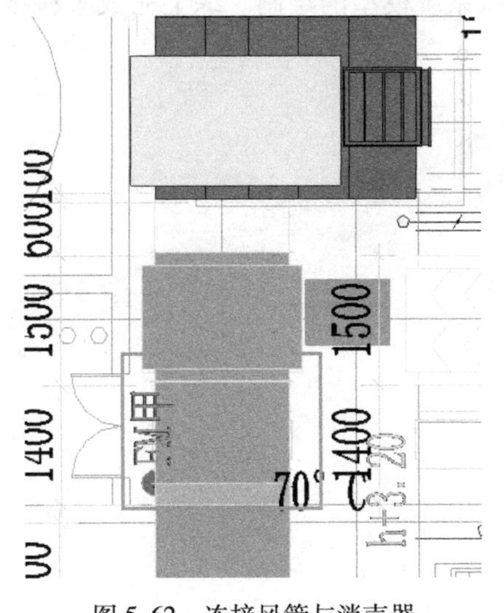

图 5.62　连接风管与消声器

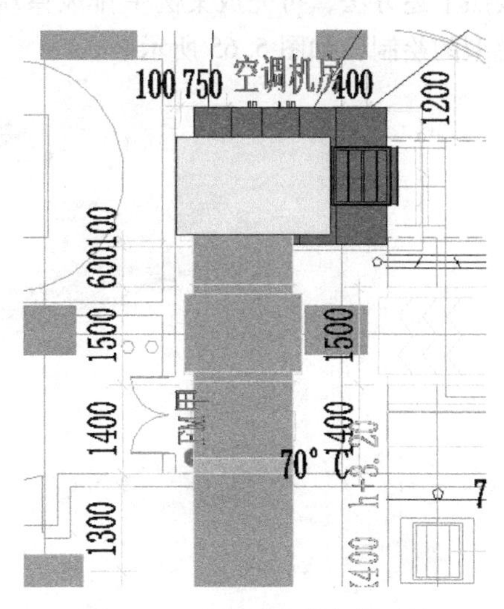

图 5.63　连接消声器与静压箱

3. 添加风口

单击“系统”选项卡下“HVAC”面板中的“风道末端”工具，或键入快捷键“AT”，软件自动弹出“修改 | 放置风道末端装置”上下文选项卡，选择类型“散流器-方形”（若系统没有，则需从族文件夹里载入风口族），在“属性”选项栏中设置偏移量为 2400，根据 CAD 底图所示插入风口，最终结果如图 5.64 所示。

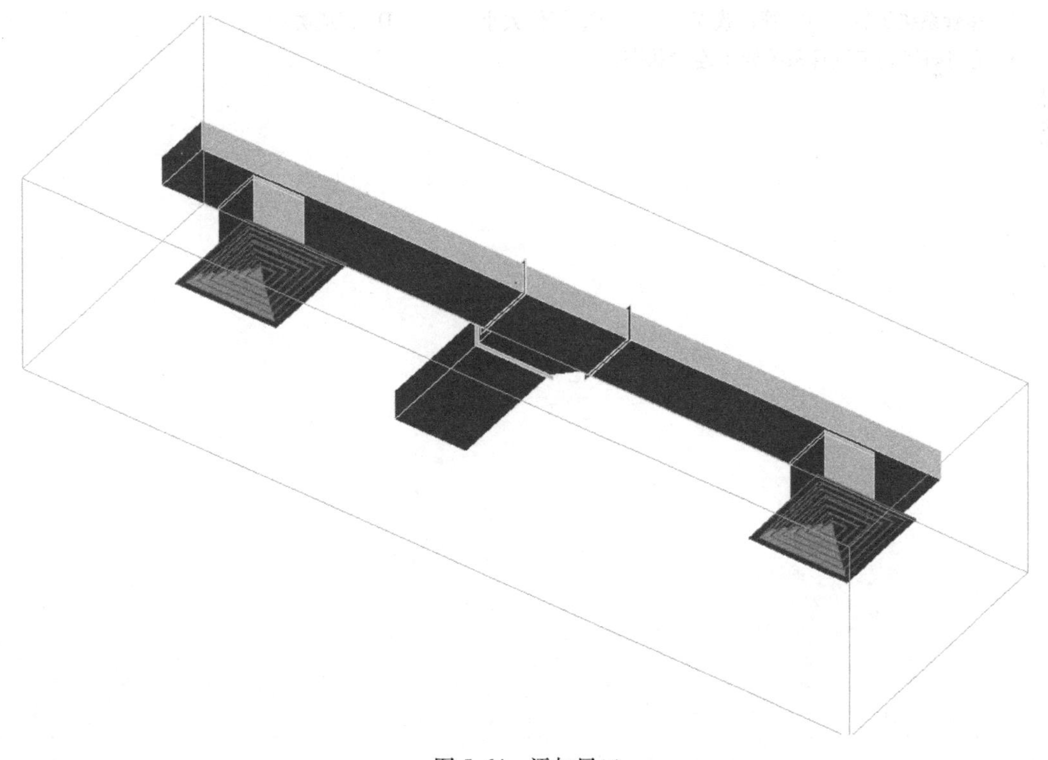

图 5.64　添加风口

按照上述方法，可完成案例中排风系统和送风系统模型的绘制。综上完成某科技楼3F暖通模型的绘制，如图5.65所示。

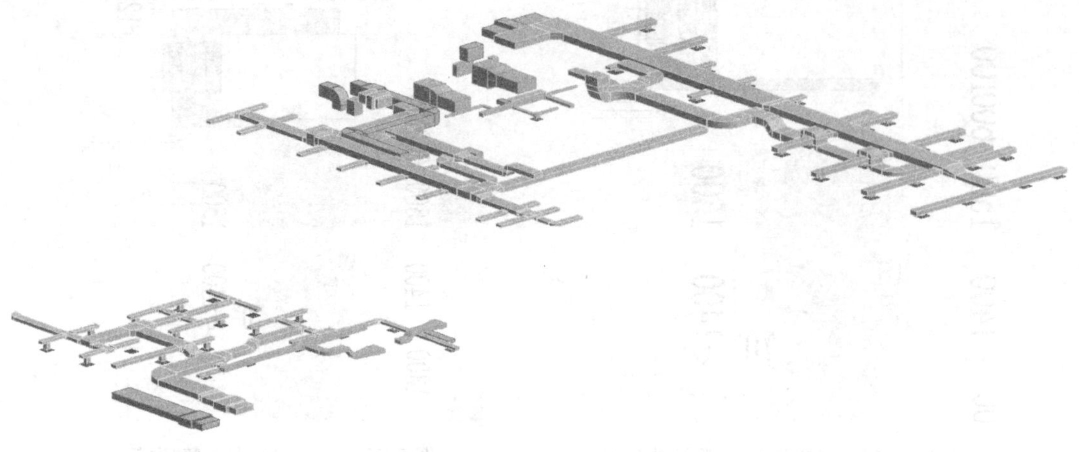

图5.65　3F暖通模型

习　题

1. 现需要绘制宽度为360风管，已知风管宽度列表里的参数为400、300，则在此列表中手动输入360，那么绘制出的风管实际宽度为（　　）。

A. 360　　B. 400　　C. 300　　D. 绘制失败

2. 在创建风管系统过程中，依据（　　）自动生成管件。

A. 布管系统配置　　B. 管件族库　　C. 管件大小　　D. 管道类型

3. 请问如何确定风管系统处于连接状态？

第6章 电气模型创建

电气系统主要涉及建筑供配电技术，建筑设备电气控制技术，电气照明技术，防雷、接地与电气安全技术等。本章主要介绍电气专业的建模基础，包括桥架、附件、连接件、电气设备的创建和编辑，并通过一个实际工程项目案例，介绍电气模型的创建流程。

6.1 电缆桥架与线管功能介绍

电缆桥架和线管的敷设是电气布线的重要部分。

6.1.1 电缆桥架与线管参数设置

1. 电缆桥架的参数设置

电缆桥架功能可以创建电缆桥架模型，如图 6.1 所示。

电缆桥架有“带配件的电缆桥架”和“无配件的电缆桥架”两种形式，如图 6.2 和图 6.3所示。其中“无配件的电缆桥架”适用于设计过程中无需明显区分配件的情况。这两种形式是作为两个不同的系统族来实现的，并且可以在两个系统族添加不同的类型。Revit 2016 提供的“机械样板”项目样板文件分别给“带配件的电缆桥架”和“无配件的电缆桥架”配置了默认类型，如图 6.4 所示。

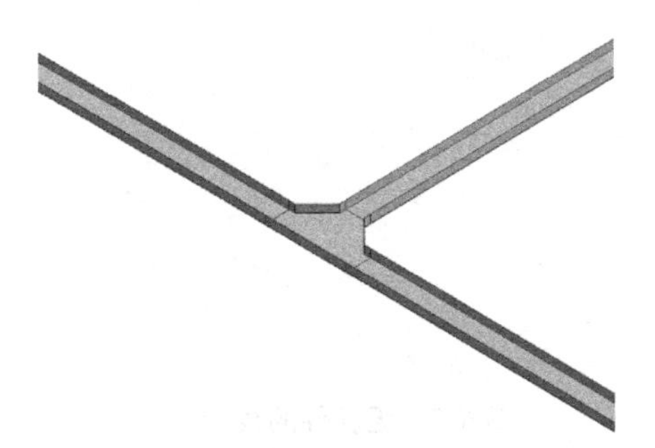

图 6.1　桥架模型

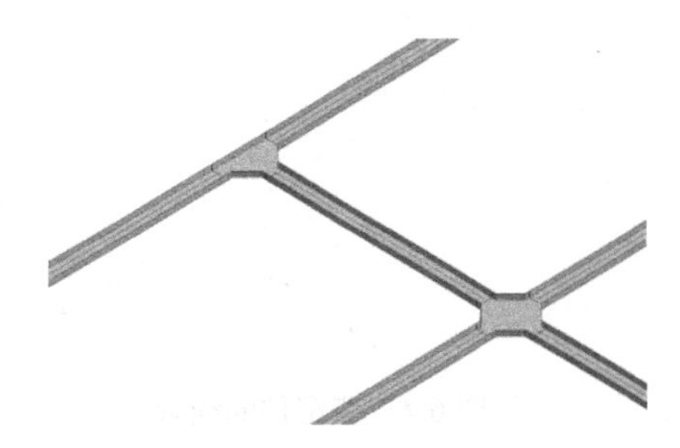

图 6.2　带配件的电缆桥架

“带配件的电缆桥架”和“无配件的电缆桥架”的区别在于：绘制“带配件的电缆桥架”时，桥架直段和配件之间有分割线存在；绘制“无配件的电缆桥架”时，转弯处和直段之间并没有分离，当交叉或分支时，桥架自动打断或直接相连，不插入任何配件。

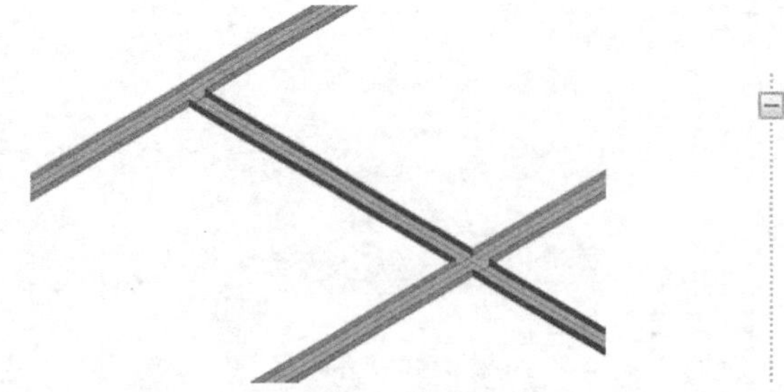

图 6.3　无配件的电缆桥架

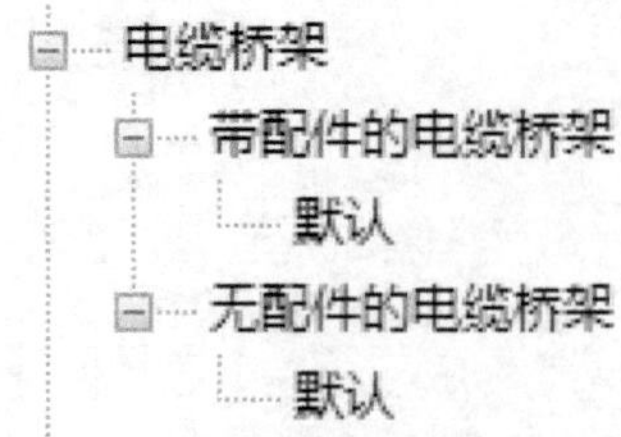

图 6.4　项目浏览器（电缆桥架）

Revit 自带族库中，提供了专用的电缆桥架配件族。单击“系统”选项卡下“电气”面板中的“电缆桥架配件”工具，即可选择“机电、供配电、配电设备、电缆桥架配件”目录下所需的族文件载入到项目中。图 6.5 所示为几种不同的配件族。

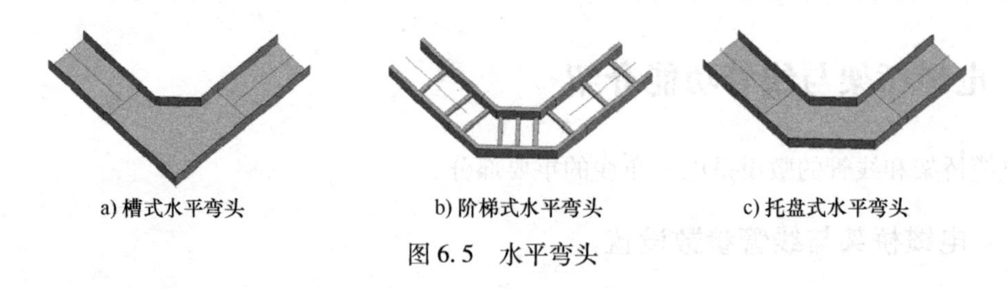

a) 槽式水平弯头　　b) 阶梯式水平弯头　　c) 托盘式水平弯头

图 6.5　水平弯头

2. 线管的参数设置

同上述电缆桥架一样，Revit 提供了两种线管管路形式，分别是“带配件的线管”和“无配件的线管”，如图 6.6 和图 6.7 所示。这两种形式也是作为两个不同的系统族来实现的，并且可以在这两个系统族下面添加不同的类型。Revit 2016 提供的“机械样板”项目样板文件分别给“带配件的线管”和“无配件的线管”配置了默认类型，如图 6.8 所示。

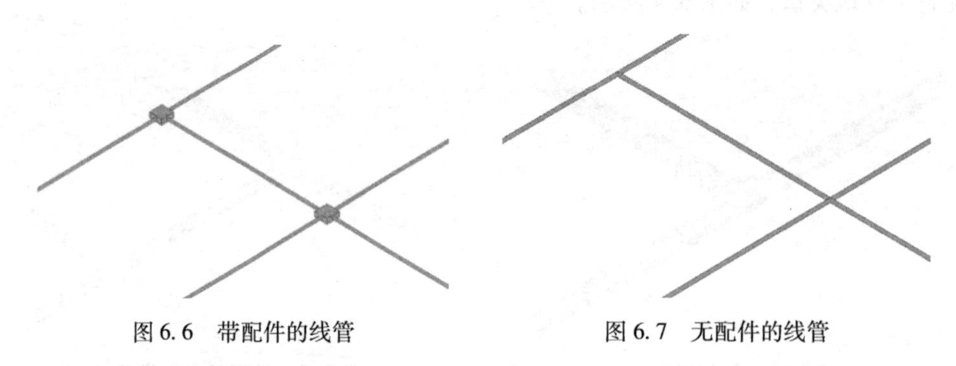

图 6.6　带配件的线管　　图 6.7　无配件的线管

6.1.2　电缆桥架与线管绘制方法

1. 电缆桥架的绘制

单击“管理”选项卡下“设置”面板中的“MEP 设置”工具，选择“电气设置”功能，打开“电气设置”对话框（也可单击“系统”选项卡下“电气”面板右下角箭头选择

“电气设置”功能），在其左侧展开“电缆桥架设置”，如图 6.9所示。

同时还需要载入相关的配件族，单击“系统”选项卡下“电气”面板中的“电缆桥架配件”工具，打开“载入族”对话框载入所需的配件，如图 6.10 所示。

载入之后需添加到所绘制电缆桥架配置中，单击“系统”选项卡下“电气”面板中的“电缆桥架”工具，再单击“属性”选项栏中的“编辑类型”按钮，打开“类型属性”对话框，在“管件”列表中进行添加，如图 6.11 所示。

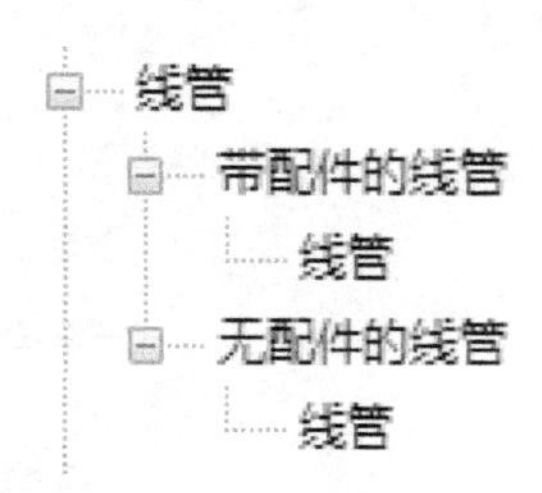

图 6.8　项目浏览器（线管）

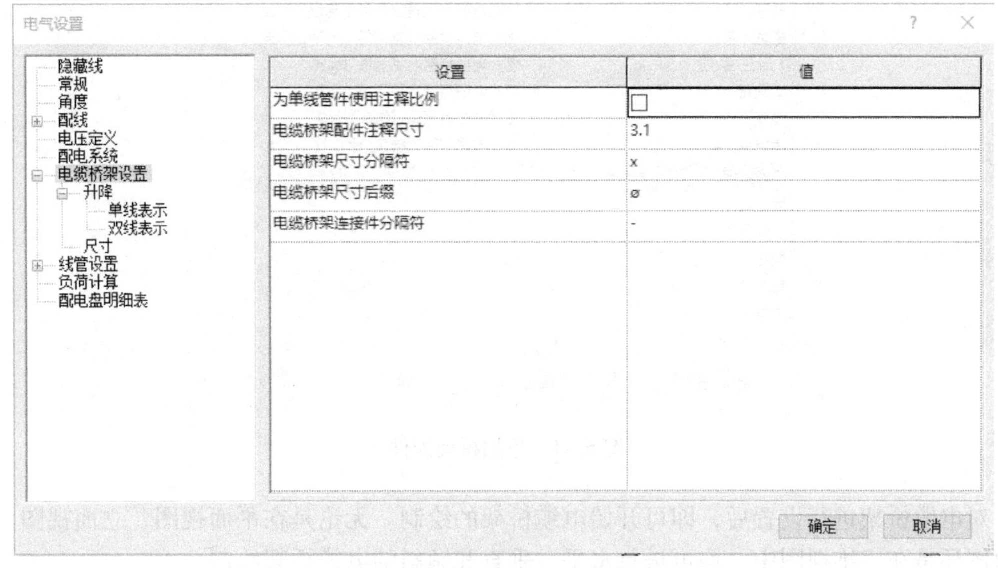

图 6.9　“电气设置”对话框

图 6.10　载入电缆桥架配件族

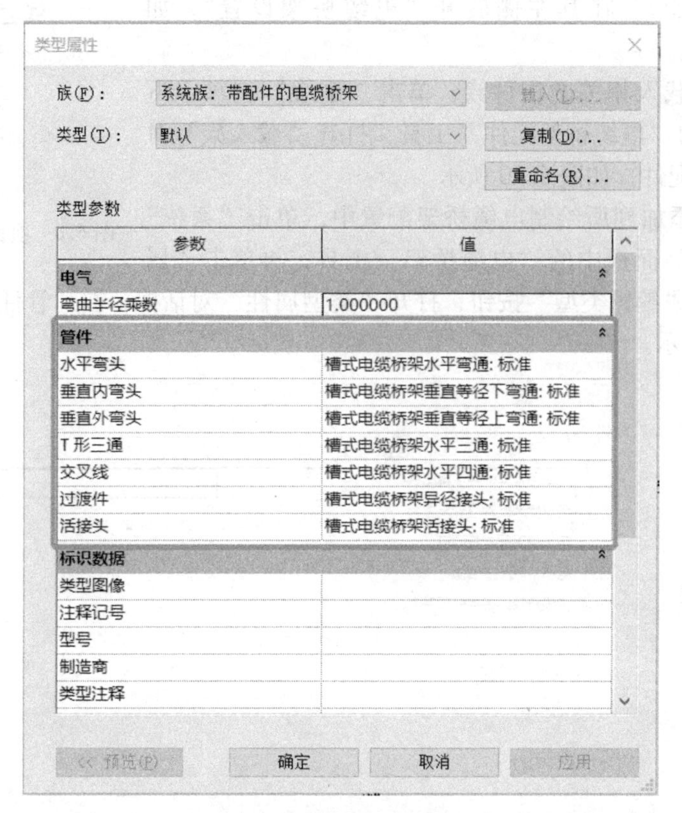

图 6.11　添加桥架配件

对电缆桥架进行设置后，即可开始电缆桥架的绘制。无论是在平面视图、立面视图、剖面视图还是在三维视图中，均可进行水平、垂直和倾斜的电缆桥架绘制。

1）选择电缆桥架类型。单击“系统”选项卡下“电气”面板中的“电缆桥架”工具，在“属性”选项栏中进行电缆桥架类型选择。

2）选择电缆桥架尺寸及偏移量。在“修改 | 放置电缆桥架”选项栏的“宽度”下拉列表中选择电缆桥架宽度，如果下拉列表中没有目标尺寸，可以先在“电气设置”对话框的“电缆桥架设置”中新建所需尺寸。“高度”设置方法同“宽度”。默认“偏移量”是指电缆桥架中心线相对于当前平面标高的距离，可在“偏移量”下拉列表中选择所需的偏移量，也可在“属性”选项栏中直接输入自定义的偏移量数值，默认单位为 mm，如图 6.12 所示。

3）指定电缆桥架起点和终点。在绘图区域中单击即可指定电缆桥架的起点，将光标移动一定距离之后再次单击即可确定终点，完成一段电缆桥架的绘制。绘制完成后，可按 Esc 键退出绘制；也可右击原有桥架的连接件进行再次绘制，如图 6.13 所示。

4）电缆桥架对正。选中需要对正的电缆桥架，在“修改”选项卡中单击“对正”工具，弹出对正编辑器，如图 6.14 所示。

水平对正：使用电缆桥架的中心、左侧或右侧作为参照，水平对齐电缆桥架水平面的各条边，即指当前视图下相邻两段桥架之间的水平对正方式。“水平对正”方式有“中心”“左”和“右”。

水平偏移：指定在绘图区域中的鼠标单击位置与电缆桥架绘制位置之间的偏移。如果要在视图中距另一构件固定距离的地方放置电缆桥架，则该选项非常有用。

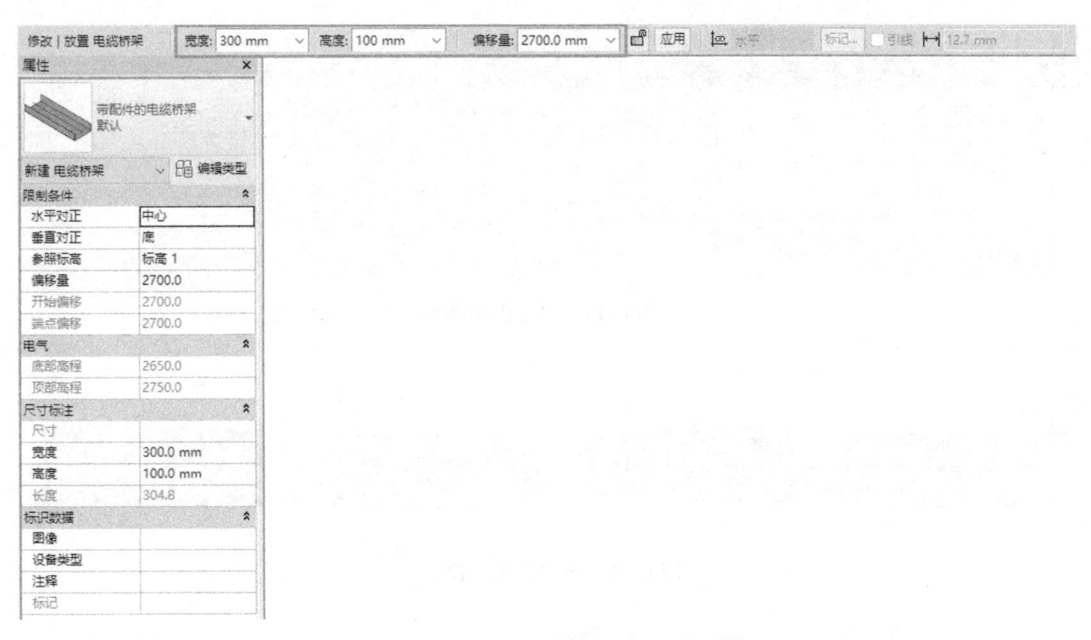

图 6.12　单击“电缆桥架”工具后界面

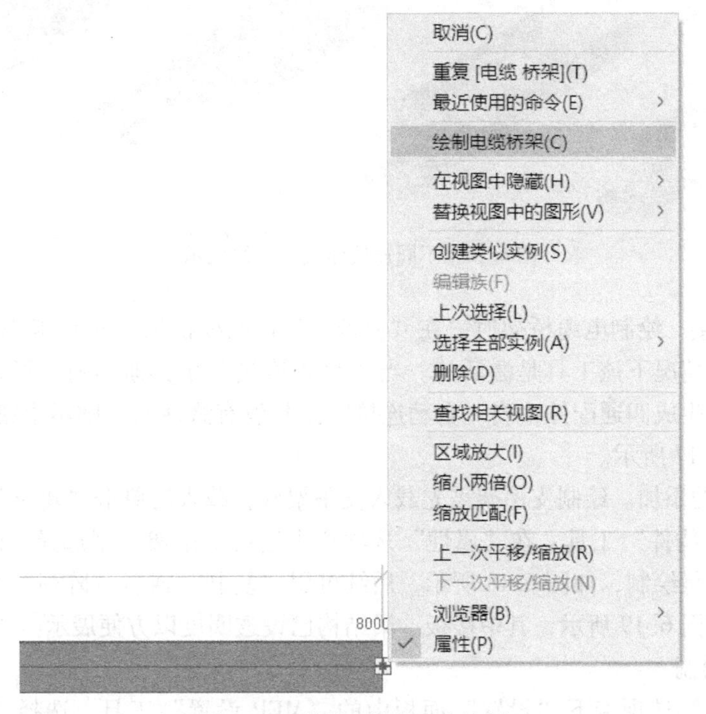

图 6.13　利用连接件再次绘制

垂直对正：使用电缆桥架的中部、底部或顶部作为参照，垂直对齐电缆桥架剖面的各条边，即指当前视图下相邻桥架之间的垂直对正方式。

通过修改桥架连接件的位置改变桥架的连接位置后，会产生不同的连接效果，如图 6.15和图 6.16 所示。

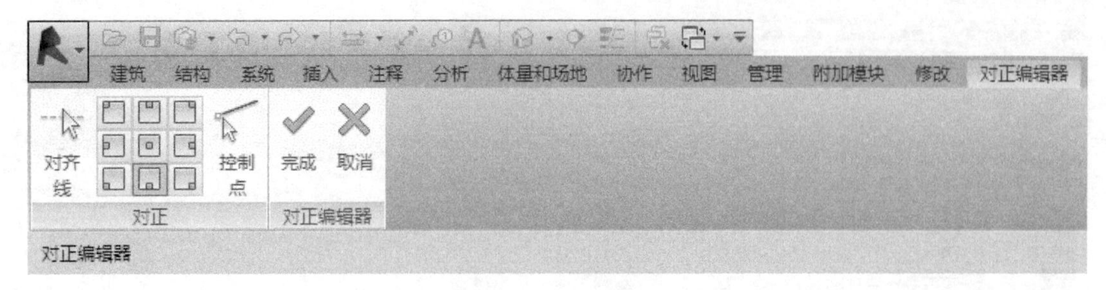

图6.14　对正编辑器

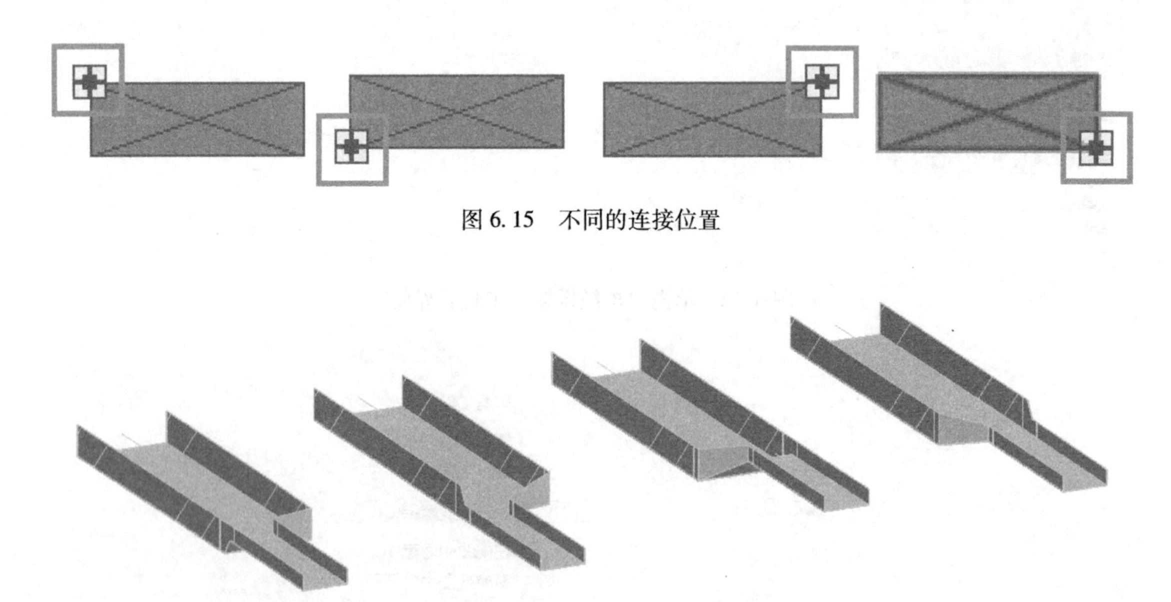

图6.15　不同的连接位置

图6.16　不同连接样式（三维展示）

5）自动连接。绘制电缆桥架时，在“修改｜放置电缆桥架”选项卡中有“自动连接”这一工具，默认情况下该工具是激活的。当“自动连接”工具激活时，可以自动连接相交的电缆桥架，并生成四通配件；当“自动连接”工具没有激活时，则不生成电缆桥架配件。两种方式如图6.17所示。

6）支吊架的添加。绘制支吊架需先载入支吊架族，载入后单击“建筑”选项卡下“构建”面板中的“构件”工具，在“属性”选项栏中进行支吊架类型选择，设置好支吊架偏移量等参数后进行绘制，如图6.18所示，后续可用“复制”或者“阵列”命令进行快速建模，完成效果如图6.19所示，其中楼板、梁结构已设透明度以方便展示。

2. 线管的绘制

单击“管理”选项卡下“设置”面板中的“MEP设置”工具，选择“电气设置”功能，打开“电气设置”对话框（也可单击“系统”选项卡下“电气”面板右下角箭头选择“电气设置”功能），在其左侧展开“线管设置”，如图6.20所示。

同样的，线管也需载入相关的线管配件族，单击“系统”选项卡下“电气”面板中的“线管配件”工具，打开“载入族”对话框载入所需的配件，如图6.21所示（Revit中线管有区分，如EMT：钢管、RMC：铝管、RNC：PVC管）。

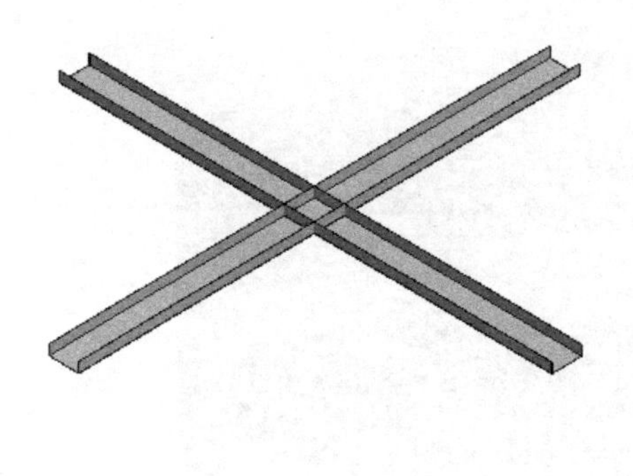

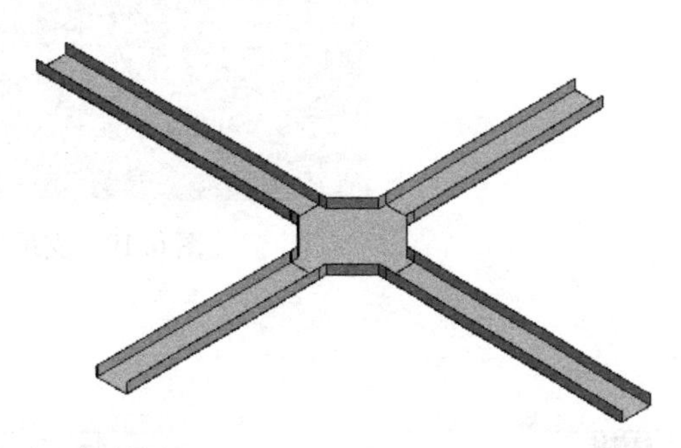

图 6.17　自动连接效果

图 6.18　支吊架参数设置界面

载入之后需添加到所绘制线管配置中，单击“系统”选项卡下“电气”面板中的“电缆桥架”工具，再单击“属性”选项栏中的“编辑类型”按钮，打开“类型属性”对话框，在“管件”列表中进行添加，如图 6.22 所示。

对线管进行设置后，即可开始线管的绘制。无论是在平面视图、立面视图、剖面视图还是在三维视图中，均可进行水平、垂直和倾斜的线管绘制。线管绘制的步骤同电缆桥架绘制步骤一样。

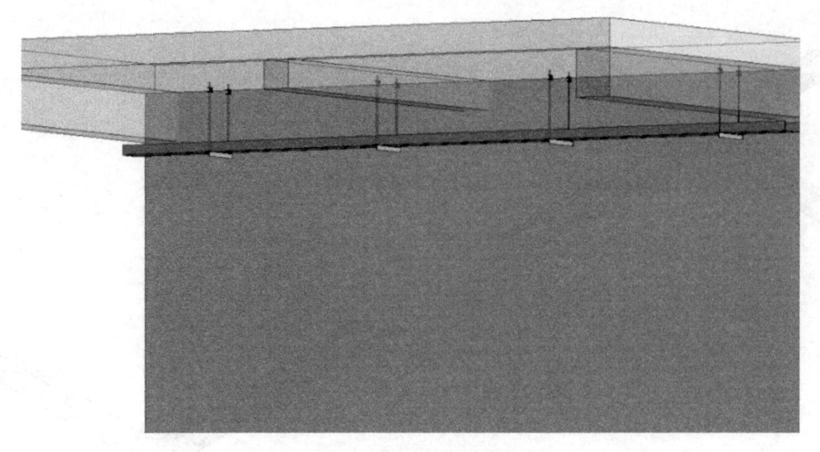

图 6.19　支吊架三维展示图

图 6.20　线管设置界面

1）基本操作。单击“系统”选项卡下“电气”面板中的“线管”工具，在“修改 | 放置线管”选项栏的“直径”和“偏移量”下拉列表中选择线管直径和偏移量；在绘图区域单击指定线管管路的起点，移动光标，再次单击指定线管终点。

2）线管放置选项。在“修改 | 放置线管”选项卡中的“对正”和“自动连接”工具的功能同电缆桥架类似。

特别的是，当线管数量较多且平行布置时，可先绘制出其中一线管，然后使用“系统”选项卡下“电气”面板中的“平行线管”工具，设置所需线管数以及偏移间距，接着将鼠标放置在已完成绘制的线管上，按 Tab 键进行全选，再次单击左键完成绘制，如图 6.23、图 6.24 和图 6.25 所示。

“表面连接”是针对线管创建的一个功能。通过在族的模型表面添加“表面连接件”，

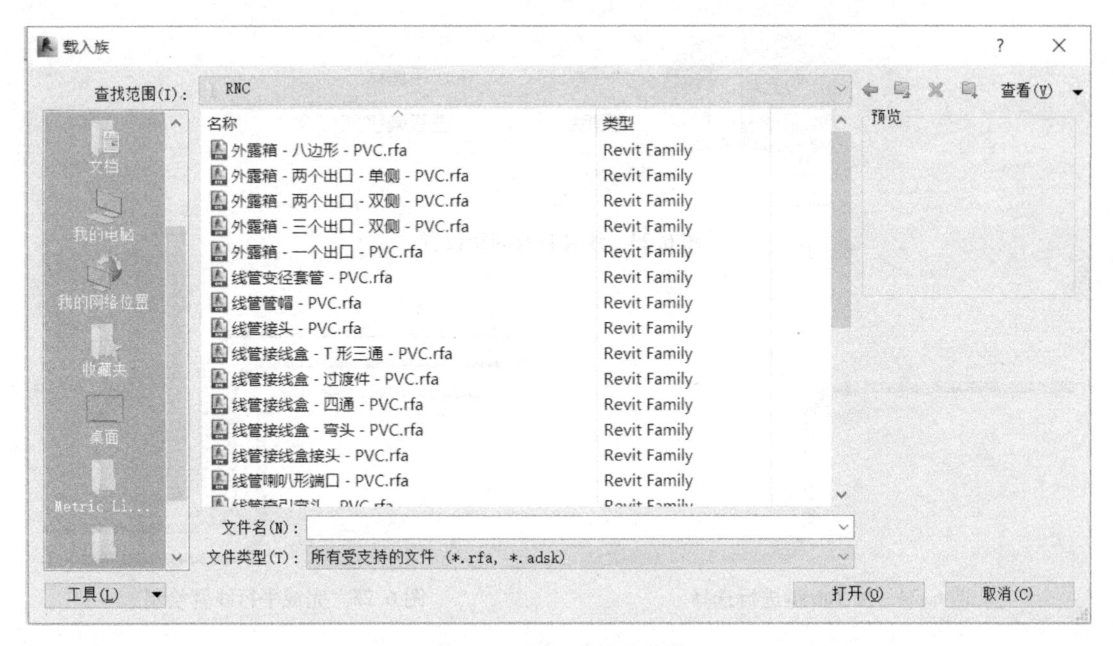

图 6.21　载入线管配件族

类型属性

族(F)：系统族：带配件的线管　载入(L)...

类型(T)：PVC管　复制(D)...

重命名(R)...

类型参数

参数	值
电气	
标准	RNC 明细表 80
管件	
弯头	线管弯头 - 喇叭形端口 - PVC: 标准
T 形三通	线管主体 - 类型 T - PVC: 标准
交叉线	线管接线盒 - 四通 - PVC: 标准
过渡件	线管变径套管 - PVC: 标准
活接头	线管接头 - PVC: 标准
标识数据	
类型图像	
注释记号	
型号	
制造商	
类型注释	
URL	
说明	

<< 预览(P)　确定　取消　应用

图 6.22　添加线管配件

从而实现从设备表面的任何位置绘制一根或多根线管。以变压器（通过从 Revit 自带族库中载入）为例，如图 6.26 所示，在其各个表面均带有“线管表面连接件”。

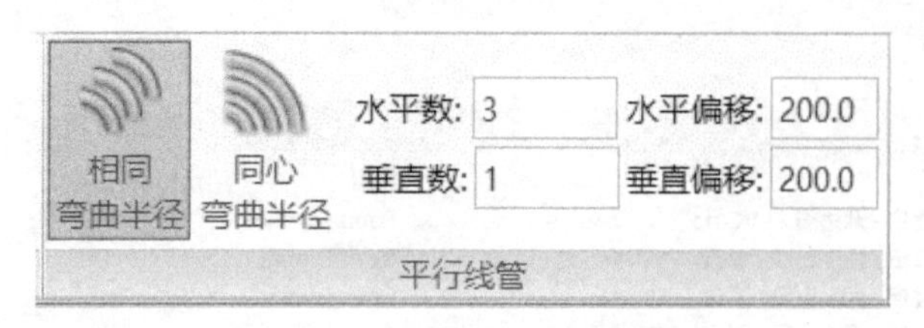

图 6.23　线管数及间距设置

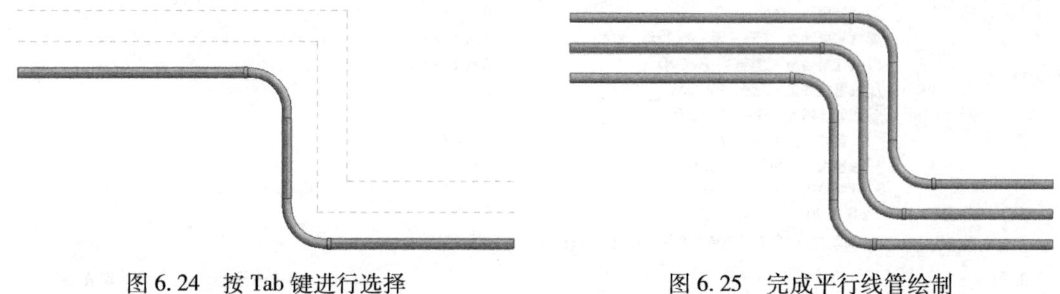

图 6.24　按 Tab 键进行选择　　　　图 6.25　完成平行线管绘制

选择某一个表面连接件，右击从弹出的快捷菜单中选择“从面绘制线管”命令，如图 6.27所示；将连接件捕捉拖拽到所需位置（或输入所需位置的临时尺寸标注），单击“表面连接”面板中的“完成连接”工具，在“类型选择器”选择线管类型，指定直径、偏移量和弯曲半径，如图 6.28 所示；单击指定线管终点，完成绘制，如图 6.29 所示。

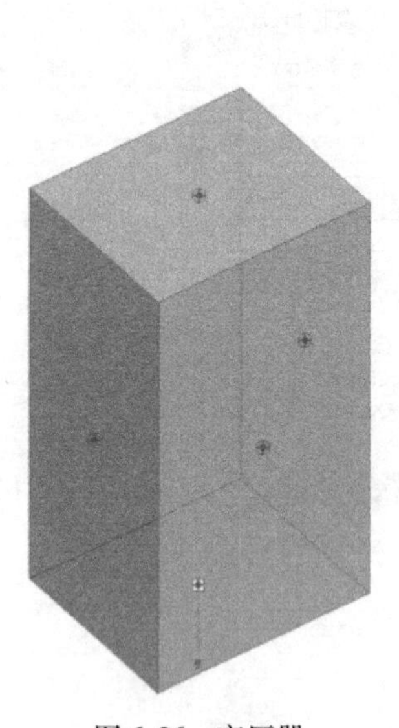

图 6.26　变压器

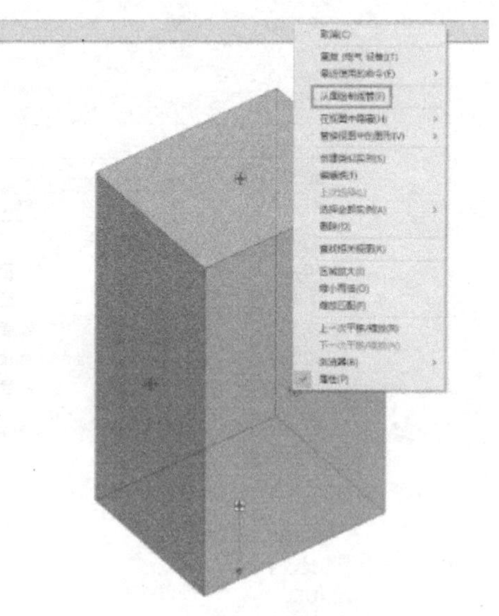

图 6.27　从面绘制线管

6.1.3　电缆桥架与线管显示设置

完成电缆桥架的绘制后，可通过“视图控制栏”中的“详细程度”按钮，选择电缆桥架在视图中的显示模式，分别是“粗略”“中等”“精细”三种详细程度。

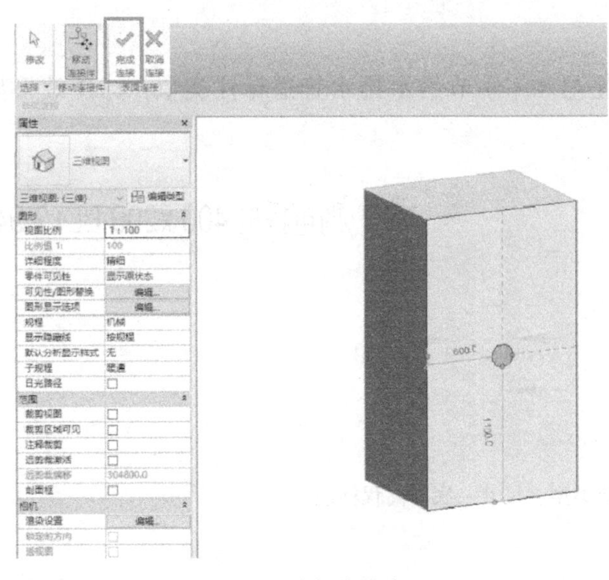

图 6.28　编辑线管类型

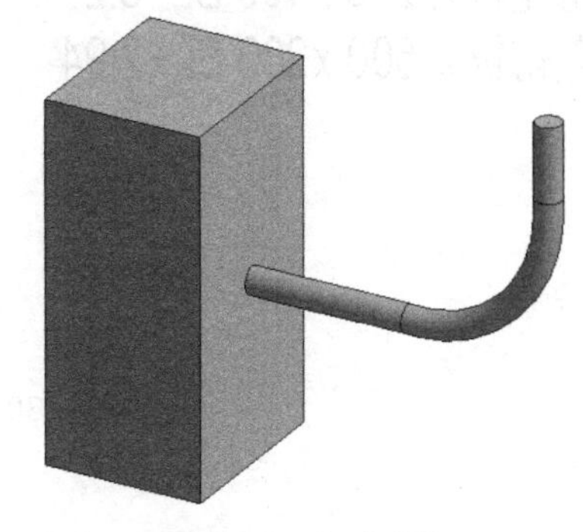

图 6.29　完成连接

粗略：默认显示电缆桥架的单线。

中等：默认显示电缆桥架最外面的方形。

精细：默认显示电缆桥架的实际模型。

以梯形电缆桥架为例，三种详细程度的视图显示对比，见表 6.1。线管的显示设置与电缆桥架类似。

表 6.1　精细、中等、粗略对比

详细程度	平面	三维
精细		
中等		
粗略		

6.1.4 电缆桥架与线管标注

电缆桥架与线管的尺寸及高程标注与4.1.4节给水排水管道标注类似，标注效果如图6.30和图6.31所示。

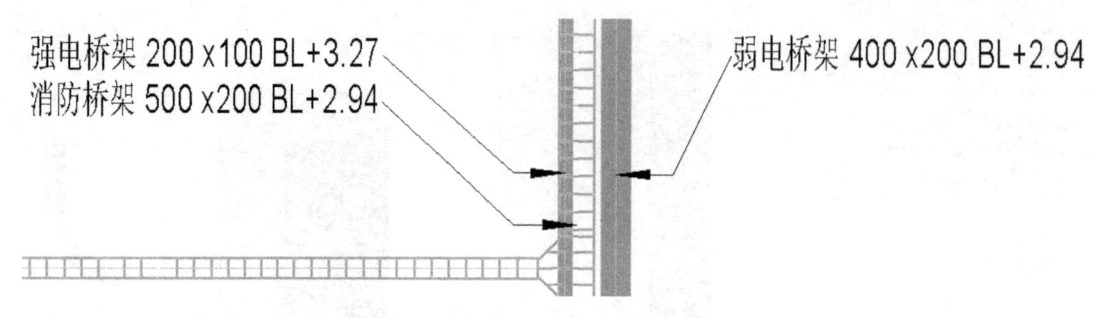

图6.30 桥架类型、尺寸、底部高程标注

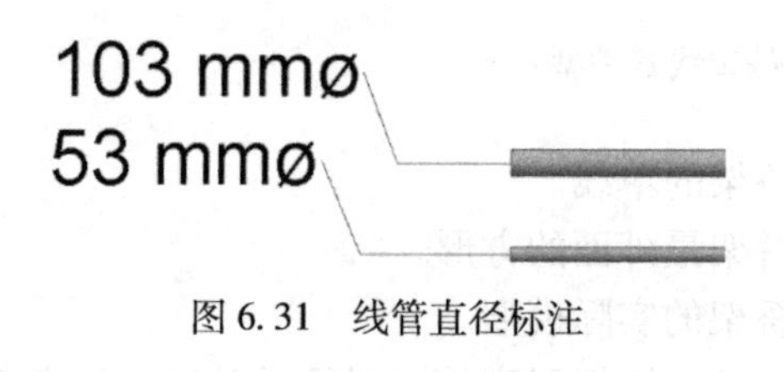

图6.31 线管直径标注

6.2 电气工程案例

本案例的电气系统涉及消防桥架和强电桥架。本节通过创建“强电桥架”来介绍电气模型建模的方法。

6.2.1 项目准备

1. 新建项目文件

重新启动Revit 2016，单击按钮，选择“新建”>“项目”命令，打开“新建项目”对话框，在“样板文件”下拉列表中选择本项目建立的“某科技楼-电气系统样板.rte”，然后单击“项目”单选按钮，最后单击“确定”按钮，建立新项目，如图6.32所示。

进入项目后，单击“保存”按钮，项目文件保存为“某科技楼-电气专业模型”。

2. 导入CAD

单击“插入”选项卡下“导入”面板中的“导入CAD”工具，打开“导入CAD格式”对话框，选择图纸文件“某科技楼-电施-地下室照明平面图”，具体设置如下：

1）勾选“仅当前视图”复选框，图层/标高选择“可见”，定位选择“自动-原点到原点”，导入单位选择“毫米”，如图6.33所示。

2）完成设置后，单击“打开”按钮，完成CAD图纸的导入。

3）选择导入的CAD图纸，单击“修改”选项卡中的“解锁”命令，再单击“移动”命令，选中CAD图纸“1轴”与“2-C轴”交点，单击项目中轴网“1轴”与“2-C轴”交

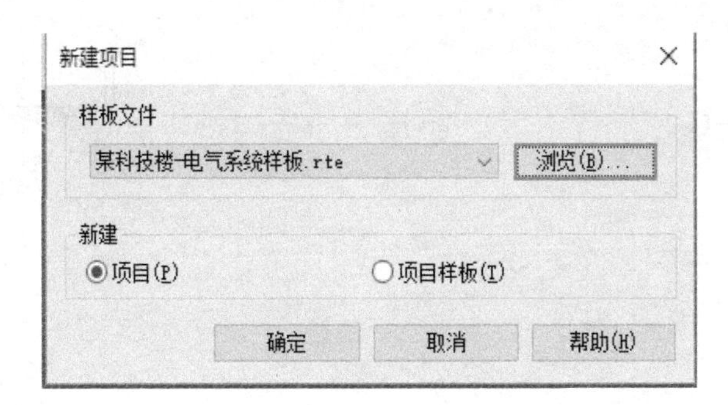

图 6.32　新建项目

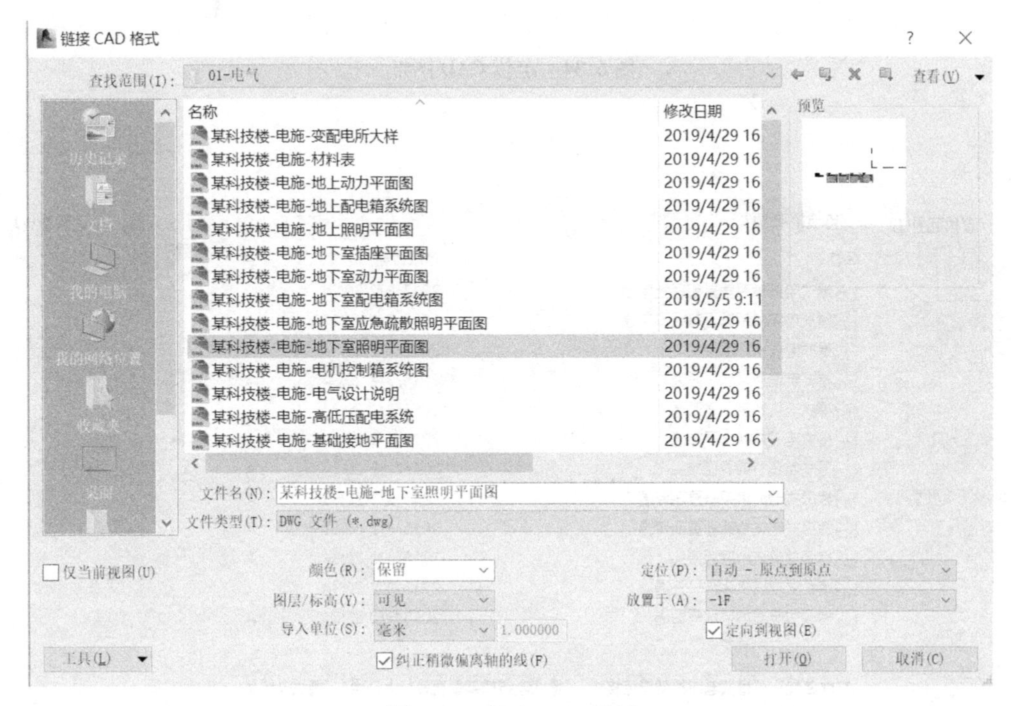

图 6.33　导入 CAD 图纸

点，再单击“锁定”命令，完成 CAD 图纸的定位，如图 6.34 所示。

6.2.2　电缆桥架模型创建

1. 载入所需电缆桥架配件

载入所需电缆桥架配件如“垂直弯通”“活接头”“水平三通”“水平四通”和“异径接头”等，选中后载入项目中，如图 6.35 所示。

2. 设置类型及绘制

1）创建电缆桥架类型。单击“系统”选项卡下“电气”面板中的“电缆桥架”工具，在“属性”选项栏中单击“编辑类型”按钮，打开“类型属性”对话框，创建一个名称为“槽式电缆桥架-强电”类型，并在“管件”列表中设置载入的配件，如图 6.36 所示。

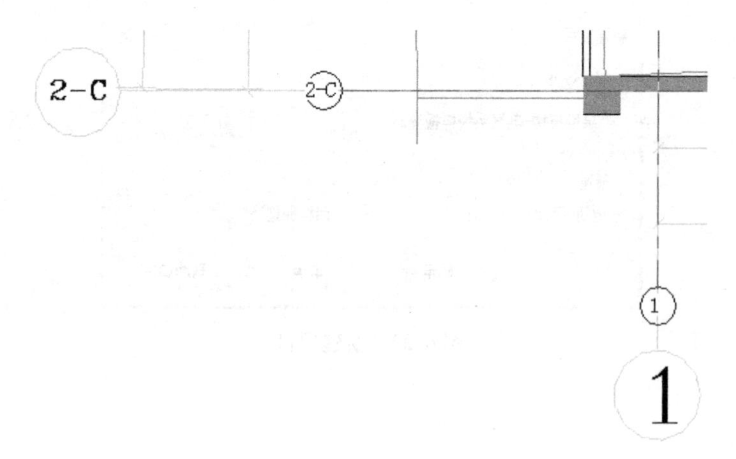

图 6.34　定位 CAD 图纸

图 6.35　载入电缆桥架配件

2）绘制电缆桥架。单击“系统”选项卡下“电气”面板中的“电缆桥架”工具，在“属性”选项栏的类型中选中所创建的“槽式电缆桥架-强电”类型，并选择“水平对正：中心”和“垂直对正：中”；在“修改｜放置电缆桥架”选项栏中修改电缆桥架宽度为400mm，高度为200mm，偏移量为2430mm，此偏移量为所绘制电缆桥架底部到所对应参照标高的垂直距离。

3）在绘图区域单击确定电缆桥架的起始位置，再次单击确定电缆桥架的终止位置，由于载入了所需配件族，因而拐弯、分支、变径都会自动生成对应配件，此时即可完成相应桥架的绘制，如图 6.37 所示。

修改视图控制栏中的“详细程度”为“精细”，“模型图形样式”修改为“线框”，方

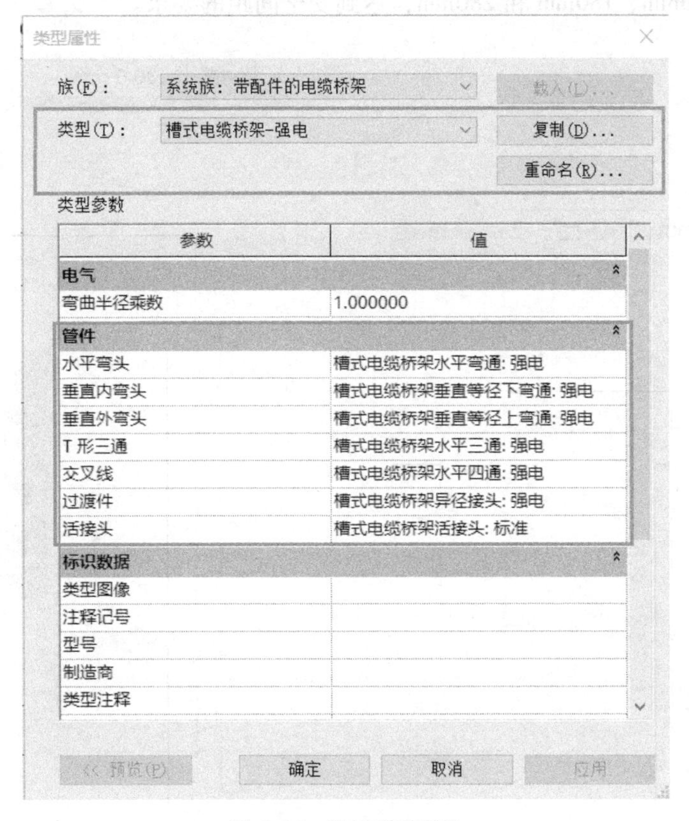

图 6.36　设置类型属性

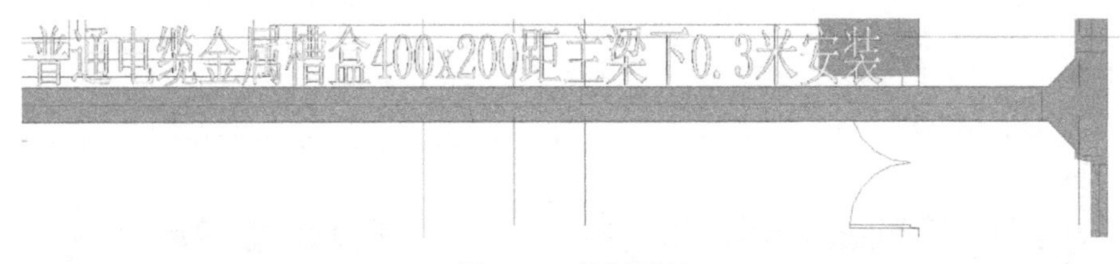

图 6.37　绘制桥架

便将未对齐 CAD 图纸的电缆桥架模型进行对齐。

3. 不同高程桥架的处理

1）垂直桥架连接：在平面图中，首先输入起点偏移量，单击垂直桥架所需放置位置，然后输入终点偏移量，双击“应用”按钮即可生成垂直方向上的桥架，如图 6.38 和图 6.39 所示。

2）自设角度连接：进入到立面或者自建剖面图进行自由角度桥架绘制，如图 6.40 和图 6.41所示。

按照上述步骤即可绘制“槽式电缆桥架-弱电”和“梯级式电缆桥架-消防”两种桥架，如图 6.42 和图 6.43 所示。

应注意的是，为了避免强电桥架对弱电桥架的干扰，两者间应保持大于 150mm 的间距，多层距离为不小于 0.5m，有屏蔽隔离可考虑 0.3m。如图 6.44 所示，强电桥架与弱电桥架的间距分别为 150mm、180mm 和 280mm，达到安全间距的要求。

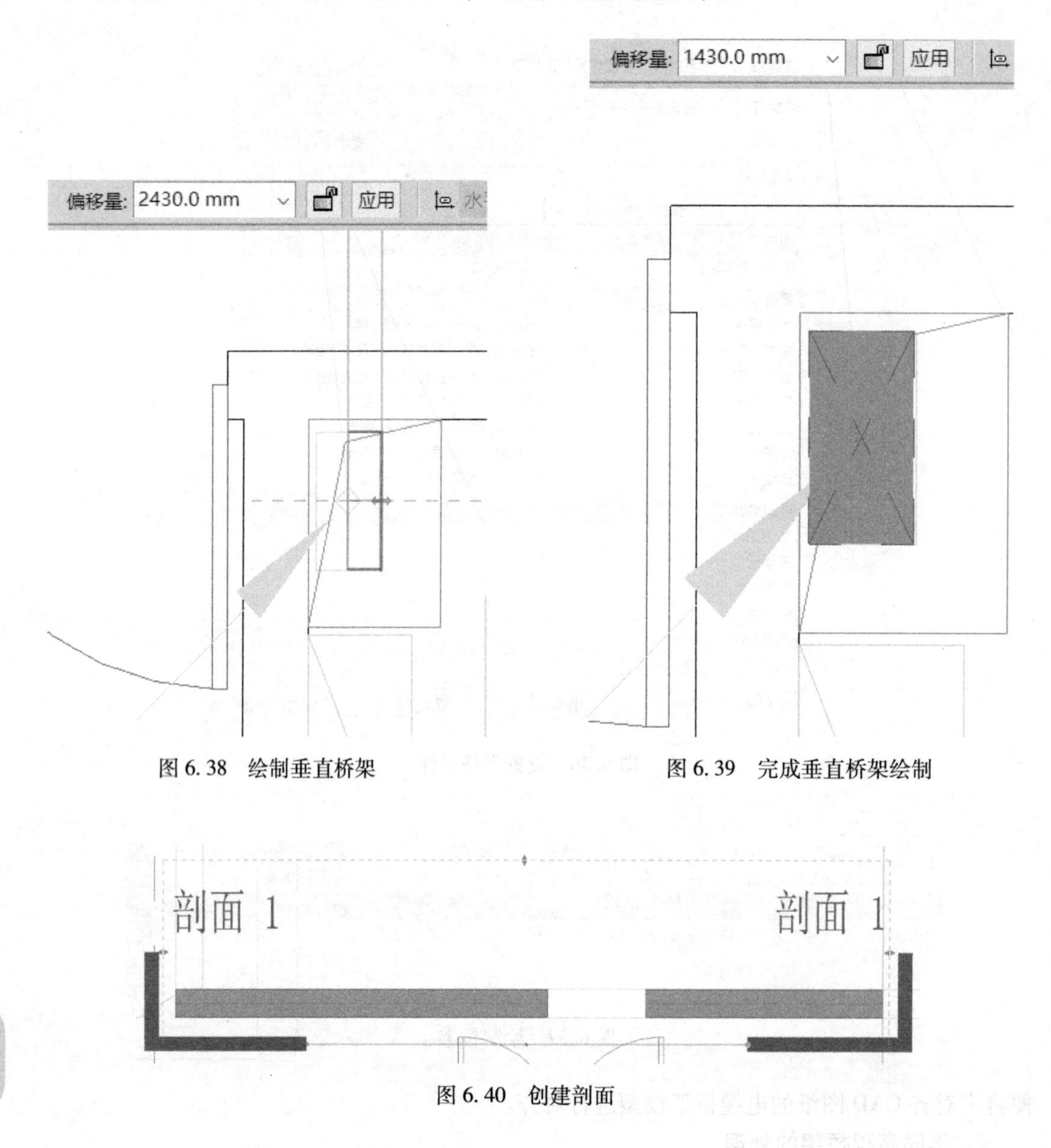

图 6.38　绘制垂直桥架

图 6.39　完成垂直桥架绘制

图 6.40　创建剖面

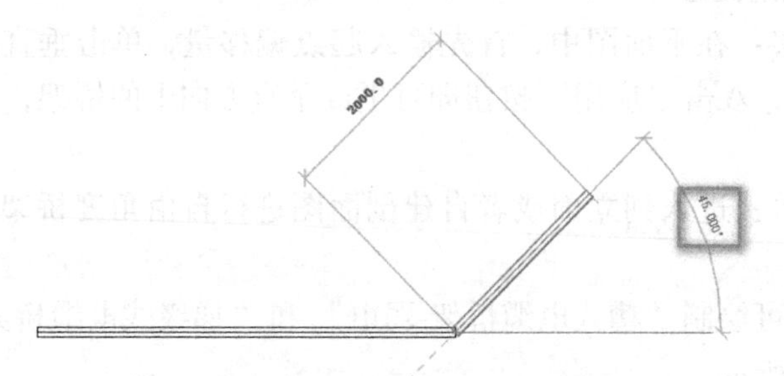

图 6.41　进行自由角度桥架绘制

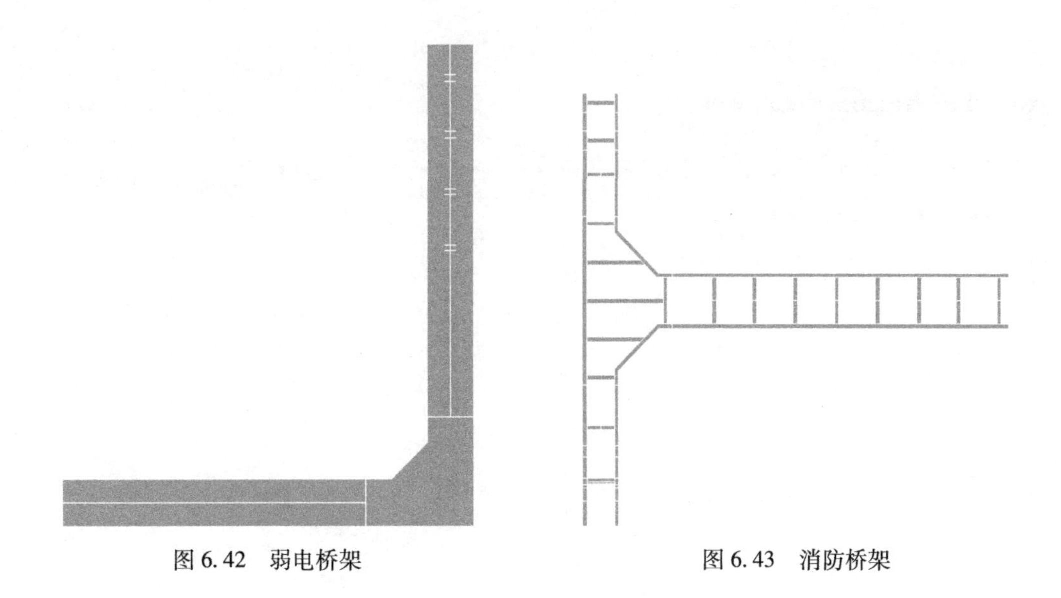

图 6.42　弱电桥架　　　　图 6.43　消防桥架

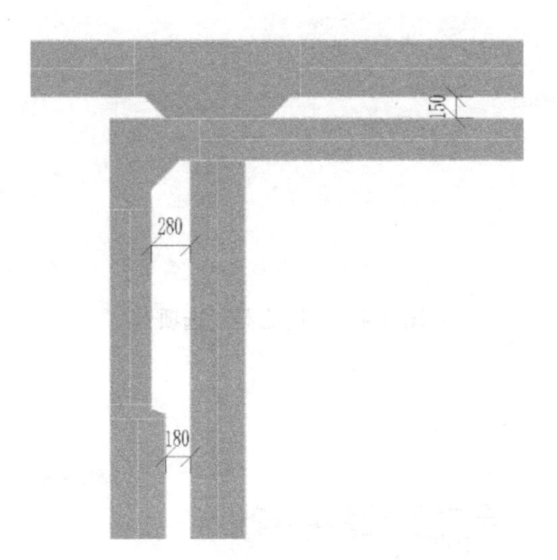

图 6.44　强、弱电桥架的安全间距

为了区分不同类型的桥架，可对不同类型的桥架添加过滤器，在“属性”选项栏中单击“可见性/图形替换”编辑按钮，打开“可见性/图形替换”对话框，选择“过滤器”选项卡，单击“添加”>“编辑/新建”按钮，打开“过滤器”对话框，添加过滤类型并进行设置，设置后添加线型、颜色填充即可，如图 6.45、图 6.46 和图 6.47 所示。同理，添加“槽式电缆桥架-弱电”和“梯级式电缆桥架-消防”两种过滤器，如图 6.48 所示。

按照上述方法，可完成某科技楼地下 1F 电缆桥架模型的绘制，如图 6.49 所示。

6.2.3　电气设备模型创建

电气设备由配电盘和变压器组成。电气设备可以是基于主体的构件，如必须放置在墙上的配电盘；也可以是非基于主体的构件，如可以放置在视图任何位置的变压器。电气设备是以族的形式存在的，可以通过 Revit 2016 自带的族库载入所需设备，对于没有提供的电气设

图 6.45 “过滤器”选项卡

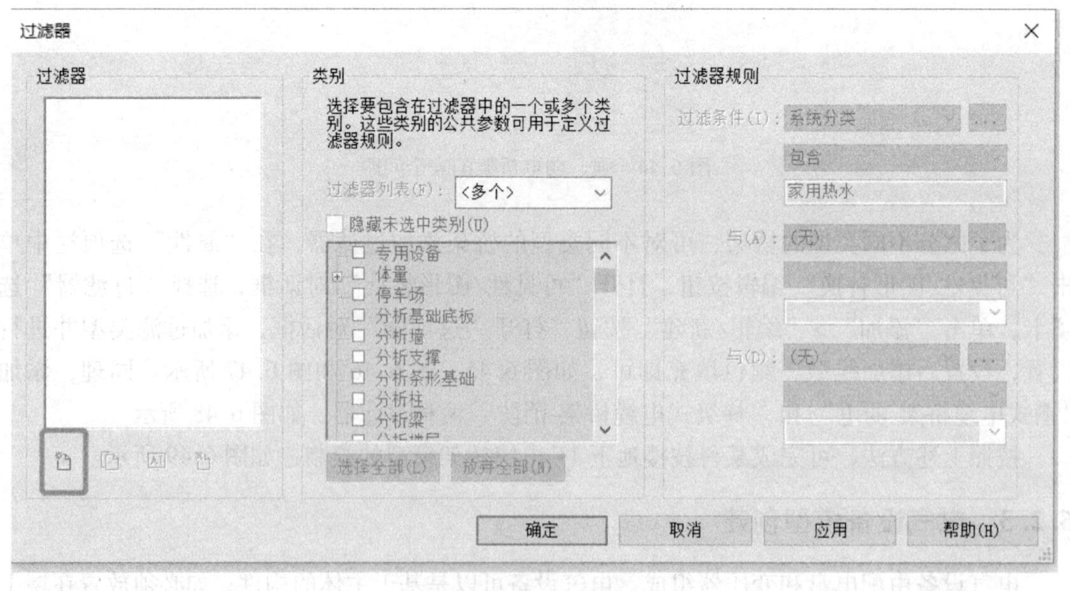

图 6.46 新建过滤器

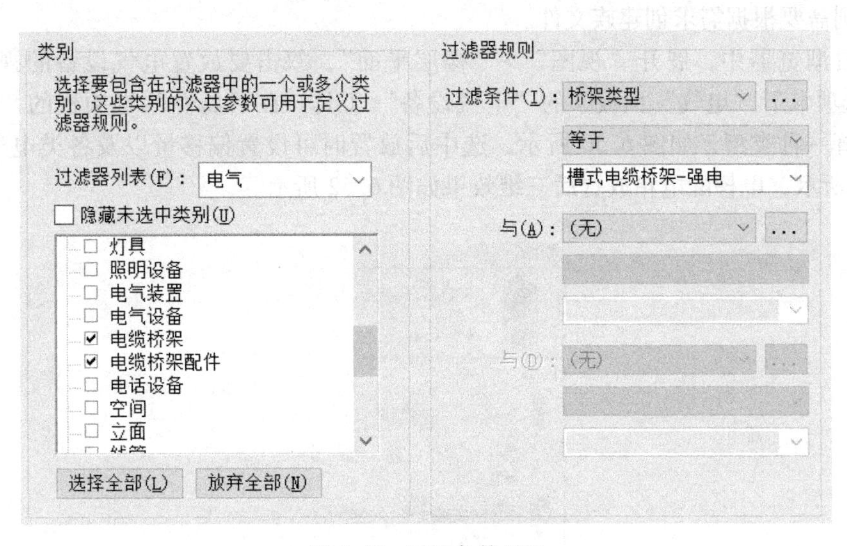

图 6.47　过滤条件设置

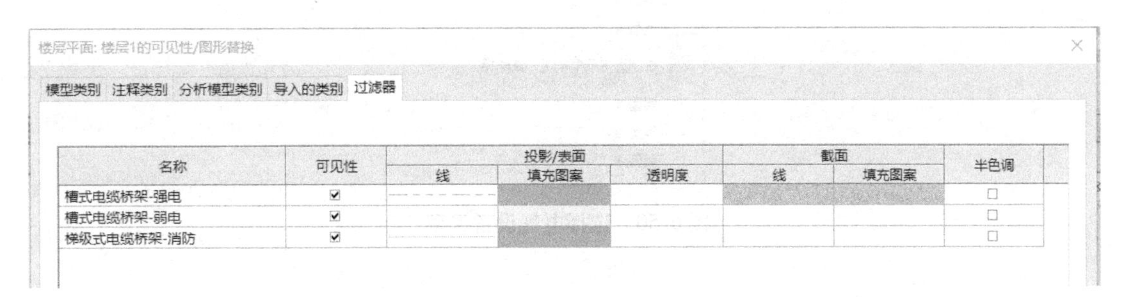

名称	可见性	投影/表面			截面		半色调
		线	填充图案	透明度	线	填充图案	
槽式电缆桥架-强电	☑						☐
槽式电缆桥架-弱电	☑						☐
梯级式电缆桥架-消防	☑						☐

图 6.48　添加好线型、颜色填充后的过滤器

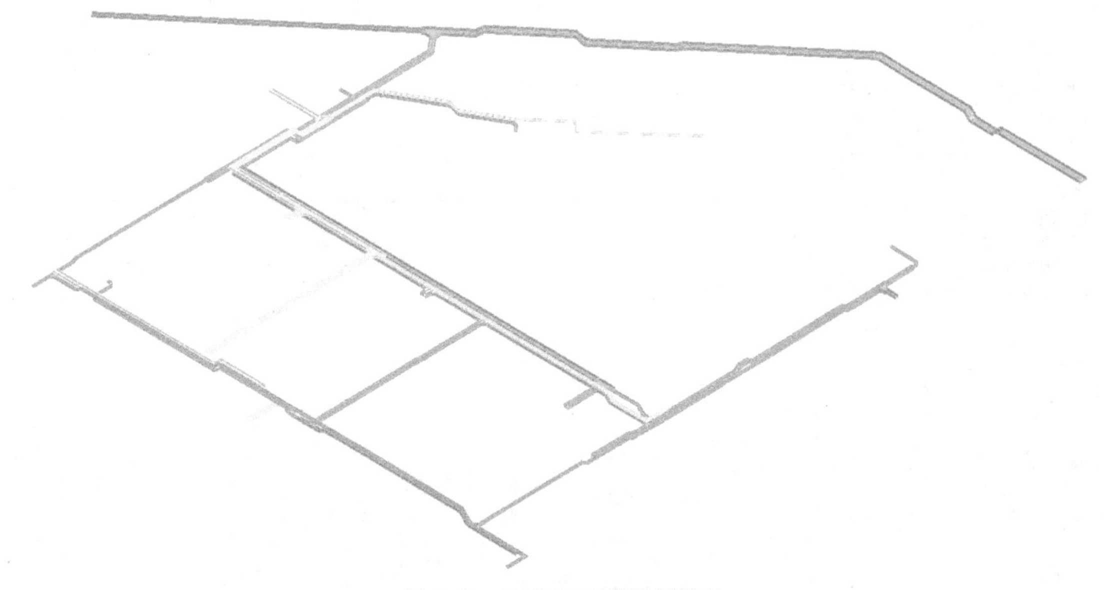

图 6.49　地下 1F 电缆桥架模型

备，用户则需要根据需求创建族文件。

在项目浏览器中，展开“视图”>“楼层平面”，双击要放置电气设备的视图，单击“系统”选项卡下“电气”面板中的“电气设备”工具，在“属性”选项栏的“类型选择器”中选择一种类型，如图 6.50 所示，选中后放置时可设置偏移量以及各类电气参数等，如图 6.51 所示，电梯配电箱放置后三维效果如图 6.52 所示。

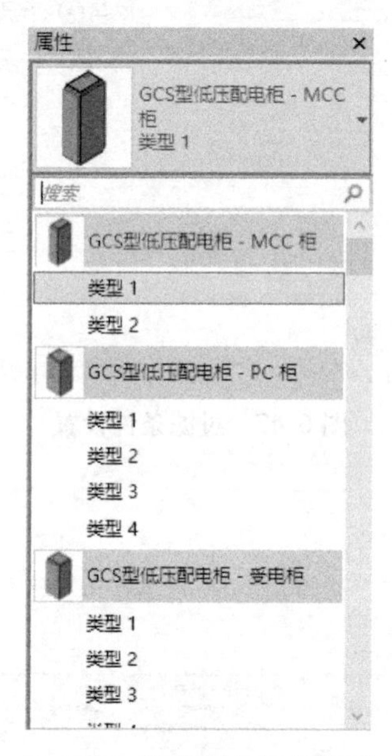

图 6.50　选择电气设备类型

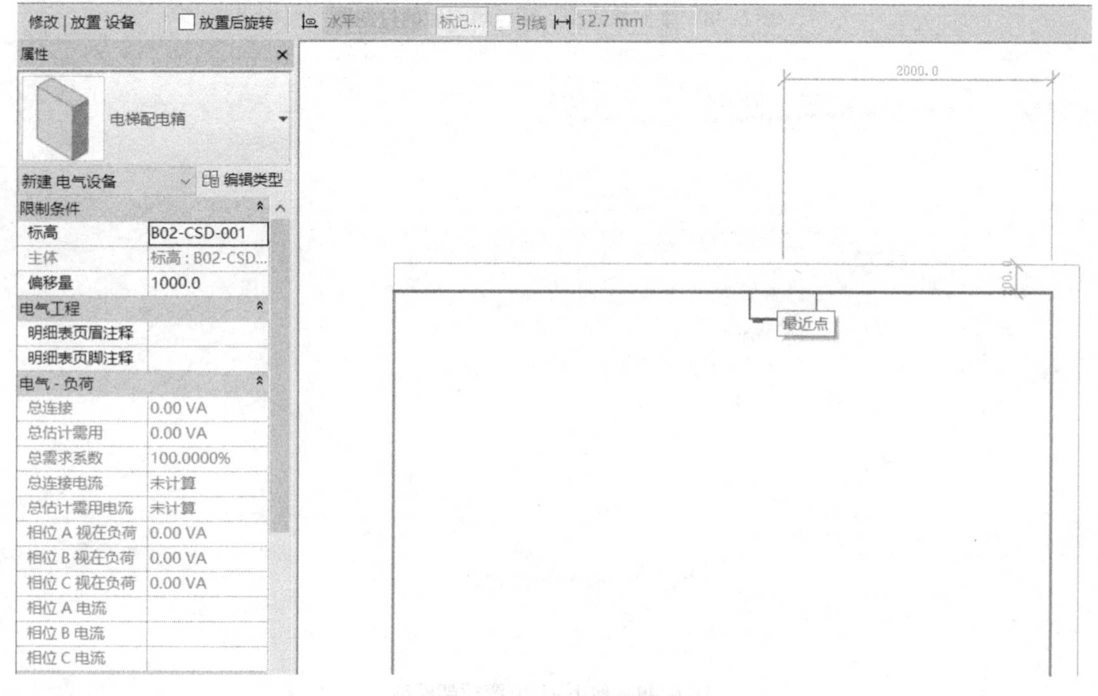

图 6.51　设置各类数值

6.2.4　照明设备模型创建

在项目浏览器中，展开“视图”>“楼层平面”，双击要放置照明设备的视图，单击“系统”选项卡下“电气”面板中的“照明设备”工具，在“属性”选项栏的“类型选择器”中选择一种类型，创建照明设备，如图 6.53 和图 6.54 所示。

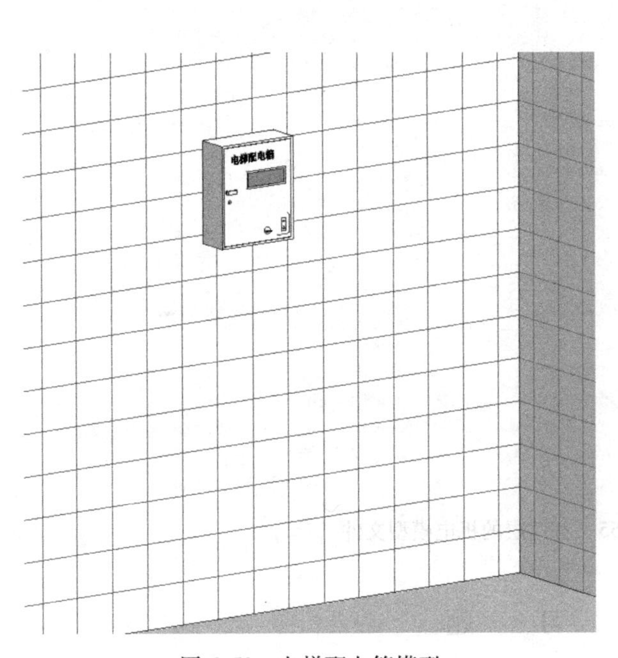

图 6.52　电梯配电箱模型

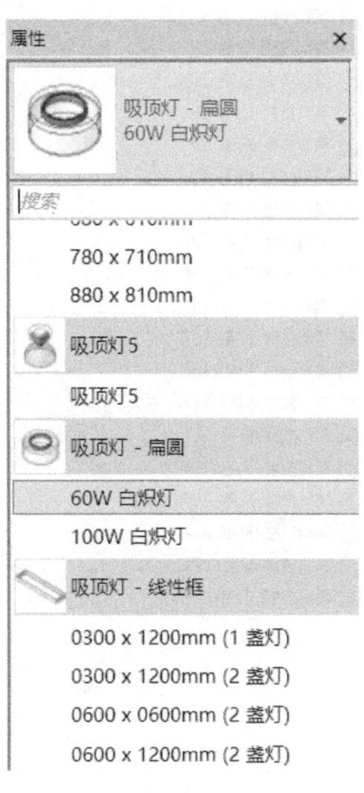

图 6.53　选择照明设备类型

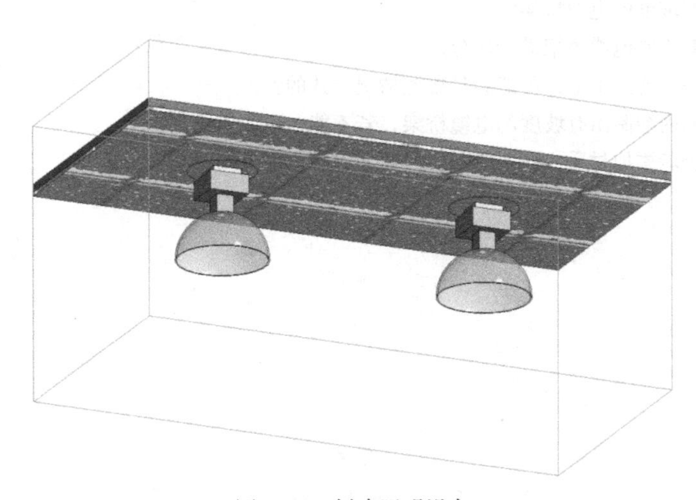

图 6.54　创建照明设备

根据建筑设备平面图纸的要求，按照上述建模方法步骤，可依次完成各楼层的给水排水模型、暖通空调模型、电气模型，将各专业模型文件链接整合为机电模型，然后再将如图 6.55所示的各楼层机电模型文件链接整合为一个完整的机电模型。

某科技楼-模型 > 机电　　搜索"机电"

名称	修改日期	类型	大小
某科技楼-机电-1F	2019/7/22 16:04	Autodesk Revit 项目	82,416 KB
某科技楼-机电-2F	2019/7/31 22:39	Autodesk Revit 项目	75,216 KB
某科技楼-机电-3F	2019/7/31 15:35	Autodesk Revit 项目	70,044 KB
某科技楼-机电-4F	2019/7/31 16:09	Autodesk Revit 项目	68,828 KB
某科技楼-机电-5F	2019/7/31 22:46	Autodesk Revit 项目	64,664 KB
某科技楼-机电-6F	2019/7/31 19:59	Autodesk Revit 项目	76,376 KB
某科技楼-机电-7F	2019/7/31 16:28	Autodesk Revit 项目	74,392 KB
某科技楼-机电-8F	2019/7/31 23:10	Autodesk Revit 项目	69,808 KB
某科技楼-机电-9F	2019/7/31 23:50	Autodesk Revit 项目	72,728 KB
某科技楼-机电-10F	2019/4/3 17:10	Autodesk Revit 项目	57,192 KB
某科技楼-机电-11F	2019/7/31 23:32	Autodesk Revit 项目	73,572 KB
某科技楼-机电-12F	2019/8/1 0:08	Autodesk Revit 项目	72,460 KB
某科技楼-机电-13F	2019/8/1 0:06	Autodesk Revit 项目	66,148 KB
某科技楼-机电-14F	2019/8/1 0:03	Autodesk Revit 项目	67,800 KB
某科技楼-机电-15F	2019/7/31 16:58	Autodesk Revit 项目	67,104 KB
某科技楼-机电-16F	2019/7/31 23:56	Autodesk Revit 项目	72,664 KB
某科技楼-机电-17F	2019/8/1 0:04	Autodesk Revit 项目	72,432 KB
某科技楼-机电-18F	2019/7/1 20:54	Autodesk Revit 项目	62,100 KB
某科技楼-机电-19F	2019/6/27 18:07	Autodesk Revit 项目	64,016 KB
某科技楼-机电-20F	2019/6/27 19:00	Autodesk Revit 项目	64,020 KB
某科技楼-机电-21F	2019/6/27 19:27	Autodesk Revit 项目	64,020 KB
某科技楼-机电-22F	2019/6/27 21:03	Autodesk Revit 项目	63,716 KB
某科技楼-机电-地下1F	2019/7/22 15:03	Autodesk Revit 项目	83,172 KB

图 6.55　各楼层的机电模型文件

习　　题

1. 电缆桥架有哪三种对齐方式，三者之间的区别是什么？
2. 如何绘制出有坡度的电缆桥架？
3. 请叙述如何对不同电缆桥架进行区分。
4. 若两段电缆桥架连接不上，可能会是哪些情况导致的？
5. 是否能在平面内绘制出有坡度的电缆桥架，若不能，应如何绘制？
6. 电缆桥架是否能添加材质，若不能，请叙述如何对不同电缆桥架进行区分。

第7章 族的创建

Revit 中的族包含图元的几何定义和参数信息，它是项目的基本元素。BIM 建模就是通过定义族和类型，按照特定的工作流程和技术标准，并根据设计要求和工程实际情况对族和类型进行实例化处理的过程。在项目的实施过程中，应充分利用现有的族和类型，必要时还需对通用的族文件和项目专有的族文件进行二次开发。Revit 提供的族编辑器可以让用户自定义各种类型的族，而根据需要灵活定义族是准确、高效完成项目的基础。而且，Revit 自身提供了一个很丰富的族库，用户可以直接载入使用。但随着项目的开展，还需不断积累自定义族，逐渐形成完备的、组织合理的族文件库，部署和完善 BIM 数据资源，从而不断提高项目的设计效率。

7.1 族的概述

在 Revit 中，族是其核心，它贯穿所有的建筑设计项目。所谓族，是一个包含通用属性（称作参数）集和相关图形表示的图元组。隶属于同一类族的不同图元，可能其部分或全部参数有所不同。族可简单地理解为一批同类建筑工程构件的集合，如门、窗、空调等。虽然 AutoCAD 中也有“块”这种类似的概念，但族的编辑和使用比“块”要有效得多。

7.1.1 基本概念

在 Revit 2016 中包含了三种类型的族：系统族、内建族和可载入族。

1. 系统族

在 Revit 中预定义的族类型称为系统族。它们不能作为外部文件载入或者创建，但可在项目和样板之间对系统族类型进行复制、粘贴、修改和传递。

Revit 中的系统族，包含了用于创建基本构件（如墙、楼板、天花板）的族类型。例如，基本墙系统族包含定义内墙、外墙、基础墙、常规墙和隔断墙样式等类型。此外，控制项目和系统设置的族类型也属于系统族，如标高、轴网、图纸、视口等。

2. 内建族

内建族可以是特定项目中的模型构件，也可以是注释构件。内建族只能在当前项目中创建，不能单独存为“.rfa”文件。因此，它们仅可用于该项目特定的对象，如自定义墙的处理。在一个项目中可创建多个内建族，且同一内建族的多个副本可放置在项目中。与系统族和可载入族不同，内建族不能通过复制的方式创建多种类型。

3. 可载入族

在默认情况下，在项目样板中可载入标准构件族，但更多的标准构件族存储在族库中。Revit 提供了族编辑器，允许用户复制和修改现有的构件族，也可根据各种族样板创建新的构件族。由用户自行定义创建和修改的且独立保存为“.rfa”格式的族文件都属于可载入族。

通常，实际工程项目中所使用的族大多是可载入族，它既可从 Revit 自带的族库中载入到项目中，从一个项目传递到另一个项目，也可以根据需要从项目文件中保存至族库中。族库的质量和内容对 Revit 的使用效率有着很大的影响。

族样板有助于创建和操作构件族。族样板既可以是基于主体的样板，如以墙族为主体的门族；也可以是独立的样板，如柱、家具等。

7.1.2 族编辑

在开始定义和创建族之前，要做好准备工作。原则上来说，了解构件的使用环境和实物形式的变体是必须的，但另一方面，又很容易在添加无用或无价值的变量上面浪费很多时间，所以当复制单一尺寸下公制的构件时，无需将其参数化。

创建标准构件族的常规步骤如下：

第一步，选择适当的族样板，其文件名以“.rft”为后缀。

第二步，定义有助于控制对象可见性的族类别。创建内建族时，应为图元选择相应的类别；而创建可载入族时，选择正确的样板才能进行类别确认。

第三步，进行合理的布局，有助于绘制几何图形的参照平面。

第四步，添加尺寸标注以指定构件的参数信息。

第五步，调整新模型以验证构件行为是否正确。

第六步，用子类别和可见性设置指定二维和三维几何图形的显示特征。

第七步，在族类型对话框里指定不同的参数，从而定义族类型的变化。

第八步，保存新定义的族，将其载入到新项目中，并观察其如何运行。

1. 系统族编辑

首先创建一个具有一级细节的模型，然后按照设计的要求增加构件的复杂性，使其接近构件组装的细节。例如，墙、屋顶、楼板和天花板都是由具有一定厚度的通用材料建成的，没有考虑核心边界、包络情况、制造商和精密尺寸等问题。

以“墙”的编辑为例，选中“墙”图元后，在“属性”选项栏中单击“编辑类型”按钮，打开“类型属性”对话框，如图 7.1 所示，对“结构”进行“编辑”（或单击“预览”按钮），将打开“编辑部件”对话框，如图 7.2 所示。

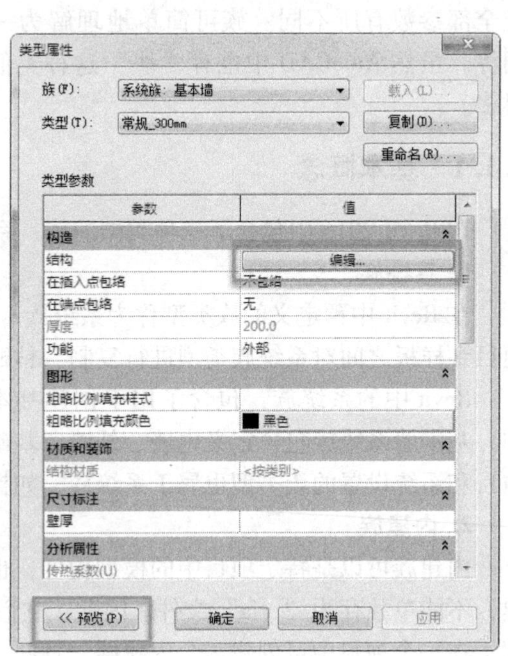

图 7.1 “类型属性”对话框

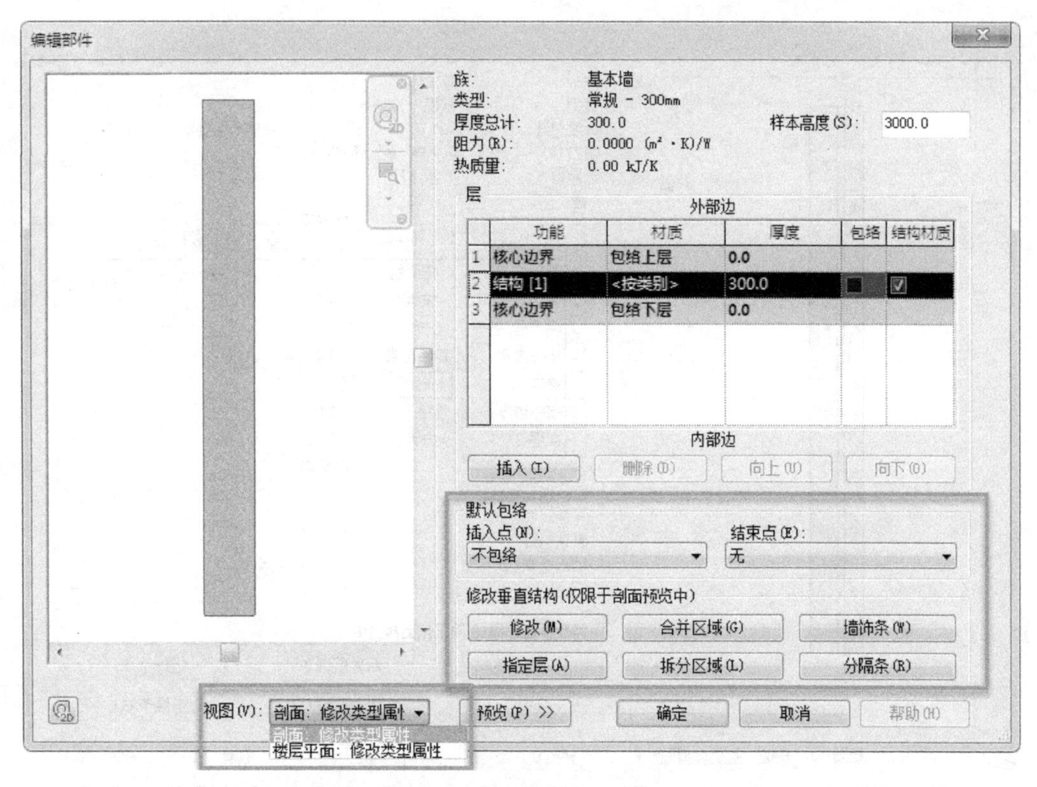

图 7.2 “编辑部件”对话框

根据需要可以插入、删除以及上下移动各结构层。对楼板、屋顶和天花板而言，操作顺序是从上到下；而墙的操作顺序是从外表面到内表面。注意，两个核心边界层不能毗邻。

各材质层的包络顺序在“功能”栏中列出，用数字序号形式表示，［1］表示优先程度最高。优先程度最高的一层材质位于墙的中心层，其他层按照先后顺序依次排在中心层的外面。但有一点例外，“涂膜层”和“保温层/空气层”可以位于部件结构中的任何位置。例如，“面层 1［4］”是外层，“面层 2［5］”是内层，如图 7.3 所示结构层所提供的“功能”栏选项。

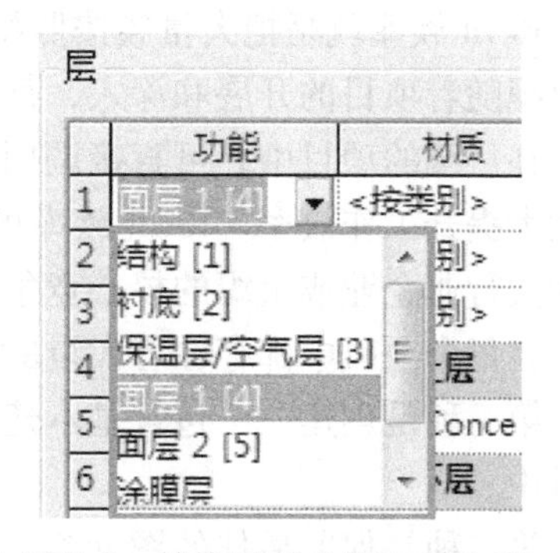

图 7.3 结构层“功能”栏选项

在“材质”栏中选择需要进行材质编辑的结构层，会出现如图 7.4 所示的编辑按钮。如图 7.5 所示，打开“材质浏览器”对话框，可新建材质，并在“资源浏览器”对话框中为图元选择合适的材质。每一种材质都包含带有颜色的图示、表面图案、切口图案，同时附有与制造商或材料特性相关的数据。材质具有渲染外观，当使用渲染属性时，场景就会呈现出一种类似于实物的真实感。

在“厚度”栏中可确定每一层的厚度值，其中核心边界和涂膜层的厚度总是为 0，而其他层的厚度必须大于或等于 1。

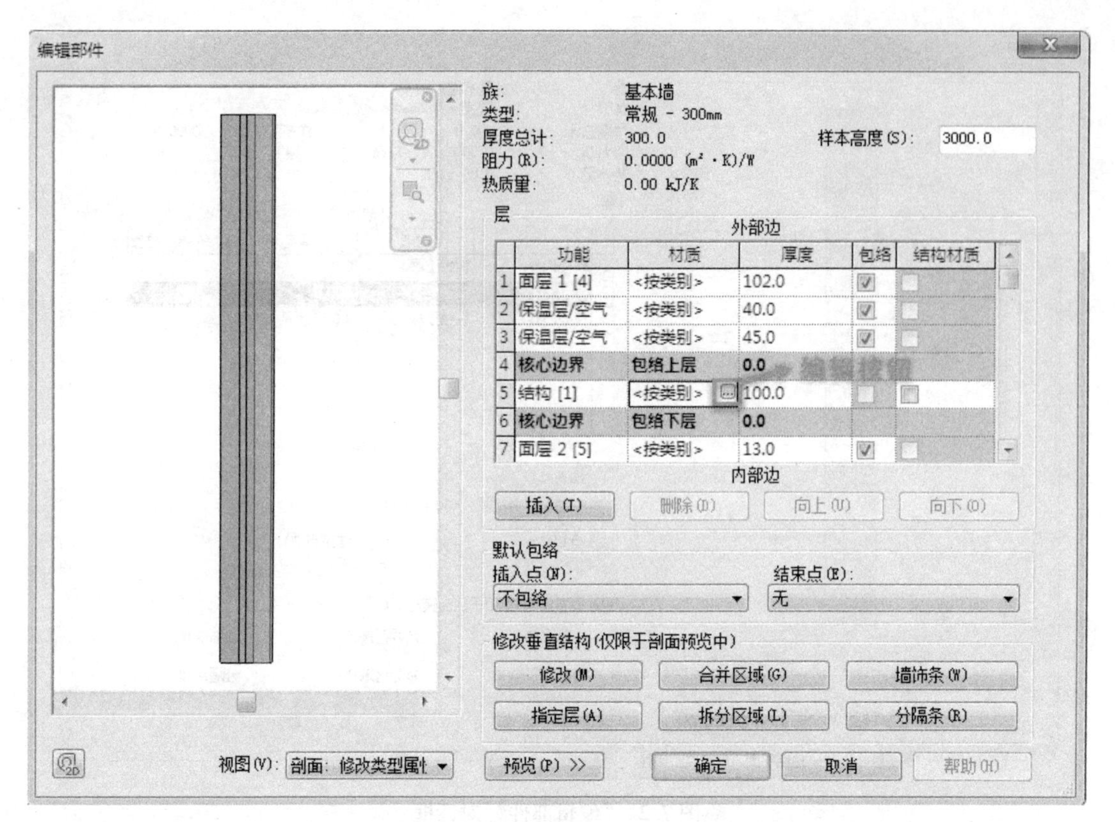

图 7.4　编辑按钮

在“包络”栏中可对墙体的包络情况和被插入图元的包络控制进行设置。不同层的包络点是由所插入图元自身决定的。

2. 系统族库的制作与传递

Revit 族库就是把大量族按照特性、参数等属性分类归档而成的数据库。相关行业企业或组织随着项目的开展和深入，都会积累形成一套自己独有的族库。

在后续的项目中，可直接调用族库数据，并根据实际情况直接调用或修改参数，从而便可大大提升工作效率。Revit 族库可以说是一种无形的知识生产力，其质量的高低往往体现了相关行业企业或组织的核心竞争力。

在每个项目中都存在着大量的系统族，可通过以下两种办法将其分享和存档至族库中。

第一种是创建一个包含基本建筑工程图元构件的项目文档，再将其内容复制粘贴至现有项目中。

第二种是保留最佳的图元组合，并以标准化的形式命名，以族的形式载入到后续的项目中。

3. 族编辑器

族编辑器是一种图形编辑模式，可用于创建和修改项目中的族。它与 Revit 中的项目环境具有相同的外观，但其特征在于“创建”选项卡中提供的工具有所不同。族编辑器是基于样板来创建族的。族样板可包含多个视图，如平面视图和立面视图等。

打开 Revit 软件，在“应用程序菜单”中选择“新建” > “族”命令，或者单击最近文件起始页中族类选项的“新建”，如图 7.6 所示，弹出“新族-选择样板文件”对话框。

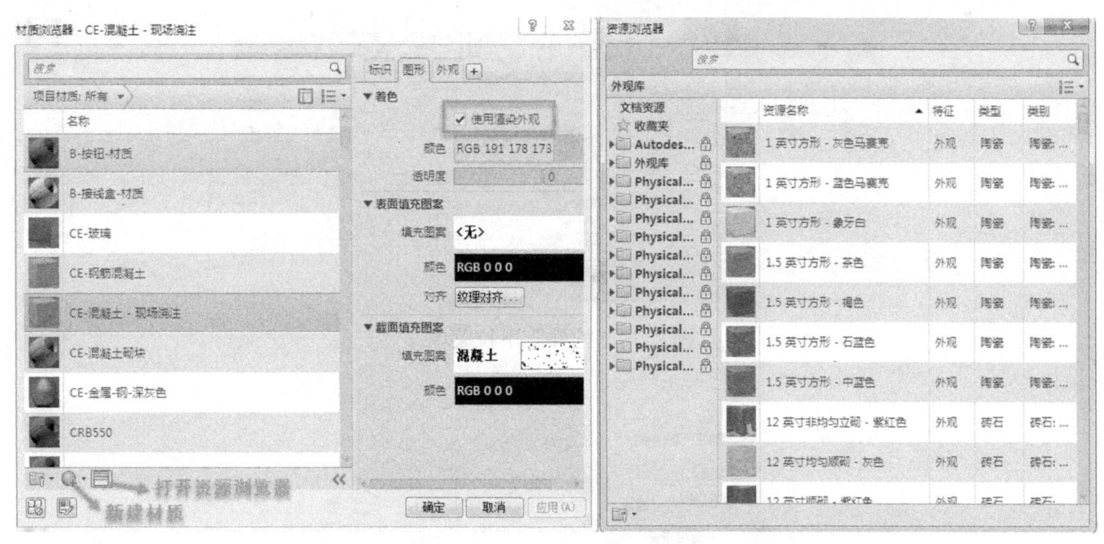

图 7.5 选择合适的图元材质

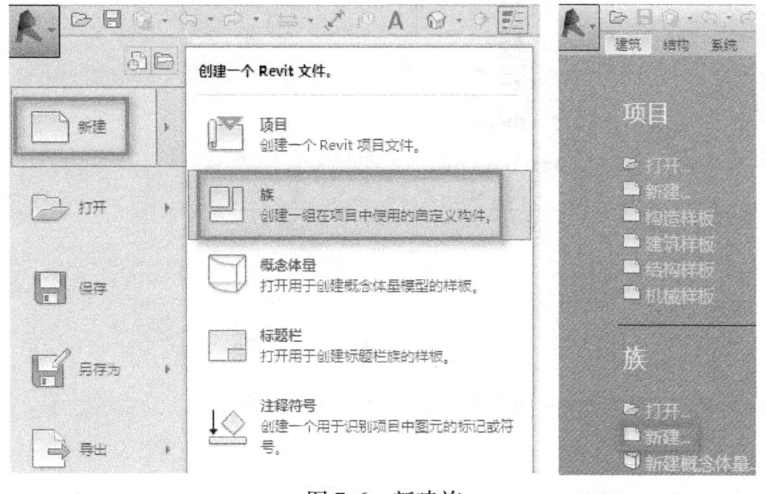

图 7.6 新建族

访问族编辑器有两种方法：其一，直接打开或创建新的族文件（＊.rfa）；其二，选择一个由可载入族或内建族类型创建的图元，然后单击鼠标右键，在弹出的快捷菜单中再选择“编辑族”命令，也可直接双击某个族图元将其打开，并进行编辑。

以创建内建族图元为例，首先打开 Revit 2016 软件，新建一个“建筑样板”文件，进入任意一个平面视图；然后在“建筑”选项卡下的“构建”面板中选择“构件”下拉菜单中的“内建模型”工具，如图 7.7 所示，即可弹出如图 7.8 所示的“族类别和族参数”对话框，为图元选择一个类别（以使用过滤器创建“常规模型”为例），输入需要创建图元的名称之后，如图 7.9 所示的族编辑器即会打开，其功能选项卡与项目环境中的选项卡明显不同。

不论是创建内建族、标准族还是其他类型的族，类别的选择对于图元的编辑操作和指令都非常重要。通常情况下，选择“默认的类型”。

4. 族样板的选择

根据族的用途和类型，Revit 提供了多种族样板文件（“＊.rft”）。在自建族时，首先需

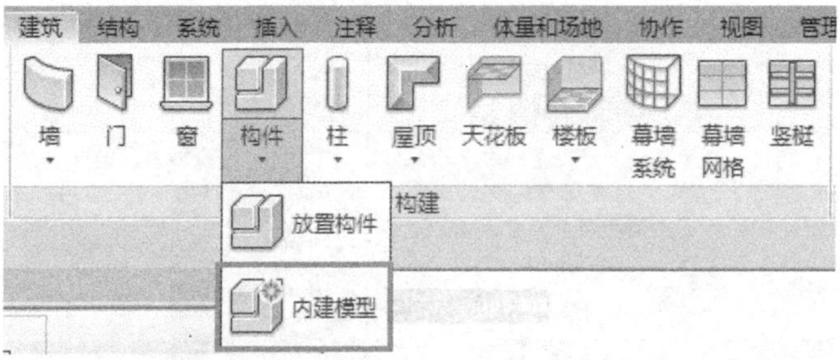

图 7.7 “构件”下拉菜单

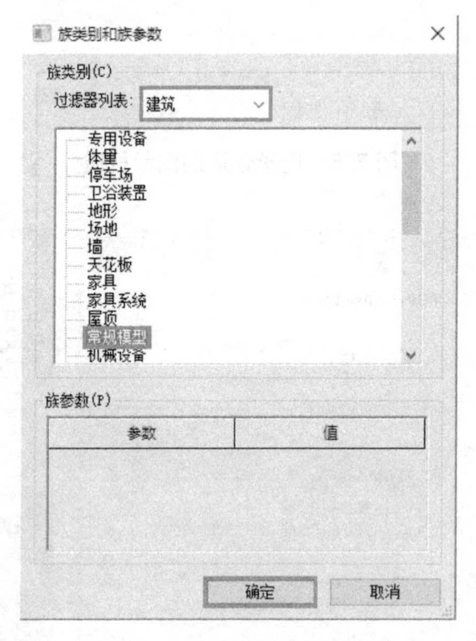

图 7.8 选择族类别和族参数

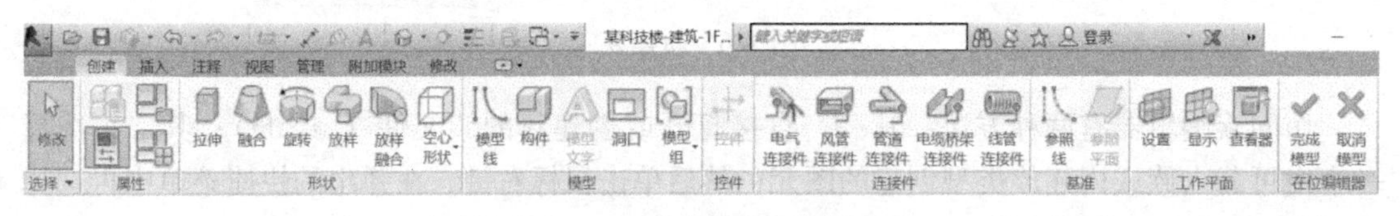

图 7.9 族编辑器功能选项卡

要选择合适的族样板。族样板预定义了新建族所属的族类别和一些默认参数。族样板选定之后，还可以在“族类别和族参数”对话框中进行修改。

参数类型包括“族参数”和“共享参数”。“族参数”又包括“实例”和“类型”两类。实例参数出现在族“图元属性”对话框中，而类型参数出现在“类型属性”对话框中。Revit 允许在新建族中按要求添加需要的参数。当把创建完成的族载入到项目中时，Revit 会根据初始选择的族样板所属的族类别，归类到对应命令的类型选择器中。例如，创建一个框架梁类别的族，它将自动归类在“梁”命令中，此外在明细表中，也会被统计在该类别内。再如，在新建族选择样板文件时，如果要求所创建的族能够布置在斜面上，可使用“基于面的公制常规模型"，而不能使用"基于墙的公制常规模型"或者"基于楼板的公制常规模型"，原因是"墙体"和"楼板"没有自身旋转的角度参数。

5. 参照平面、参照、定义原点

参照平面：设定"参照平面"后才可以对族进行尺寸标注或对齐。先选中"参照平面"，再单击"属性"按钮。

参照："参照"属性用于指定所绘制的参照平面是否可作为项目的一个参照。几何图形参照可设置为"强参照"或"弱参照"。强参照的尺寸标注和捕捉的优先级最高，弱参照的尺寸标注优先级最低。

定义原点："定义原点"属性用于指定放置对象的光标位置。例如，对于"公制窗 . rft"的样板，只要是在"墙"上（作为一个参照平面）就能插入"窗户"，而不需要再定义交叉点。

6. 族编辑工具

选定了族样板之后，就可以开始创建族的实体形状。实心形状和空心形状是最重要的两个工具。实心形状用来创建实体模型，空心形状则用来剪切洞口。实心和空心形状都包括拉伸、融合、旋转、放样、放样融合五项功能。

"拉伸"是先通过绘制需创建实体的截面轮廓草图，然后指定实体高度生成模型。"融合"用于创建底面和顶面不同的实体，先绘制底部和顶部的截面形状，并指定实体高度，然后在两个不同的截面形状间融合生成模型。"旋转"是先通过绘制封闭轮廓，然后该轮廓绕旋转轴旋转指定的角度后生成模型。"放样"是先设定路径之后，在垂直于路径的面上绘制封闭轮廓，封闭轮廓沿路径从头到尾生成模型。"放样融合"集合了放样和融合的特点，通过设定放样路径，并分别在路径的起点和终点绘制不同的截面轮廓形状，然后两截面沿路径自动融合生成模型。

（1）拉伸

可通过拉伸二维形状（轮廓）来创建三维实心形状，一般步骤如下：

1）在"创建"选项卡下的"形状"面板中选择"拉伸"工具，使用"绘制"面板中的"直线"工具（见图 7. 10），在工作平面上绘制需要创建实体的二维封闭形状，如图 7. 11 所示。

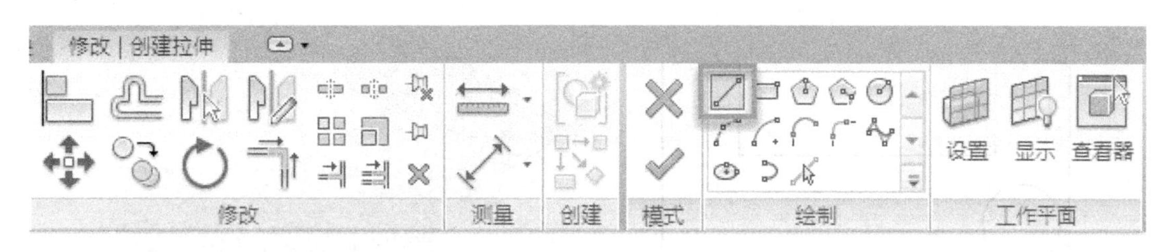

图 7. 10 "拉伸"工具

2）如图 7. 12 所示，在"属性"选项卡中修改二维形状的"拉伸起点"和"拉伸终点"，从而指定实体的高度，单击"完成编辑模式"按钮即可完成拉伸，打开"默认三维视图"查看结果，如图 7. 13 所示。

3）单击二维形状，如图 7. 14 所示，在"修改 | 拉伸"选项卡下的"模式"面板中选择"编辑拉伸"工具，添加一个完全包含在形状边壁之内的"圆形"，即可完成打洞，其二

维形状模型和三维形状模型如图 7.15、图 7.16 所示。

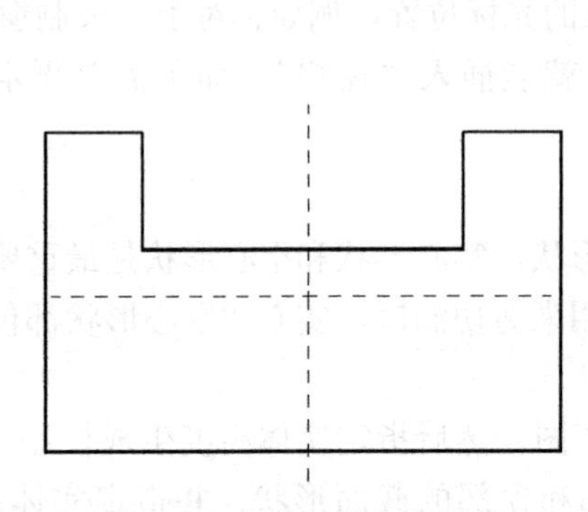

图 7.11　创建二维封闭形状

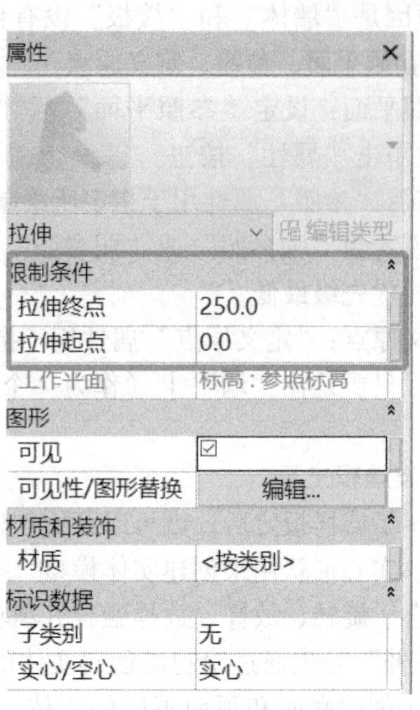

图 7.12　拉伸图元“属性”选项卡

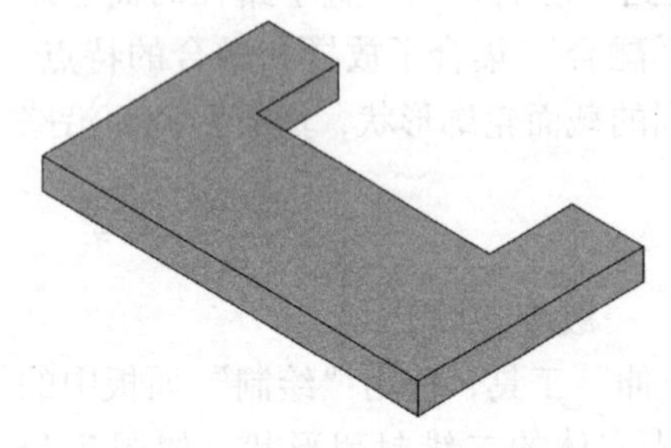

图 7.13　拉伸的三维视图

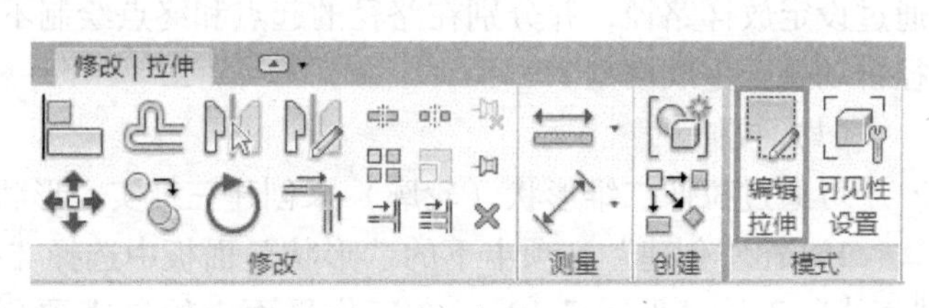

图 7.14　“修改 | 拉伸”选项卡

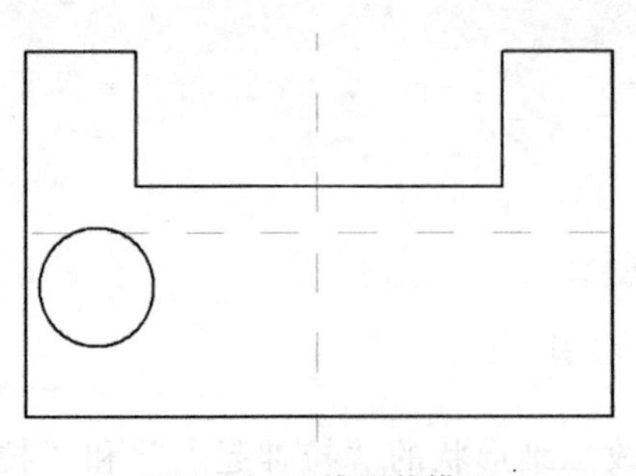

图 7.15　二维形状模型

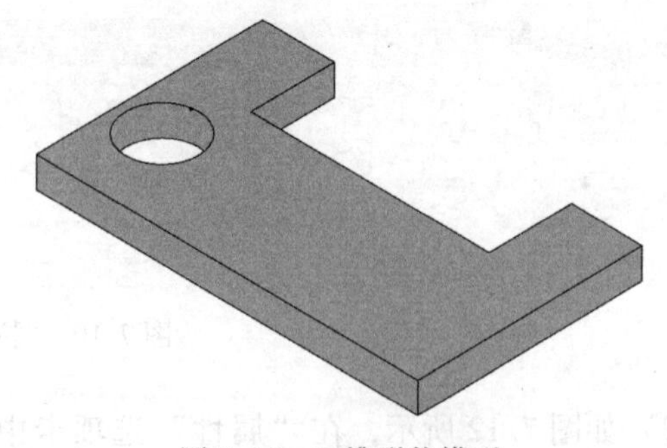

图 7.16　三维形状模型

“空心形状”工具可以创建空心模型，生成完全相同的形状。不论是从“空心”形状到“实心”形状，还是从“实心”形状到“空心”形状，都可生成模型。通常的方法是先创建实心模型而后将其转化为空心模型，优点是不会自动切除与其接触的物体，同时又可对需要切除的构件进行更加仔细地筛选。

(2) 融合

融合用于创建底面和顶面不同的实心三维形状，该形状将沿其长度发生变化，从起始形状融合到最终形状。一般步骤如下：

1) 在“创建”选项卡下的“形状”面板中选择“融合”工具，使用“绘制”面板中的“圆形”工具（见图7.17），在工作平面上绘制一个圆形。

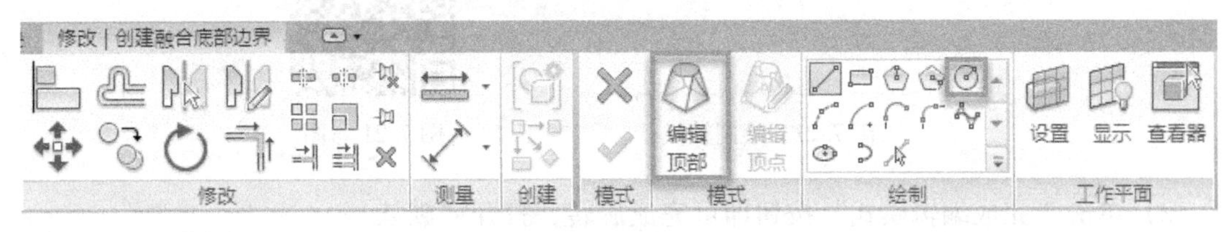

图7.17 “融合”工具

2) 选择“模式”面板中的“编辑顶部”工具，然后在“绘制”面板中选择“圆形”工具为模型顶端另外绘制一个圆形，如图7.18所示。

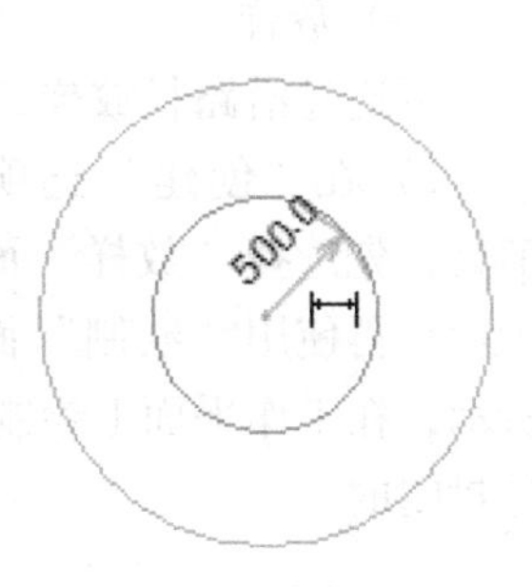

图7.18 绘制图形

两个边壁形状融合的方式可之后再做编辑，但是边壁形状的点的数量相互之间匹配才能得出最佳结果。

3) 如图7.19所示，在图元“属性”选项卡中修改“第一端点”和“第二端点”的值，从而指定实体的高度，单击“完成编辑模式”按钮即可完成融合，打开“默认三维视图”查看结果，如图7.20所示。

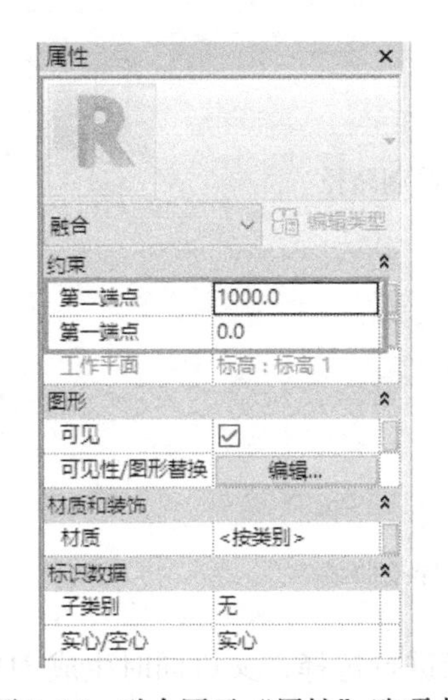

图7.19 融合图元“属性”选项卡

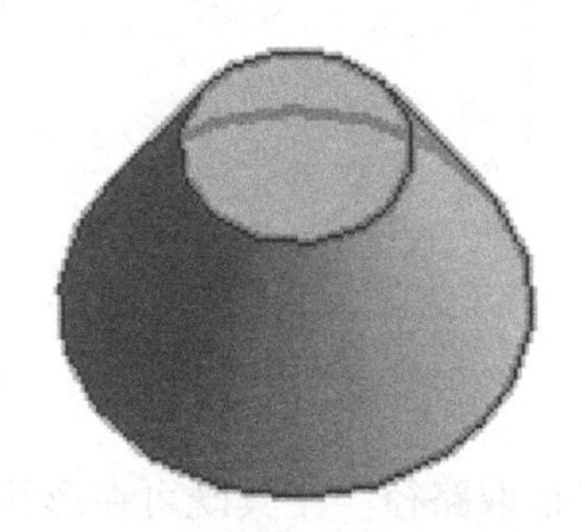

图7.20 融合的三维视图

一旦模型生成，模型的高度也可在三维视图或者立面视图下进行设定或调整。

(3) 旋转

可通过绕轴旋转二维轮廓创建三维形状，一般步骤如下：

1) 在“创建”选项卡下的“形状”面板中选择“旋转”工具，使用“绘制”面板中的“边界线”的“直线”工具，在工作平面上绘制封闭的图形，画出半个横断面图；再使用“绘制”面板中的“轴线”的“直线”工具绘制轴线，如图 7.21 所示，蓝色线为“轴线”。

轴线仅限于平面范围，因此，轴线可以是任意长度。

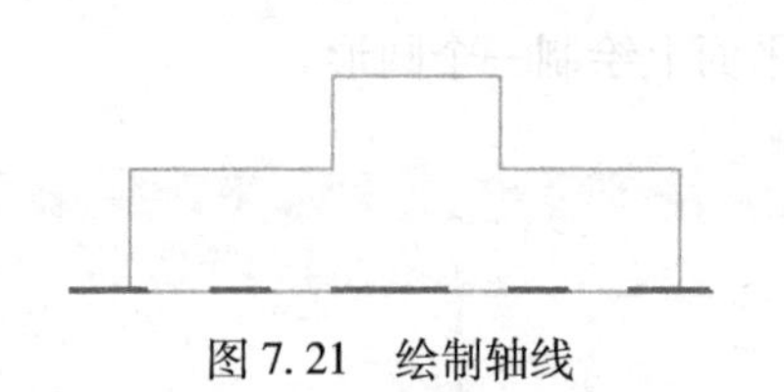

图 7.21　绘制轴线

图 7.21 彩图

2）单击“完成编辑模式”按钮即可完成旋转，打开“默认三维视图”查看结果，如图 7.22 所示。

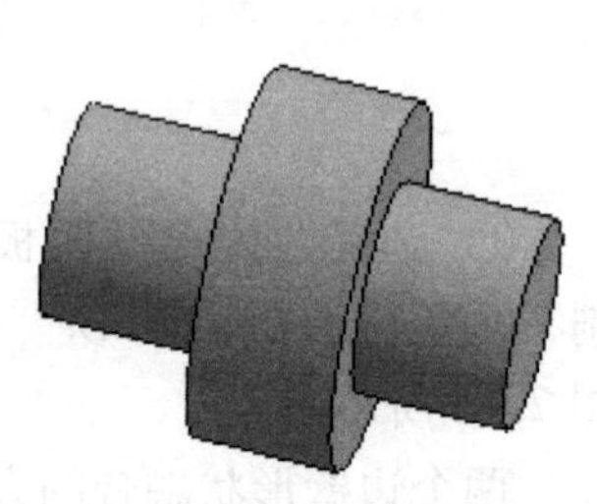

图 7.22　旋转的三维模型

（4）放样

可通过沿路径放样二维轮廓创建三维形状，一般步骤如下：

1）在“创建”选项卡下的“形状”面板中选择“放样”工具，先选择“放样”面板中的“绘制路径”工具，如图 7.23 所示；再使用“绘制”面板中的“样条曲线”工具，如图 7.24 所示，在工作平面上绘制一条路径，路径可以是开口的，也可以是封闭的。

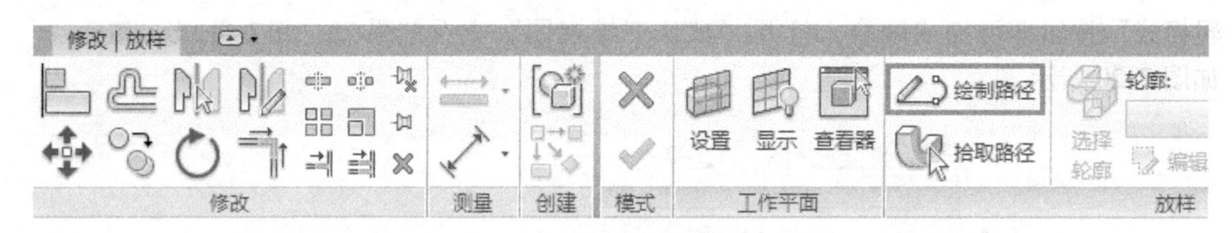

图 7.23　绘制路径

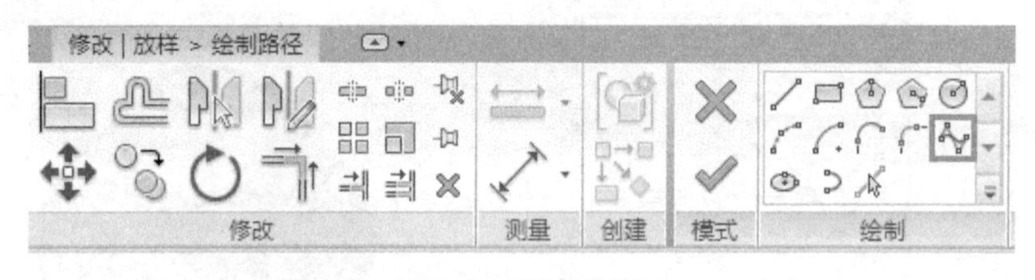

图 7.24　样条曲线

使用“拾取路径”工具既可在形状的边缘进行选择，又可同时生成 3D 路径。而“绘制路径”工具不支持此功能。因此，选用“拾取路径”，而不选择“绘制路径”。

2）单击“完成编辑模式”按钮，如图 7.25 所示，再单击“放样”面板中的“编辑轮廓”工具，在弹出的对话框中选择“立面：南”视图，绘制截面轮廓：一个封闭的三角形，如图 7.26 所示。

由于剖面必须以垂直方式在路径平面图上进行绘制，所以不能在平面视图上定义剖面，

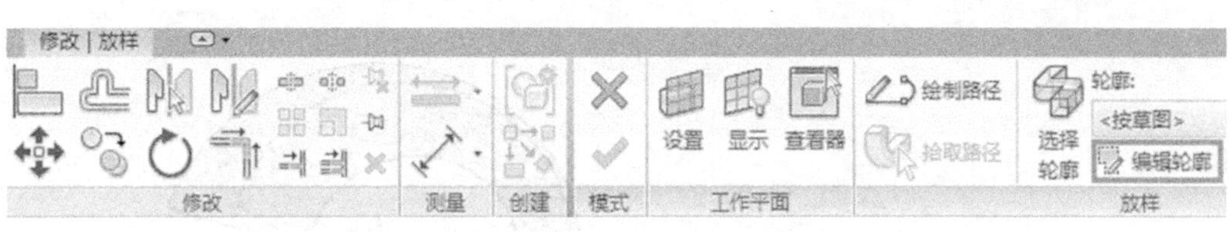

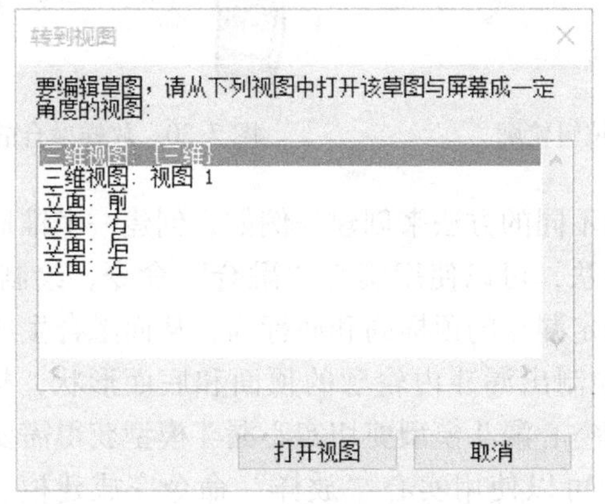

图 7.25　编辑轮廓

需要切换视图。

3）再次单击“完成编辑模式”按钮即可完成放样，打开“默认三维视图”查看结果，如图 7.27 所示。

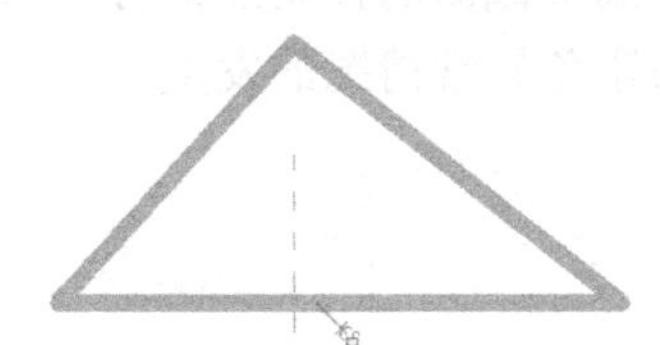

图 7.26　“封闭三角形”截面轮廓

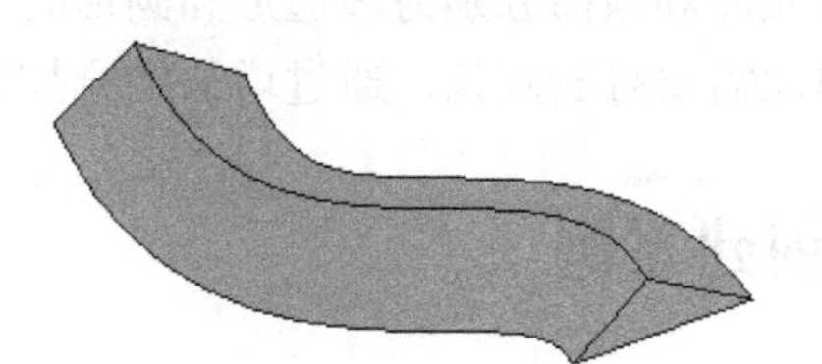

图 7.27　放样的三维模型

（5）放样融合

放样融合的形状由起始形状、最终形状和指定的二维路径确定。一般步骤如下：

1）在“创建”选项卡下的“形状”面板中选择“放样融合”工具，先选择“放样融合”面板中的“绘制路径”工具，再使用“绘制”面板中的“起点-终点-半径弧”工具，为放样融合绘制一条路径，路径可以是开口的，也可以是封闭的，如图 7.28 所示。

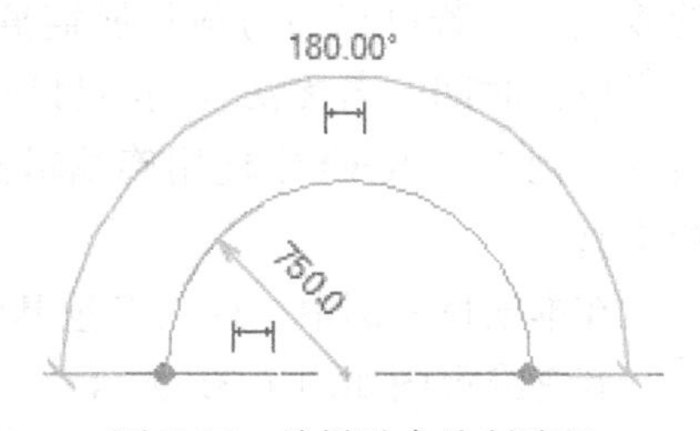

图 7.28　放样融合绘制路径

2）单击“完成编辑模式”按钮，再单击“放样融合”面板中的“选择轮廓 1”的“编辑轮廓”工具，在弹出的对话框中选择“立面：南”视图来绘制第一个截面轮廓：一个封闭的矩形。再次单击“完成编辑模式”按钮。

3）重复上述步骤，创建第二个轮廓，用“编辑轮廓 2”工具绘制一个三角形，如图 7.29所示。

4）单击“完成编辑模式”按钮即可完成放样融合，打开“默认三维视图”查看结果，如图 7.30 所示。

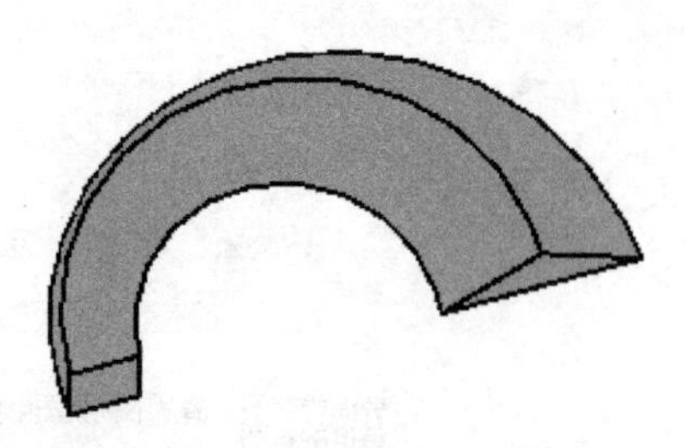

图 7.29　编辑轮廓　　　　图 7.30　放样融合的三维模型

同一个族模型可以使用不同的方法来创建。例如，创建一个锥形漏斗，就可以通过两种不同的方法完成。第一种方法，可以使用实心“融合”命令，绘制出漏斗外轮廓的顶面和底面形状，在融合特性里指定漏斗的顶标高和底标高，从而融合生成一个实心漏斗；然后再使用空心“融合”命令，绘制出漏斗内轮廓的顶面和底面形状，指定漏斗的顶、底标高，融合生成空心漏斗；最后用空心漏斗模型剪切实心漏斗模型获得需要的锥形漏斗。第二种方法，对左右对称的漏斗，也可以使用实心“放样”命令完成建模。首先指定放样的路径，可绕漏斗顶面外轮廓绘制出一条封闭曲线，然后在与路径垂直的面上绘制出漏斗的断面轮廓，断面轮廓沿路径从头到尾即可生成锥形漏斗。

在创建实体的过程中有两点需要特别注意：一是使用“拉伸”功能在绘制截面轮廓草图时可以绘制多个封闭轮廓，一次完成多个实体的创建；二是在“融合”和“放样融合”功能中，若底面和顶面分别为多边形和圆形时，由于圆形截面的控制点只有一个，会造成融合异常，因此需要打断圆弧，通过增加融合控制点来避免异常情况的发生。

7.2　族创建案例

在 BIM 建模过程中，既可使用 Revit 预定义的族，也可使用族编辑器创建族，将标准图元和项目专用的自定义图元添加到 BIM 模型中。

首先确定项目所需族的类型，整理分析项目库中的族文件；然后搜索现有的可载入族，在族库、Web、Autodesk Seek 及 Revit 样板等数据源中查找、预览、创建和载入各类所需的族文件。若可找到与项目所需族相似的族，可进一步根据具体要求修改现有的族，以节省设计时间。若无法找到项目所需要的族，也无法通过修改类似族来满足项目的特定需求，则需在 Revit 中使用族编辑器创建新的图元。随着项目的推进，族库会不断地完善和丰富。

在本项目案例中，存在大量基于族编辑器开发创建的族，如各类泵、阀门、风管管件等，其三维视图如图 7.31 所示。

在机电管线建模时，需根据项目需要创建一些阀门族，但有时会出现所创建的阀门族不能自适应管道管径的情况。若出现如图 7.32 所示的情况，则需复制族类型，并修改公称直径去匹配管道尺寸。图 7.33 所示为可自适应管径的阀门族，其具体创建过程如下：

1）新建“公制常规模型”族样板，并将族类别改为“管道附件”，之后新建一个族参数名称为“公称半径”，选择参数类型为“实例参数”，如图 7.34 所示。

2）选定样板文件后，在项目浏览器中打开视图“楼层平面：参照标高”。放大范围，将基准线视图最大化。

图 7.31 项目案例中的族

图 7.32 不能自适应管道管径的阀门族

图 7.33 可自适应管道管径的阀门族

3）在“创建”选项卡下的“基准”面板中选择“参照平面”工具，如图 7.35 所示。

4）在距离十字准线中心 1000mm 和 1250mm 的地方，各画两条水平和垂直的线，然后利用“镜像-拾取轴”工具进行线镜像复制，如图 7.36 所示。

在“注释”选项卡下的“尺寸标注”面板中选择“对齐”工具，如图 7.37 所示。

如图 7.38 所示，添加水平和垂直的尺寸标注。选定“等距标注”后，等距标注中间的十字准线，保证原点或插入点位于中心，可通过锁定、等距或参数化尺寸标注来控制对象。

通过尺寸标注控制阀门的空间关系时，以交叉点为中心。一旦对参照平面进行放样设置后即可应用规则，确保水平和垂直方向的尺寸标注相互匹配。

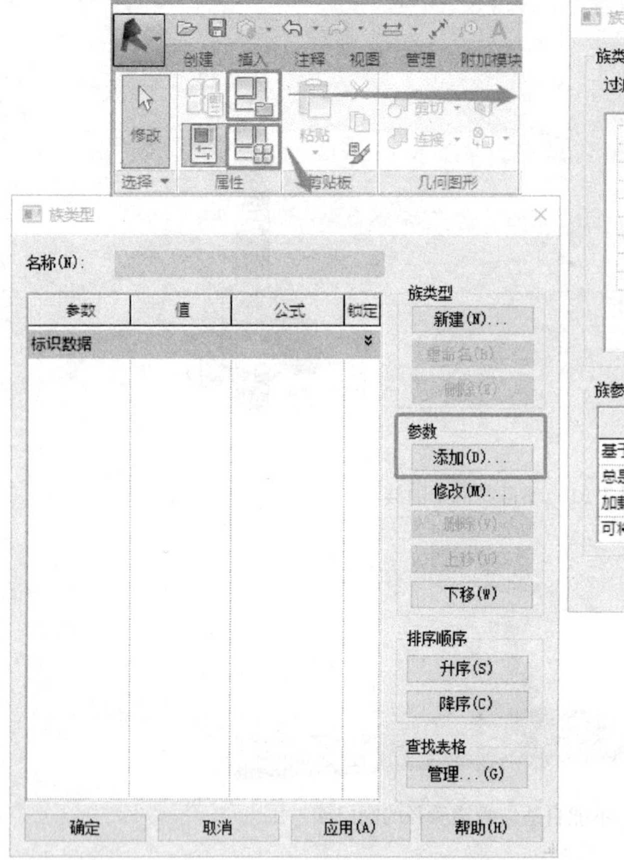

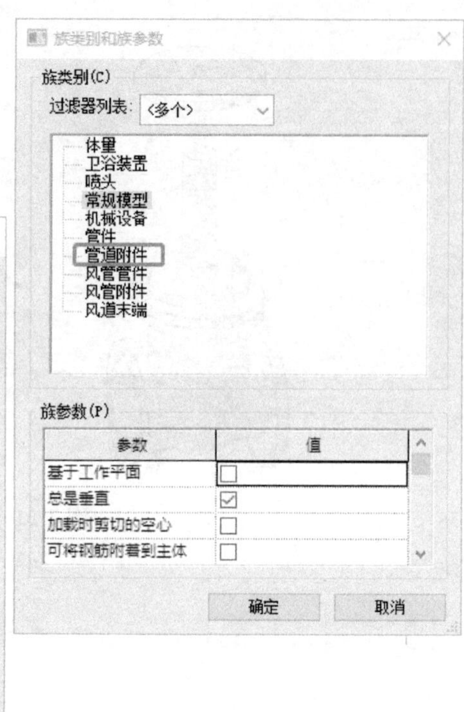

图 7.34　修改族类别为“管道附件”

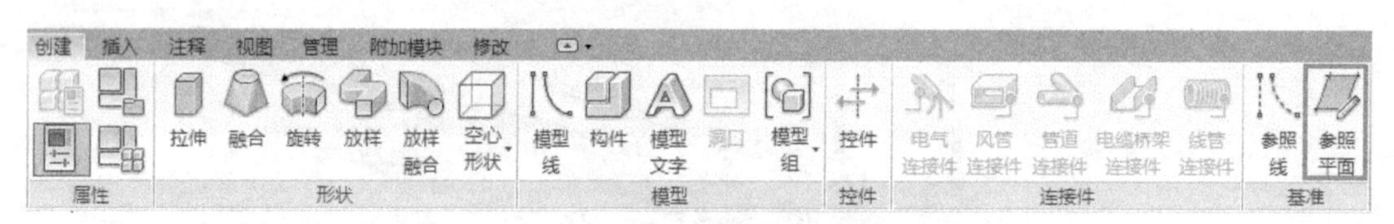

图 7.35　“基准”面板

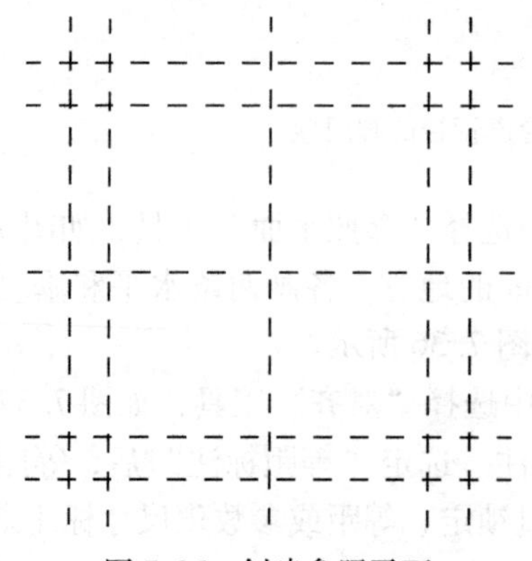

图 7.36　创建参照平面

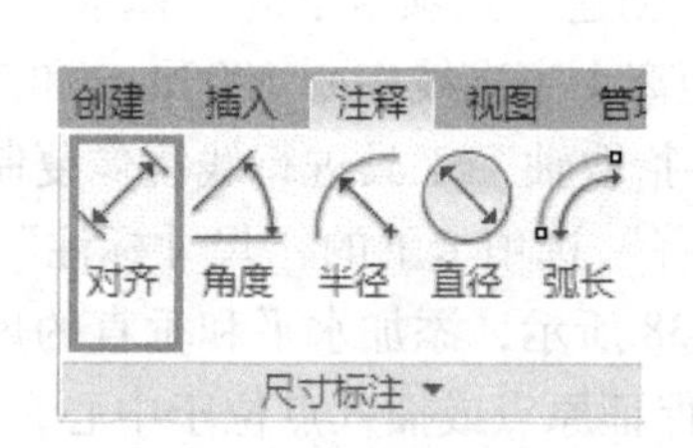

图 7.37　“尺寸标注”面板

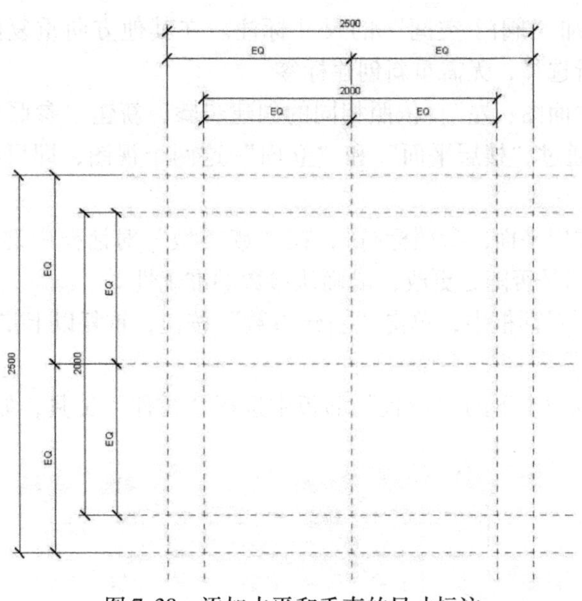

图 7.38　添加水平和垂直的尺寸标注

5）从“修改 | 尺寸标注”选项卡下的“标签尺寸标注”面板中选择“创建参数”工具，如图 7.39 所示。

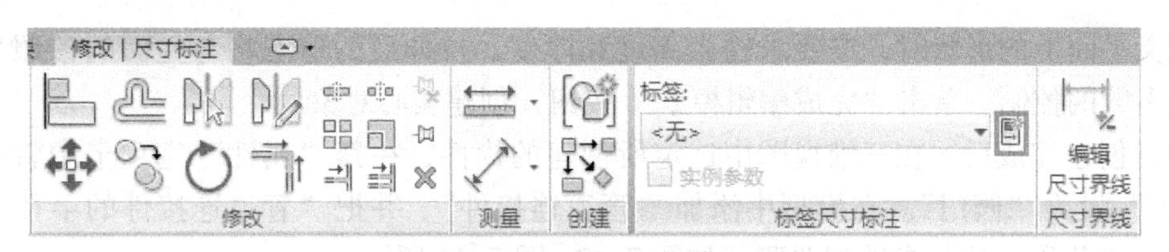

图 7.39　“标签尺寸标注”面板

在“参数属性”对话框中进行编辑，“名称”：“阀门-宽度”和“参数分组方式”：“尺寸标注”，如图 7.40 所示，设置完成之后单击“确定”按钮。

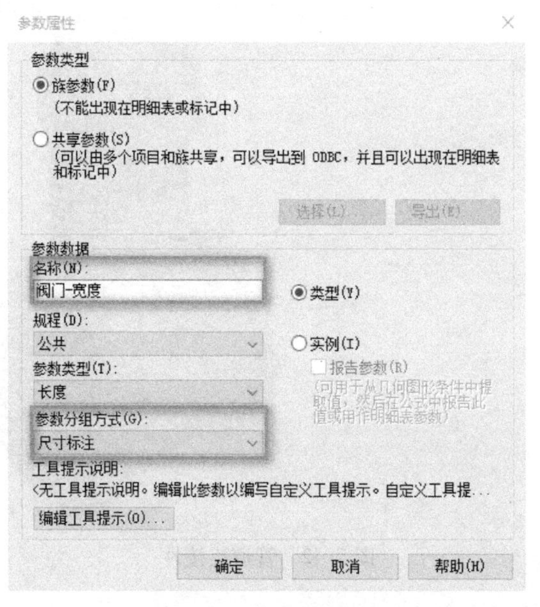

图 7.40　修改参数属性

重复以上步骤添加“阀门-空间”的尺寸标注。在其他方向重复的尺寸标注，可通过“标签”下拉列表进行选择，无需重新创建标签。

6）打开视图“立面图：左”，依照相同的创建步骤，新建“参照平面”并“对齐”标记，然后进行定义。通过“楼层平面”和“立面”这两个视图，即可有效控制整个构件的形体形式。

7）打开视图“楼层平面：参照标高”，在“族类型”对话框中键入水平尺寸标注的替代值，并观察平面视图是否随之更改，以确认参数的准确性。

8）在“族类型”对话框中，单击“新建参数”按钮，重复以上步骤，创建阀门的其他参数。

9）在“创建”选项卡下的“形状”面板中选择“拉伸”工具，如图7.41所示。

图7.41　选择“拉伸”工具

定义平面上的形状时，按要求输入高度和厚度。拉伸后的形态将与立面的参照平面相关，受参数的控制。单击“完成编辑模式”按钮，创建实心对象。

10）创建完成后，在三维视图中选定所创建的构件，在其“属性”选项卡中将构件的“子类别”设为“阀门”。在模型中添加“管道连接件”，并把“管道连接件的半径”与之前设置的“公称半径”参数相关联，如图7.42~图7.44所示。

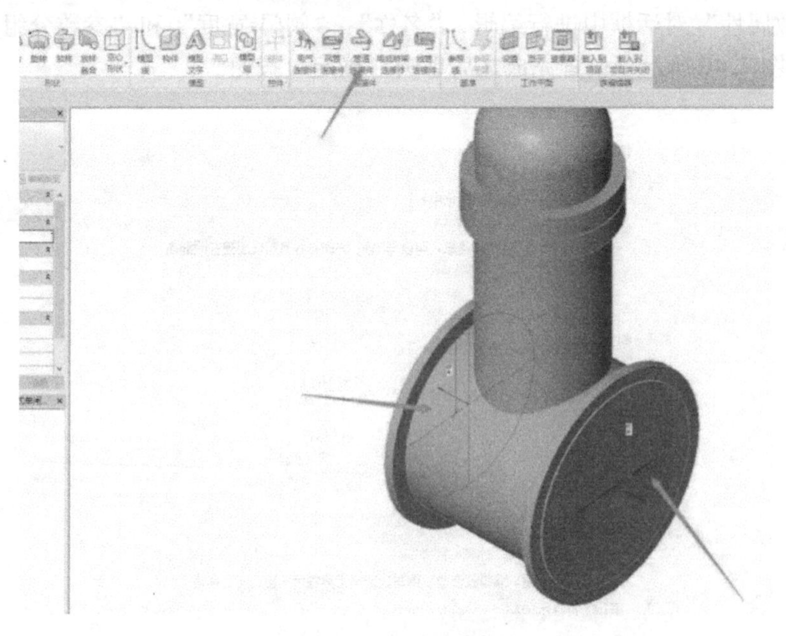

图7.42　管道连接件

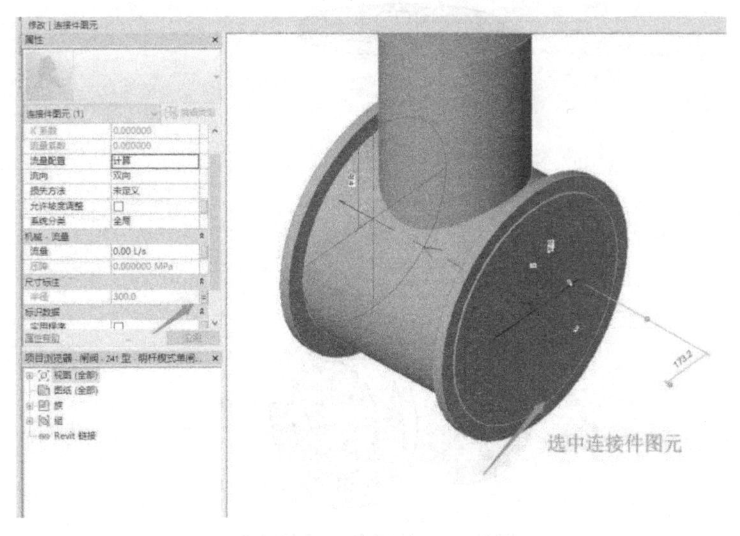

图 7.43　选中连接件图元

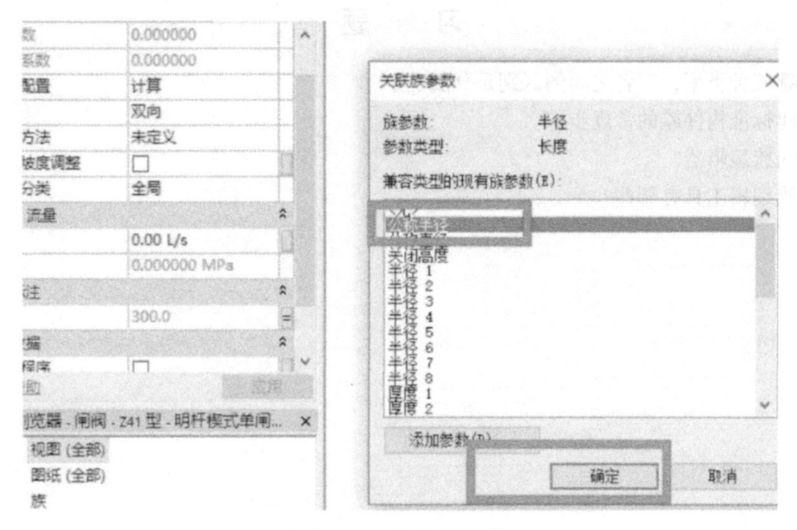

图 7.44　关联族参数

11）保存新定义的族，通过“载入到项目”工具将其载入到项目中，并观察其如何运行，如图 7.45 所示。关联参数后的模型如图 7.46 所示。

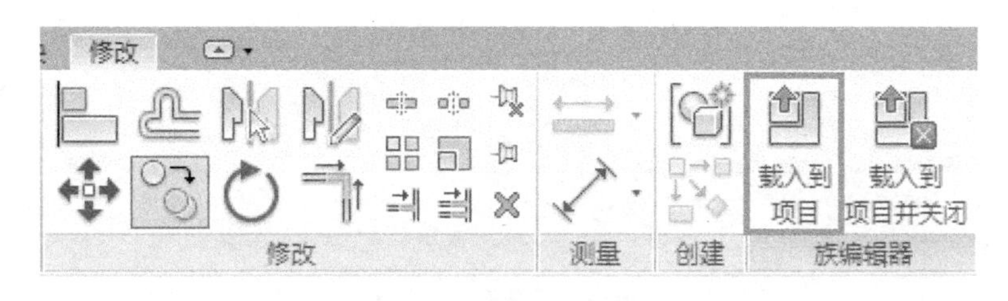

图 7.45　载入到项目

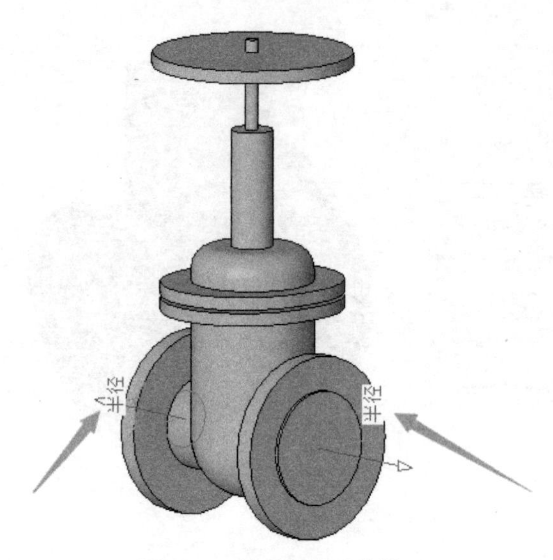

图 7.46　关联参数后的模型

习　题

1. 族分为哪三种类型，三者之间的区别是什么？
2. 简述创建标准构件族的常规步骤。
3. 如何访问族编辑器？
4. 常用的族编辑工具有哪些？

第 8 章

机电模型优化

机电模型在创建完成后还需进行管综布线之间的交叉碰撞检测工作，并进行相关的模型优化设计。机电模型优化的主要任务是解决建筑、结构、给水排水、暖通空调和电气各专业之间，机电内部各专业之间以及复杂部位管线交叉重叠和净高不足等问题。在解决这类问题时，设计师既要满足各专业对其管线的合理布置，又要更好地利用建筑的空间环境。另外，还需满足管线的安装、调试以及维护的空间要求。在 BIM 模型优化的过程中，不断进行“碰撞检查—修改设计—同步模型”，直到所有碰撞冲突都得到更正。

在模型优化的过程中，根据不同优化任务特点制定与之相适合的优化设计方案是优化设计工作的重中之重。在熟悉建筑图、精装图以及功能分区，领会甲方的技术要求，了解关键设备及材料的型号规格、安装工艺要求之后，组织设计人员制定有针对性的优化设计方案，有助于提高之后建模深化工作的工作效率。各方人员在充分理解原有设计意图的基础上，参照各专业的设计规范、施工规范，再结合施工当中的基本原则制定统一的深化方案；同时结合项目特点，如净高紧张处、重要机房、管线密集处等问题，制定出针对性方案，明确重难点部位的管线标高、位置排布。

8.1 管综优化原则

在进行管线综合优化的过程中有两点特别重要的因素需要考虑：第一，空间舒适度。设计过程中要合理布置机电各管线，减少有效建筑空间的浪费，提高建筑有效层高，以免造成感觉上的空间压迫。第二，施工检修要求。管道管线在布置时应充分考虑安装空间，还要为安装后预留一定的维修空间。同时，管线之间的间距应满足国家标准要求，避免后期施工及维护检修过程中出现一系列问题。管线一般的优化设计原则见表 8.1。

表 8.1 管线优化一般原则

序号	优化原则	优化原理
1	小管让大管	造价便宜、易安装
2	低压管让高压管	高压管造价高
3	桥架让水管	后期维护方便
4	冷水管让热水管	保温造价较高

根据项目经验总结及管线综合重难点位置，管线综合优化布置时还需注意以下细节。

1）管道桥架分层管线同一平面无法布置则分层布置，电气桥架最上层，给水管道次之，污、排水管道最下层，垂直方向最小间距不得小于150mm。桥架不宜安装在水管的正下方。

2）管道桥架分区在同一垂直平面上，管线也可分区布置，同一类型的桥架、管线尽量集中在某一区，区与区之间考虑安装与检修空间。

3）考虑到暖通的风管最大，通常以暖通专业为主，水电专业为辅。电气专业桥架安装可见缝插针，通常先安排空调、给水排水的管道，再考虑桥架的空间。

4）暖通的风管若不止一根，则排烟管宜高于其他风管，大风管宜高于小风管。两个风管如果只是在局部交叉，可以安装在同一标高，交叉的位置小管避让大管，空调新风管上翻避让排烟管道。

5）空调水平干管宜高于风机盘管。从走道进入房间的新风支管若与梁或者其他管道产生碰撞，可改用软风管，自由弯曲，绕开障碍物。

6）水管有压管绕无压管。冷凝水管应考虑坡度，吊顶的实际安装高度通常由冷凝水管的最低点决定。

7）若水管道较多，在条件允许的情况下宜单独占一段水平空间，不与空调管道并行。若空间有限，可让个别水管穿梁。若穿梁也无法解决吊顶的问题，则只能调整系统，如水管修改为竖向系统，不走水平管。

8）强电线路与弱电线路不应敷设在同一个电缆桥架内，且应留有一定距离。同一类型桥架之间的最小间距可考虑为50mm；强弱电桥架之间的间距可考虑为不小于200mm。桥架与墙之间的最小间距可考虑为50mm。

9）当主电缆大桥架或桥架的数量与体量均占绝对优势时，桥架下翻；其余情况均桥架上翻。

10）走廊部位通常水平位置狭小且管道种类繁多，包括通风管道、冷冻水管道、冷凝水管道、电气桥架、消防干管及分支管、冷热水管道及分支管等，空间排布位置不足。但走道吊顶里不能全部布满管线，要留出一定的操作空间，便于以后检修。

11）公共走道内考虑到安装空间，小桥架、母线、喷淋在最上面，风管、水管在下面。若出现碰撞，电管和水管让通风管，电管让水管。

12）尽量利用梁内空间。管道尽量贴梁底走管，充分利用梁与梁之间的空间，尤其是当梁高较大时。管道交叉碰撞时，在满足弯曲半径的条件下，充分利用梁内空间，使空调风管和有压水管翻转至梁内空间，避免与其他管道冲突，保持路由畅通，满足层高要求。

13）管线综合重点及难点部位。管道竖井与机房内是管道较为集中的部位，且管道多为规格较大管道，应提前进行管道综合，否则会使管道布置凌乱。机房内，对能够成排布置的管道尽量成排布置，减少管道的交叉、返弯等现象；对出入机房处的管道，通过计算制作联合的管道支架，既节省空间，又节省材料。

14）管线综合布置强调管线整齐划一，错落有致，空间布局合理，安装检修方便，以最经济、最有效的一种方式进行调整。

8.2 机电模型优化案例

本案例包括了建筑系统、结构系统、给水排水系统、暖通空调系统和电气系统。在各专业模型创建完成之后，应进行链接整合成一个综合模型。然后，对综合模型进行碰撞检测，检测各专业模型之间是否存在碰撞问题，再加以调整和优化。

在建筑模型、结构模型和机电模型分别创建完成之后，打开“某科技楼-机电-1F. rvt”文件，将建筑模型文件“某科技楼-建筑-1F. rvt”和结构模型文件“某科技楼-结构-1F. rvt”链接进机电模型中，如图 8. 1 所示。链接的模型和图纸在导入 Revit 后必须将其锁定，避免模型错乱和管综优化错误。

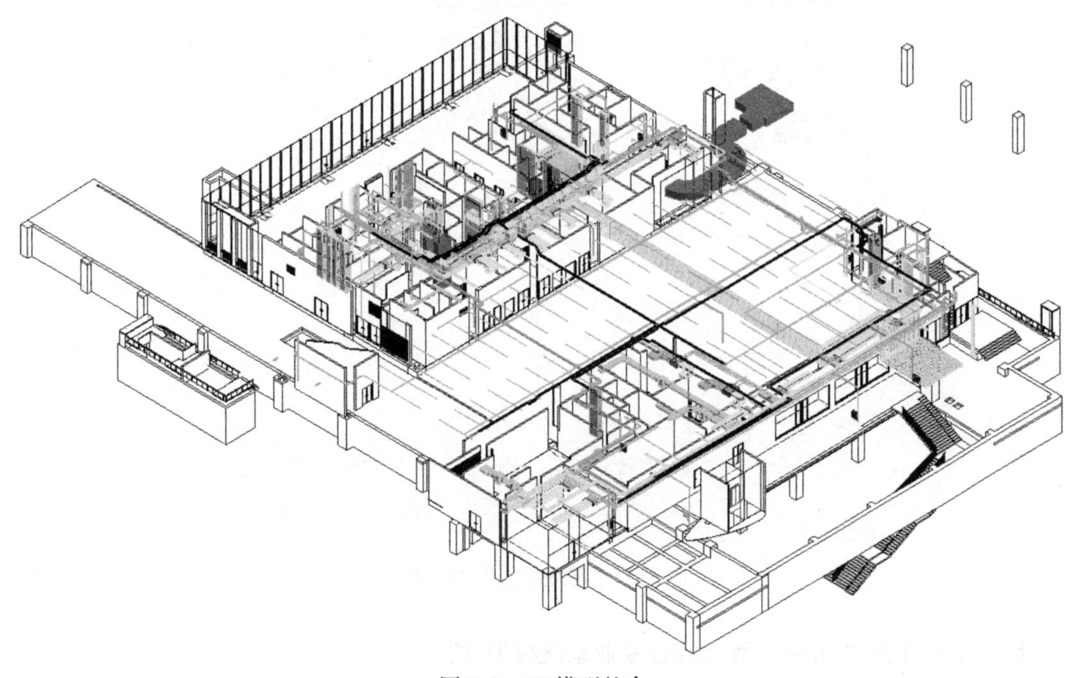

图 8. 1　1F 模型整合

8. 2. 1　碰撞模拟检测

碰撞检测的工作思路分两步进行。首先进行给水排水、暖通空调、电气、消防等专业的综合管线碰撞检测。然后再进行各专业综合管线与土建模型的碰撞检测。通过细化不同专业模型的碰撞检测，找出 BIM 模型中存在问题的部位，对空间布置进行优化。

Revit 2016 软件在“协作”选项卡下“坐标”面板中的“碰撞检查”工具即可进行碰撞检测，如图 8. 2、图 8. 3 所示。运行碰撞检查之后，即可导出冲突报告。然后，根据冲突报告的内容，通过冲突对象对应的 ID 号查找碰撞对象的位置，进而对发生碰撞的图元进行调整和修改。

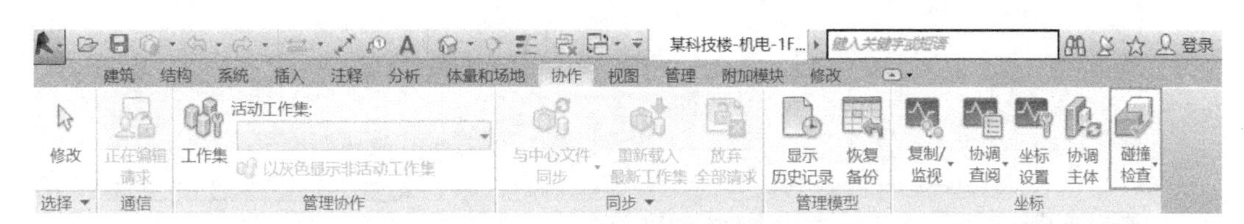

图 8. 2　“碰撞检查”工具

此外，Autodesk Navisworks 软件的碰撞检测功能十分强大，一般实施步骤如下：

图 8.3 “碰撞检查”对话框

第一步，导出“.nwc”格式的各专业系统模型文件；

第二步，在 Navisworks 软件中载入“.nwc”格式的各专业系统模型文件；

第三步，进行碰撞检测，并得出碰撞检测报告；

第四步，根据检测报告查找碰撞处并进行空间布置优化。

该科技楼项目模型的碰撞模拟检测是通过 Autodesk Navisworks 软件完成的。

1）在 Autodesk Revit 2016 软件中完成各专业信息模型搭建后，将模型另存为“.nwc”文件，输入文件名，如“某科技楼-机电-1F.nwc”，导出模型文件，然后按照不同的专业依次生成“某科技楼-建筑-1F.nwc”和“某科技楼-结构-1F.nwc”文件等，如图 8.4、图 8.5 所示。

图 8.4 使用 Revit 软件导出“.nwc”文件

名称	类型	大小
某科技楼-机电-1F.nwc	Navisworks Cache	19 KB
某科技楼-建筑-1F.nwc	Navisworks Cache	19 KB
某科技楼-结构-1F.nwc	Navisworks Cache	19 KB

图 8.5　导出的“. nwc”模型文件

2）导入“. nwc”格式文件。打开 Navisworks 软件，连续选择“某科技楼-机电-1F. nwc”“某科技楼-建筑-1F. nwc”和“某科技楼-结构-1F. nwc”文件，将各专业的模型整合成一个综合管线的信息模型，如图 8.6、图 8.7 所示。

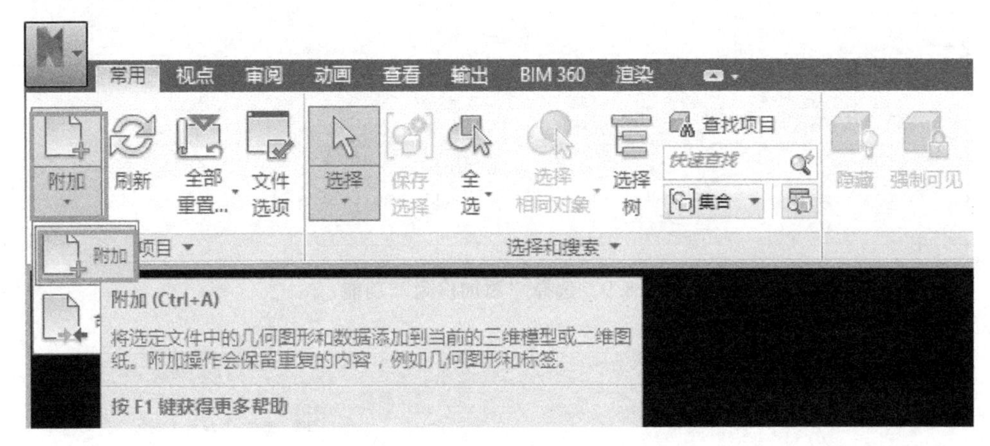

图 8.6　在 Navisworks 中导入项目文件

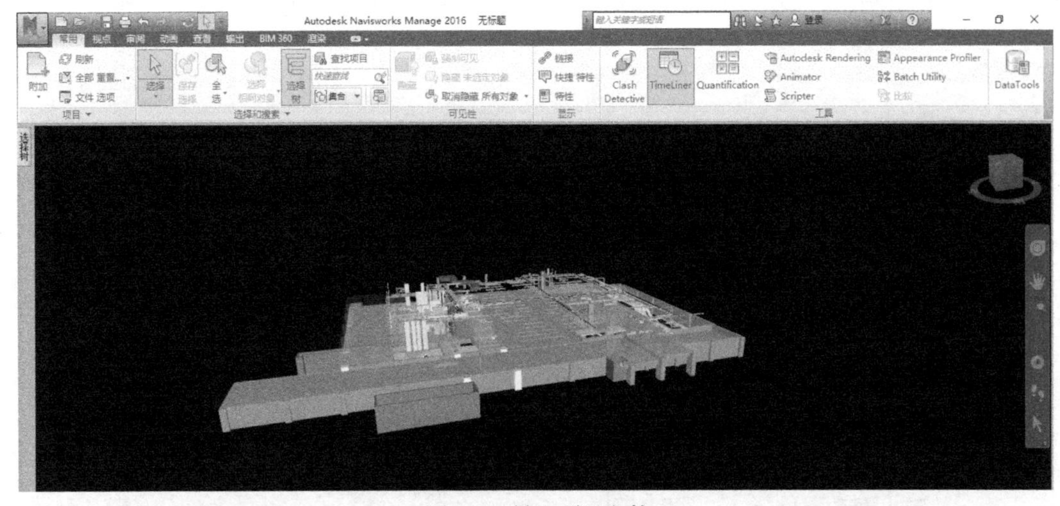

图 8.7　导入项目文件

3）各项目文件导入成功之后即可开始进行碰撞检测。碰撞检测可以检测给水排水、暖通空调、电气、消防等专业管道之间是否有交叉、重叠和碰撞，管线空间布置是否合理。进行综合管线碰撞检测的重点部位有室内公共通道、机房内管线和设备、进出机房的综合管线等。运行检测，最后得出检测结果，如图 8.8～图 8.11 所示。

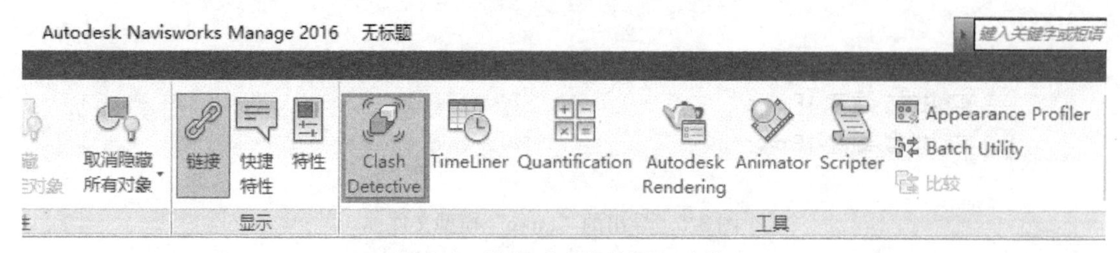

图 8.8　选择“碰撞检测”功能

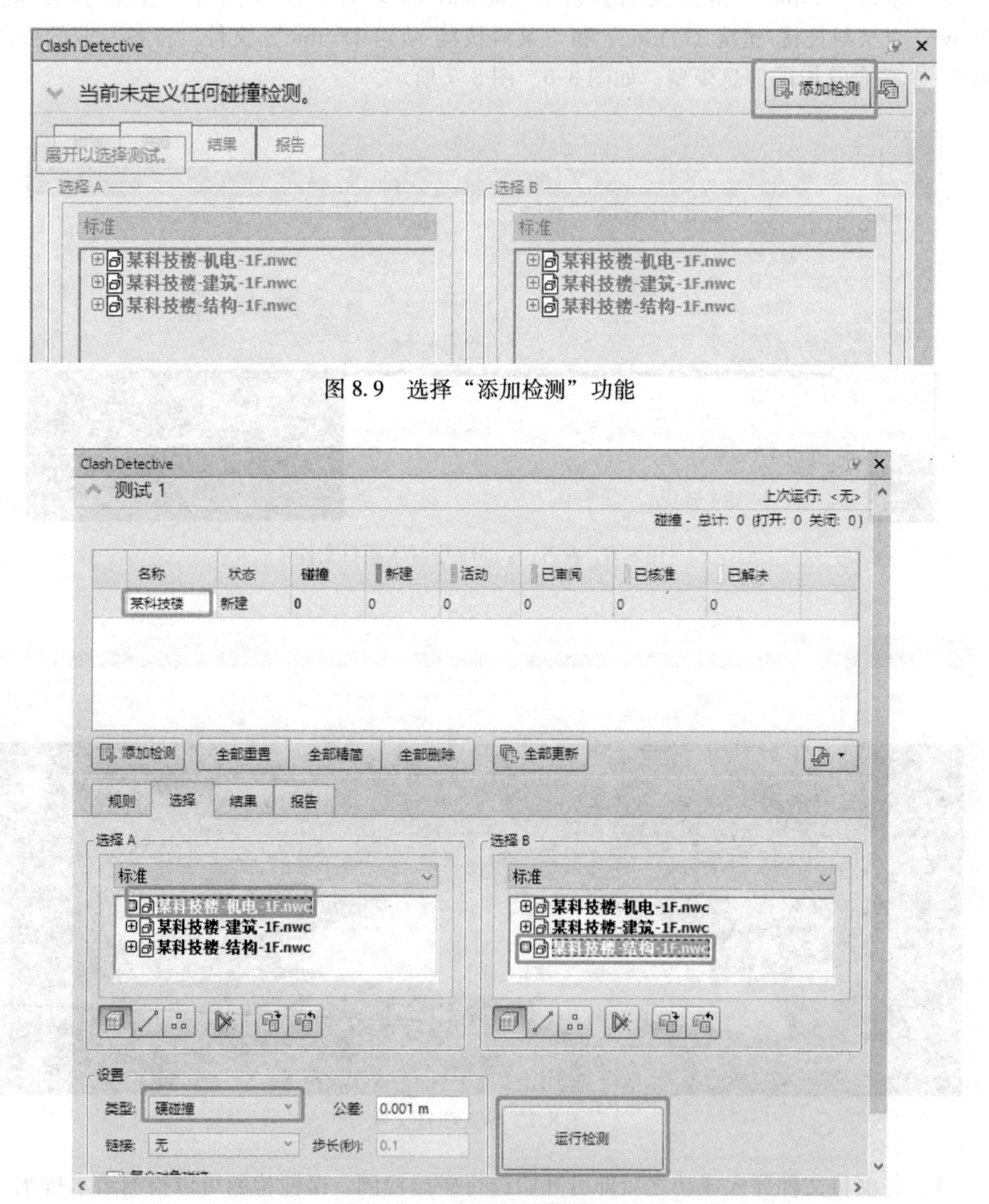

图 8.9　选择“添加检测”功能

图 8.10　选择碰撞检测要求

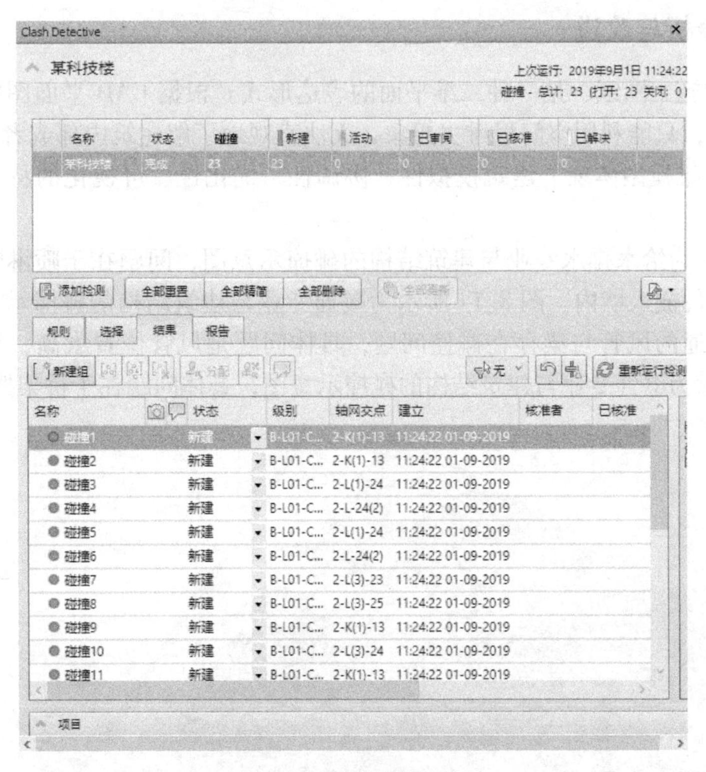

图 8.11　碰撞检测结果

4）生成碰撞检测报告，如图 8.12 所示。若综合管线的碰撞检测没有检测出任何问题，则不会生成检测报告，说明综合管线不存在交叉、重叠和碰撞等问题。

图 8.12　生成碰撞检测报告

8.2.2 优化分析与改进

CAD设计的施工图纸，是一种二维平面的表达形式。根据CAD平面图纸进行施工，没有经过三维模拟，只能利用空间思维去想象，无法直观地了解建筑内部或者构件内部的具体构造。而BIM三维模型体现了建筑模拟性、协调性、优化性、可视化的特点，从而达到指导施工的目的。

图8.13所示为给水排水专业与建筑结构的碰撞示意图，问题在于喷淋管位置偏移，导致部分管道与管件嵌入墙内。图8.14所示为暖通专业与建筑结构的碰撞示意图，通过BIM可视化发现了暖通的风管与梁存在碰撞问题，具体问题是风管位置太高，与结构梁发生碰撞。图8.15所示为电气专业与建筑结构的碰撞示意图，具体问题在于桥架摆放错误。

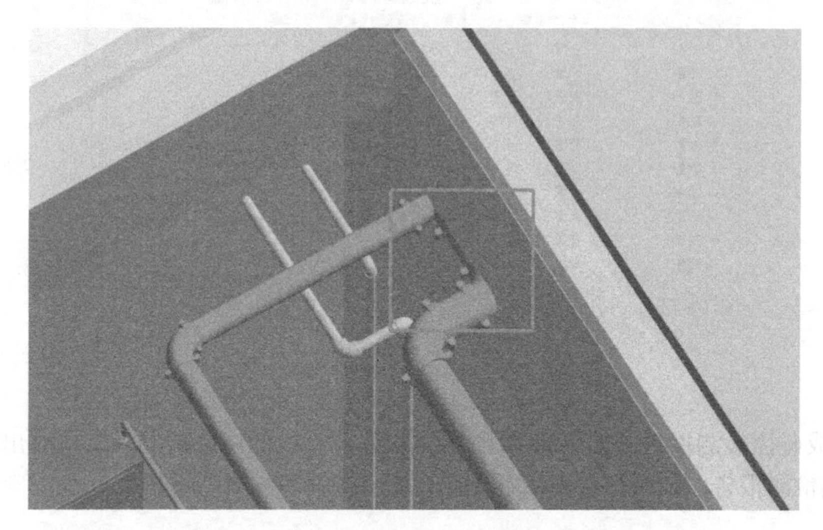

图8.13 给水排水专业与建筑结构的碰撞示意图

图8.14 暖通专业与建筑结构的碰撞示意图

在管线众多而繁杂无法排布施工的情况下，模拟施工现场排布可让施工前期的组织工作更易进行，施工更加顺利，提高施工效率，缩短工期并降低投资。结合碰撞报告中的截图，

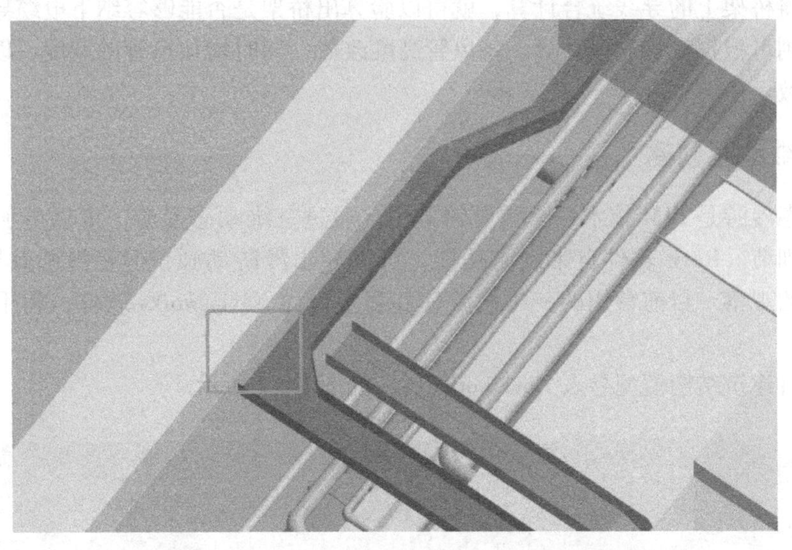

图 8.15　电气专业与建筑结构的碰撞示意图

可进一步分析碰撞情况，如图 8.16 中喷淋管道与结构梁发生碰撞。

图 8.16　喷淋管道与结构梁的碰撞示意图

针对碰撞检测存在的问题进行调整和修改，在 Revit 2016 软件中打开“某科技楼-机电-1F. rvt”文件，找出对应管道位置，进行优化。优化完成之后，再重新导出“某科技楼-机电-1F. nwc”文件，并重新设计建造 BIM 模型。进行第二次整体工程的碰撞检测，检测模型中是否还存在问题，直至整改完毕。

由于机房和泵房的管线较为复杂，且设备数量较多，因此机房和泵房出管线的位置需要特别注意，不仅要检查管线是否能够排出来，还需考虑设备是否能够放得下。

在进行管综优化过程中，必须查找相关规范，并熟读设计说明，明确各管道、风管以及桥架之间的间距，且要熟记管道的保温厚度。通常情况下，配电房中的桥架截面积会比较大，而从配电房分流之后，桥架的截面积也会适当缩小。但如何确定桥架的截面积具体取值多少，则可通过建筑电气常用数据手册查找相关导线放置在桥架上所需的截面积，然后根据设计图纸，将桥架上的导线统合计算，就可以验算出桥架是否能够容纳下电缆导线。若风管高度过高，则可根据设计规范计算，将风管高度改低，同时增加风管的宽度，以保证风管风量的均衡一致。

8.2.3 三维动画创建

三维动态漫游是BIM技术一个重要的应用。通过三维动态漫游，可以更加直观地观察每一个设计细节。Revit软件自带漫游功能，可以导出漫游动画，但是漫游效果不够精细，仅用于简单的观察。目前常用的三维漫游软件和平台为Naviosworks软件，利用该软件可进行碰撞检测。

将本项目建筑结构模型导入Navisworks后，如图8.17所示。

图8.17 Navisworks中的某科技楼模型

在Navisworks软件中可以任意设置视角，进入建筑物内部观察建筑结构设计与机电设计，设置完毕后，可以进行BIM全专业模型三维动态漫游。图8.18和图8.19分别展示了1F模型和地下1F模型的三维动态漫游效果。

此外，还可通过Lumion软件对该工程项目的BIM模型进行一系列效果的渲染和三维动画的创建。

以上针对BIM模型的优化，仅局限于“建模”和“展示”层面，下一步还可在以下领域进行学术研究和工程实践。

1）通过BIM技术的建筑性能分析和节能控制，为实现绿色建筑的概念提供可能性。严格按照设计图纸建造BIM工程信息模型，同时将建筑工程构件的属性信息附在信息模型中。现场施工中提取相关属性信息，通过BIM模型工具，对各模型和系统进行数据统计和分析，从而进行优化设计，如对绿色建筑指标的分析可达到节能控制的效果。

2）BIM技术和GIS（Geographic Information System，地理信息系统）的融合推动数字城

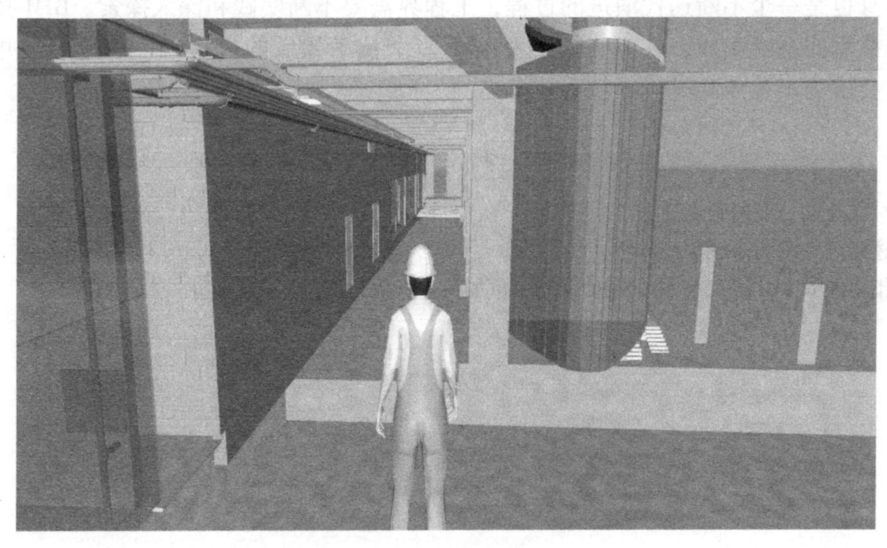

图 8.18　1F 的三维动态漫游效果

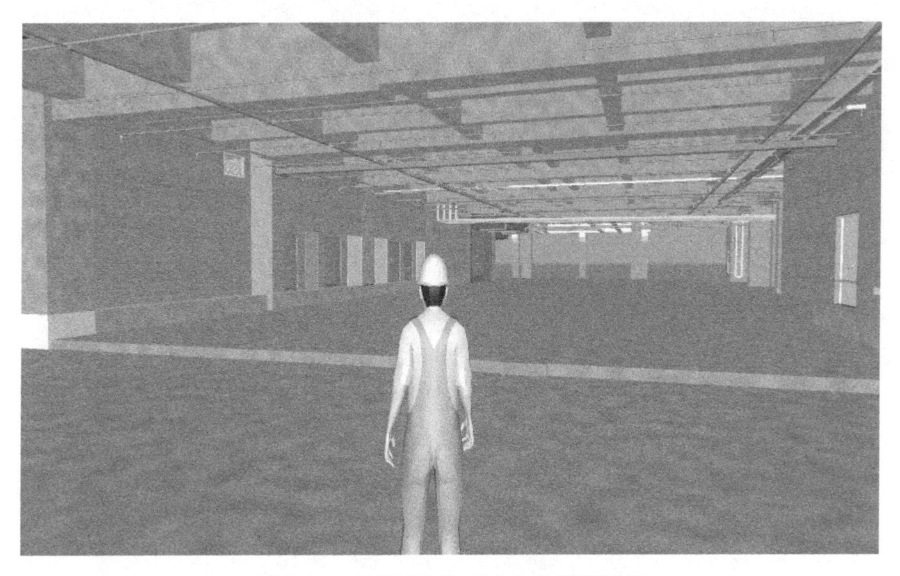

图 8.19　地下 1F 的三维动态漫游效果

市建设。数字城市将自然资源、基础设施、公共服务、社会文化等要素以数字形式获取和表示，并采用多个相关技术组成的技术框架和应用平台，为政府、社会组织和个人提供广泛的城市基础数据服务。这极大地扩展了传统意义上的城市地理信息模型，为城市规划、基础设施项目实施、市政工程、政府决策等提供大量真实详细信息的数字城市信息模型。

3）BIM 与物联网的融合，通过传感器和互联网技术实现智能化识别和万物互联。基于 BIM 的模型与物联网深度结合，可建立智能化的运维系统，可有效解决当前运维管理中过度依赖人为操控的低效率现状。通过 BIM 技术的三维可视化和建筑物及设备的物联网系统，管理者可在三维虚拟仿真环境中实现系统的实时管控和高效运行。

实施 BIM 技术带来了产业变革的机遇和价值，但其应用和普及将是一个长期的过程，而技术本身也是一个不断迭代演进的过程，工程界需要不断实践和深入探索。BIM技术是多学科先进技术的系统集成，在深入影响和变革多个技术领域的过程中不断地演进并趋于完善，最终会成为工业4.0时代的核心技术之一。

习　题

1. 管综优化的一般原则是什么？
2. 简述碰撞检测的一般实施步骤。
3. 请指出图8.13~图8.16中的碰撞问题，可如何进行优化改进？

参 考 文 献

［1］ 中华人民共和国住房和城乡建设部. 建筑信息模型应用统一标准：GB/T 51212—2016［S］. 北京：中国建筑工业出版社，2016.

［2］ CHUCK E，PAUL T，RAFAEL S，et al. BIM Handbook［M］. New Jersey：John Wiley & Sons，2008.

［3］ 中国勘察设计协会. Autodesk BIM 实施计划：实用的 BIM 实施框架［M］. 北京：中国建筑工业出版社，2010.

［4］ 中国建筑业协会工程建设质量管理分会. 施工企业 BIM 应用研究［M］. 北京：中国建筑工业出版社，2013.

［5］ 何关培. BIM 总论［M］. 北京：中国建筑工业出版社，2011.

［6］ 工业和信息化部教育与考试中心. 建筑 BIM 应用工程师教程［M］. 北京：机械工业出版社，2019.

［7］ 工业和信息化部教育与考试中心. 机电 BIM 应用工程师教程［M］. 北京：机械工业出版社，2019.

［8］ 宋强，赵研，王昌玉. Revit 2016 建筑建模［M］. 北京：机械工业出版社，2019.

［9］ 许蓁. BIM 应用·设计［M］. 上海：同济大学出版社，2016.

［10］ 中国建设教育协会. 综合 BIM 应用［M］. 北京：中国建筑工业出版社，2016.

［11］ 潘平. BIM 技术在建筑结构设计中的应用与研究［D］. 武汉：华中科技大学，2013.

［12］ 程斯茉. 基于 BIM 技术的绿色建筑设计应用研究［D］. 长沙：湖南大学，2013.